MATLAB 与数学实验

主　编　刘二根　王广超　朱旭生
副主编　罗来鹏　闫云娟　廖国勇　吴泽九
　　　　董连红　左秋生

国防工业出版社
·北京·

内 容 简 介

本书是根据全国高等学校工科数学课程教学指导委员会制订的《关于工科数学系列课程教学改革的建议》的基本精神编写的，内容包括 MATLAB 软件基础、方程求根、数值积分、微分方程、线性代数、数据统计、优化方法、随机模拟、差值与拟合、加密方法、分形模拟及遗传算法。每章的实验都侧重知识内容与计算机相结合，对每个问题都给出了详细的求解过程，并配有实验练习。

本书可作为信息与计算科学、工科各专业"数学实验"课程的教材，也可以作为"数学模型""高等数学""线性代数""概率论与数理统计"等课程的辅助教材或参考书，并可供数学爱好者与工程技术人员参考。

图书在版编目(CIP)数据

MATLAB 与数学实验 /刘二根，王广超，朱旭生主编．—北京：国防工业出版社，2016.8 重印
 ISBN 978-7-118-09225-7

Ⅰ．①M… Ⅱ．①刘… ②王… ③朱… Ⅲ．①Matlab 软件—应用—高等数学—实验 Ⅳ．①O13-33②O245

中国版本图书馆 CIP 数据核字(2014)第 002972 号

※

*国防工业出版社*出版发行
（北京市海淀区紫竹院南路 23 号　邮政编码 100048）
三河市众誉天成印务有限公司印刷
新华书店经售

*

开本 787×1092　1/16　印张 16　字数 371 千字
2016 年 8 月第 1 版第 3 次印刷　印数 5001—7000 册　定价 35.00 元

（本书如有印装错误，我社负责调换）

国防书店：(010)88540777　　发行邮购：(010)88540776
发行传真：(010)88540755　　发行业务：(010)88540717

前　言

"数学实验"是大学数学课程的重要组成部分,是与"高等数学""线性代数""概率论与数理统计"等课程同步开设的重要教学环节。在高等院校工科各专业开设"数学实验"课程是我国高等教育面向 21 世纪的改革举措,其目的是培养学生的数学知识应用能力与创新精神。

"数学实验"是一门新课程,与传统的数学课程不同,它将数学知识、数学建模与计算机应用三者融为一体。在数学实验过程中,学生使用自己所学的知识先对实际问题进行分析、设计,然后利用数学软件进行求解、验证。在此过程中,加深了学生对数学知识的理解,既培养了学生的程序编写与数值计算能力,也培养了应用数学知识解决实际问题的能力,同时激发学生学习数学的兴趣与培养学生创新能力。

本书是根据全国高等学校工科数学课程教学指导委员会制订的《关于工科数学系列课程教学改革的建议》的基本精神编写的,内容包括 MATLAB 软件基础与方程求根、数值积分、微分方程、线性代数、数据统计、优化方法、随机模拟、差值与拟合、加密方法、分形模拟及遗传算法等 11 个数学实验。每个实验都介绍了实验目的、方法及应用 MATLAB 求解相关问题,各个数学实验通俗易懂、相互独立。

为方便读者使用,本教材中的程序以对照例题的方式命名,例如第 7 章例 7 – 6,命名为 exam7_6,若调用相关子函数,命名为 fun7_6。全书程序由王广超进行数值验证。

在本书的编写过程中,参阅了许多专家、学者与国内同行的论著,并引用了部分实例,在此向他们表示感谢。本书对有些实例重新进行了编程计算,并得到了详细的数值结果,考虑到一些实例存在交叉引用等原因,未详细指明出处,敬请谅解。引用的论著及文献按出版时间先后列在参考文献中。

参加本书编写工作的有刘二根、王广超、朱旭生、罗来鹏、左秋生、原新凤、闫云娟、吴泽九、廖国勇。刘二根、王广超对全书进行了审稿和统稿。

由于编者水平所限,加上时间仓促,缺点或疏漏之处在所难免,恳请读者和同行专家多提宝贵意见,以便进一步修改、完善。

编者

2013 年 10 月

目 录

第 1 章 MATLAB 软件基础 1
  1.1 MATLAB 简介 1
    一、进入界面 1
    二、数与运算符 2
    三、变量与赋值 3
    四、常用数学函数 4
    五、常用操作与管理命令 6
    六、工具箱 7
  1.2 向量与矩阵运算 7
    一、向量及其运算 7
    二、矩阵及其运算 9
  1.3 MATLAB 程序设计 15
    一、M 文件介绍 15
    二、控制语句 16
    三、几种常用人机交互命令 19
    四、局部变量与全局变量 20
  1.4 MATLAB 绘图 21
    一、二维图形的绘制 21
    二、三维图形的绘制 27
    三、特殊图形的绘制 31
  1.5 MATLAB 符号计算 38
    一、符合变量与符合表达式 38
    二、符号微积分 39
    三、符号简化 43
  1.6 实验练习 44
    一、矩阵操作练习 44
    二、程序设计练习 45
    三、图形操作练习 45
    四、符号计算练习 46

第 2 章 方程求根实验 47
  2.1 实验目的 47
    一、问题背景 47

二、实验目的 …………………………………………………… 47
2.2　迭代方法 ……………………………………………………… 47
　　　一、理论知识 …………………………………………………… 47
　　　二、迭代算法设计 ……………………………………………… 48
　　　三、迭代算法加速 ……………………………………………… 53
2.3　MATLAB 求解方程 …………………………………………… 57
　　　一、MATLAB 函数 ……………………………………………… 57
　　　二、图形放大法 ………………………………………………… 59
2.4　实验练习 ……………………………………………………… 60

第3章 数值积分实验 …………………………………………… 62
3.1　实验目的 ……………………………………………………… 62
　　　一、问题背景 …………………………………………………… 62
　　　二、实验目的 …………………………………………………… 62
3.2　数值积分方法 ………………………………………………… 62
　　　一、一元函数积分 ……………………………………………… 62
　　　二、二重积分 …………………………………………………… 65
3.3　MATLAB 数值积分函数 ……………………………………… 68
　　　一、一元函数积分 ……………………………………………… 68
　　　二、多重积分 …………………………………………………… 71
3.4　应用性实验 …………………………………………………… 72
　　　一、机器转售的最佳时机 ……………………………………… 72
　　　二、人造卫星轨道的长度 ……………………………………… 73
　　　三、旋转体的体积 ……………………………………………… 74
3.5　实验练习 ……………………………………………………… 76

第4章 微分方程实验 …………………………………………… 78
4.1　实验目的 ……………………………………………………… 78
　　　一、问题背景 …………………………………………………… 78
　　　二、实验目的 …………………………………………………… 78
4.2　常微分方程的数值解 ………………………………………… 79
　　　一、数值方法简介 ……………………………………………… 79
　　　二、数值算法设计 ……………………………………………… 79
4.3　MATLAB 求解微分方程 ……………………………………… 85
　　　一、解析解 ……………………………………………………… 85
　　　二、数值解 ……………………………………………………… 86
4.4　应用性实验 …………………………………………………… 90
4.5　实验练习 ……………………………………………………… 93

第5章 线性代数实验 …………………………………………… 95
5.1　实验目的 ……………………………………………………… 95
　　　一、问题背景 …………………………………………………… 95

V

二、实验目的 ………………………………………………………………… 96
5.2　矩阵分解 ……………………………………………………………………… 96
　　一、LU 分解 …………………………………………………………………… 96
　　二、Cholesky 分解 …………………………………………………………… 97
　　三、QR 分解 …………………………………………………………………… 98
　　四、奇异值分解 ………………………………………………………………… 98
5.3　MATLAB 求解方程组 ……………………………………………………… 99
　　一、行列式的计算 ……………………………………………………………… 99
　　二、矩阵阶梯化 ………………………………………………………………… 100
　　三、矩阵的秩 …………………………………………………………………… 100
　　四、逆矩阵 ……………………………………………………………………… 100
　　五、方程组求解 ………………………………………………………………… 101
　　六、特征值与特征向量 ………………………………………………………… 103
　　七、正交矩阵与二次型 ………………………………………………………… 103
5.4　求解线性方程组的迭代法 …………………………………………………… 104
　　一、雅可比迭代法 ……………………………………………………………… 104
　　二、高斯—赛德尔迭代法 ……………………………………………………… 107
　　三、SOR 迭代法 ……………………………………………………………… 109
5.5　应用性实验 …………………………………………………………………… 112
5.6　实验练习 ……………………………………………………………………… 114

第 6 章　数据统计实验 …………………………………………………………… 116
6.1　实验目的 ……………………………………………………………………… 116
　　一、问题背景 …………………………………………………………………… 116
　　二、实验目的 …………………………………………………………………… 116
6.2　常用分布 ……………………………………………………………………… 117
　　一、分布类型 …………………………………………………………………… 117
　　二、概率密度函数的计算 ……………………………………………………… 118
　　三、分布函数的计算 …………………………………………………………… 120
　　四、样本数字特征的计算 ……………………………………………………… 121
　　五、分位数的计算 ……………………………………………………………… 124
　　六、随机数的生成 ……………………………………………………………… 125
　　七、其他分布 …………………………………………………………………… 126
6.3　参数估计 ……………………………………………………………………… 127
　　一、矩估计法与 MATLAB 求解 ……………………………………………… 127
　　二、极大似然估计法与 MATLAB 求解 ……………………………………… 128
　　三、区间估计原理与常用统计量 ……………………………………………… 129
　　四、MATLAB 参数估计函数 ………………………………………………… 131
6.4　假设检验 ……………………………………………………………………… 134
　　一、假设检验相关理论 ………………………………………………………… 134

二、MATLAB 假设检验函数 ································· 136
6.5　实验练习 ··· 140

第 7 章　最优化方法实验 ··· 142
7.1　实验目的 ··· 142
　　一、问题背景 ·· 142
　　二、实验目的 ·· 142
7.2　线性规划 ··· 143
　　一、线性规划模型与 MATLAB 求解 ······································· 143
　　二、应用性问题举例 ·· 144
7.3　二次规划 ··· 146
　　一、二次规划模型与 MATLAB 求解 ······································· 146
　　二、应用性问题举例 ·· 148
7.4　非线性规划 ·· 149
　　一、非线性规划模型与 MATLAB 求解 ··································· 149
　　二、应用性问题举例 ·· 150
7.5　无约束优化 ·· 153
　　一、无约束一元函数最优解 ·· 153
　　二、无约束多元函数最优解 ·· 154
　　三、应用性问题 ·· 155
7.6　实验练习 ··· 157

第 8 章　随机模拟实验 ··· 159
8.1　实验目的 ··· 159
　　一、问题背景 ·· 159
　　二、实验目的 ·· 159
8.2　随机模拟 ··· 159
　　一、古典概率的计算 ·· 159
　　二、几何概率的计算 ·· 164
　　三、数学期望的计算 ·· 167
　　四、分布类型的验证 ·· 169
8.3　应用性实验 ·· 171
　　一、报童的策略 ·· 171
　　二、排队服务系统 ··· 173
8.4　实验练习 ··· 174

第 9 章　插值与拟合实验 ··· 175
9.1　实验目的 ··· 175
　　一、问题背景 ·· 175
　　二、实验目的 ·· 175
9.2　数据插值 ··· 175
　　一、一维插值 ·· 175

		二、二维插值	177
		三、应用性问题	179
	9.3	数据拟合	180
		一、最小二乘拟合原理	180
		二、多项式拟合	182
		三、非线性拟合	182
		四、应用性问题	184
	9.4	实验练习	187
		一、插值练习	187
		二、拟合练习	187

第 10 章 加密方法实验 189

10.1	实验目的	189
	一、问题背景	189
	二、实验目的	189
10.2	Hill 密码	189
	一、算法原理	189
	二、MATLAB 加密与解密	192
10.3	混沌密码	195
	一、混沌理论	195
	二、MATLAB 加密与解密	199
10.4	RSA 密码	201
	一、RSA 公钥密码体制	201
	二、MATLAB 加密与解密	202
10.5	实验练习	205

第 11 章 分形模拟实验 206

11.1	实验目的	206
	一、问题背景	206
	二、实验目的	206
11.2	复迭代的分形模拟	206
	一、Julia 集	207
	二、Mandelbrot 集	209
11.3	科赫曲线与树枝的分形模拟	211
	一、科赫曲线	211
	二、分形树枝	213
11.4	DLA 模型的分形生长模拟	216
	一、算法原理	216
	二、MATLAB 程序	217
	三、实验结果	219
11.5	实验练习	220

第 12 章 遗传算法实验 ... 221
12.1 实验目的 ... 221
一、问题背景 ... 221
二、实验目的 ... 221
12.2 基本遗传算法原理 ... 221
一、编码问题 ... 221
二、个体适应度 ... 222
三、遗传算子 ... 223
四、算法步骤 ... 224
五、部分 MATLAB 程序 ... 224
12.3 遗传算法求解优化问题 ... 226
一、一元函数优化问题 ... 226
二、多元函数优化问题 ... 231
12.4 实验练习 ... 234

附录 A 数学计算常用 MATLAB 函数注释 ... 235
A.1 基本数学函数 ... 235
A.2 线性代数 ... 236
A.3 数据分析与傅里叶变换 ... 237
A.4 数据插值、数据拟合与多项式 ... 238
A.5 优化问题与方程求解 ... 238
A.6 符号数学计算 ... 239
A.7 数字理论函数与坐标变换 ... 240

附录 B 加密算法使用的汉字集 ... 241
参考文献 ... 243

第1章 MATLAB 软件基础

1.1 MATLAB 简介

MATLAB(MATRIX LABORATORY,矩阵实验室)由美国 MathWorks 公司开发,集数值计算、符号计算和图形可视化三大基本功能于一体,具有计算功能强、编程效率高、使用简便、易于扩充等特点,目前已经发展成为科学界最有影响力与活力的科学计算软件之一。

MATLAB 是建立在矩阵基础上的一种分析和仿真工具软件包,包含多种能够进行特定运算的计算函数,如常用的矩阵运算、方程求根、数值积分、数据插值、数据拟合、优化计算等;MATLAB 提供了编程特性,用户通过编写与调用特定程序,可以解决一些复杂的工程问题;MATLAB 还提供了强大的图形绘制功能,可方便地绘制二维、三维图形,输出可视化结果。正是由于 MATLAB 具备这些优越功能,MATLAB 在许多领域得到了广泛的应用,并且还被广泛应用到教学中。在大学数学教学与学习中,运用 MATLAB 演示某些复杂的数学现象、数学图形,进行数学演算、数据分析,能够取得较好的效果。目前,MATLAB 在全国高校与研究单位正扮演着重要角色,应用领域也越来越广。

MATLAB 是一个交互式系统,具有易学、易用等优点。使用者在 MATLAB 工作窗口下输入表达式或函数命令后,系统能够立即处理然后返回结果,用户不必关心中间的计算过程。MATLAB 自产生之日起就以强大的功能和良好的开放性在诸多科学计算软件中表现出色,颇受欢迎。当前,用户使用较多的 MATLAB 7.X、8.X 版,具有以下特征:①高效的数值计算及符号计算功能,能使用户从繁杂的数学运算分析中解脱出来;②具有完备的图形处理功能,能够实现计算结果和编程的可视化;③友好的用户界面及接近数学表达式的自然化语言,易于学习和掌握;④功能丰富的应用工具箱(如信号处理工具箱、通信工具箱等),为用户提供了大量方便实用的处理工具函数。本节以 MATLAB 7.5 为基础,兼顾其他版本,介绍 MATLAB 基本使用方法。

一、进入界面

如果已经安装了 MATLAB 软件,在 Windows 系统选择"开始"→"程序"→"MATLAB",即可启动并进入 MATLAB 的工作初始界面(图1-1)。在该窗口中,除了 Windows 应用程序一般应该具有的菜单和工具栏外,还包括右边的命令窗口和左边的工作区/当前目录窗口、命令历史窗口,以及工具栏后边的显示和修改当前目录名的小窗口等。初始界面上方为菜单栏,其右下方空白区域命令窗口(Command Window),其提示符为"≫",表示 MATLAB 已经准备好,可以接受用户在此输入命令,命令执行的结果也显示在这个窗口;过去执行过的命令名则依次显示在命令历史窗口(Command History)中,可以备查。工作区窗口(Workspace)位于历史命令窗口的右上方,用于显示当前内存中变量的信息(包括变量名、维数、具体取值等),初始时这部分信息为空;当在该窗口中选择"当前目录"(Current Directory)选项时,该窗口可以切换成当前目录窗口,显示当前目录下的文件信息。此外,在 MATLAB 中经常会使用到的还有另外两个窗口:一个是显示和编辑 MATLAB 源程序文件的编辑窗口;另一个是打开在线帮助系统时的帮助文件显示窗口。对于源程序文件的编辑窗口,可通过菜单栏中的 File→New→M - File 命令进入;对于帮助文件显示窗口,可以单击菜单栏中 Help 菜单进入。

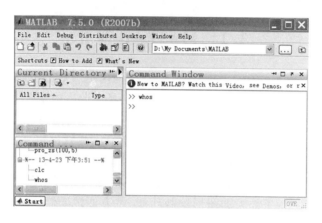

图 1 - 1　MATLAB 的初始界面

二、数与运算符

MATAB 的数值数据为双精度类型,数的加、减、乘、除、乘方的算术运算符分别是 +、-、*、/(\)、^。其中减号可以用来表示一个负数,直接写在数的前边。对于除法,3/2 表示 1.5,而 3\2 表示 0.66…。MATLAB 中数的运算规则与数学中的运算规则相同,优先级为:乘方 > 乘除 > 加减。同级运算(乘方除外)从左到右的顺序进行,乘方则从右到左进行。在 MATLAB 内存中,还保留一些数学常数(预定义变量),系统可自动识别。表 1 - 1 给出了常用数学常数的表示方法。

表 1 - 1

数学常数	意　义
pi	表示圆周率 $\pi = 3.14159\cdots$
eps	表示浮点相对精度
i 或 j	表示虚数单位,$\sqrt{-1}$
inf	表示数学中的无穷大 ∞
NaN	表示非数值,如 $0/0$、∞/∞
intmax	表示可表达的最大正整数
intmin	表示可表达的最小负整数
realmax	表示系统所能表示的最大正实数,默认 1.7977×10^{308}
realmin	表示系统所能表示的最小负实数,默认 $2.2251e \times 10^{(-308)}$

在 MATLAB 中,关系运算符与逻辑运算符用法与意义分别见表 1 - 2 与表 1 - 3。

表 1-2

符 号	含 义	对应数学符号
= =	相等关系	=
~ =	不相等关系	≠
>	大于关系	>
<	小于关系	<
> =	大于等于关系	≥
< =	小于等于关系	≤

表 1-3

符 号	名 称	含 义
~	逻辑非	当关系表达式 A 为真时,~A 为假;当关系表达式 A 为假时,~A 为真
&	逻辑与	当关系表达式 A 与 B 全为真时,A&B 为真,否则为假
|	逻辑或	当关系表达式 A 与 B 至少一个为真时,A|B 为真,否则为假

三、变量与赋值

变量是任何程序设计语言的基本元素之一。MATLAB 语言并不要求对所有变量进行事先声明,也不需要指定变量类型,它会自动根据所赋值或对变量所进行的操作来确定变量的类型。在赋值过程中,MATLAB 语言将使用新值代替旧值,并以新的变量类型代替旧的变量类型。

MATLAB 所有的变量都是用矩阵形式来表示的,即所有的变量都表示一个矩阵或者一个向量。其命名规则如下:

(1) 变量名对大小写敏感。

(2) 变量名的第一个字符必须为英文字母,其长度不能超过 63 个字符。

(3) 变量名可以包含下划线、数字,但不能包含空格符、标点。

与其他程序语言类似,MATLAB 语言也存在变量作用域的问题。在未加特殊说明的情况下,MATLAB 语言将所识别的一切变量视为局部变量,即仅在其调用的 M 文件内有效。若要定义全局变量,应对变量进行声明,即在该变量前加关键字"global"。

MATLAB 赋值语句有两种形式:① 变量 = 表达式;② 表达式。其中"表达式"是用运算符将有关运算量连接起来的式子,其结果是一个矩阵。第二种语句形式下,将表达式的值赋给 MATLAB 的永久变量"ans"。

如果在命令窗口中输入一个语句并以回车结束,则在命令窗口中显示计算的结果;如果语句以分号";"结束,MATLAB 只进行计算,不显示计算的结果。如果一个表达式太长,可以用续行号"…"将其延续到下一行。MATLAB 书写表达式的规则与"手写算式"差不多相同,简单、易处理。例如,求 $[12+2\times(7-4)]\div 3^2$ 的算术运算结果,用键盘在 MATLAB 指令窗中输入以下内容:

```
>>(12+2*(7-4))/3^2
```

在上述表达式输入完成后,按"Enter"键,该指令就被执行。在指令执行后,MATLAB

指令窗中将显示以下结果：
```
ans =2
```
这里"ans"是指当前的计算结果，若计算时用户没有对表达式设定变量，系统就自动赋当前结果给"ans"变量。若用户输入：
```
>>a=1+2*3
a=7
```
此时，系统就把计算结果赋给指定的变量 a 了。

虽然在 MATLAB 系统中数据的存储和计算都是双精度进行的，但 MATLAB 可以利用菜单或 format 命令来调整数据的显示格式。在默认情况下，若数据为整数，则就以整数表示；若数据为实数，则以保留小数点后 4 位的精度近似表示。表 1-4 给出了 MATLAB 软件中 format 命令格式与作用。

表 1-4

命令形式	作 用
format|format short	5 位定点数点表示
format long	15 位定点数表示
format short e	5 位浮点数表示
format long e	15 位浮点数表示
format short g	系统选择 5 位定点和 5 位浮点中更好的表示
format long g	系统选择 15 位定点和 15 位浮点中更好的表示
format rat	近似的有理数的表示
format hex	十六进制的表示
format +	+ 表示正数
format bank	用元角分（美制）定点表示
format compact	变量之间没有空行
format loose	变量之间没有空格与空行

除 format 命令，修改数据的显示格式可通过下述方式实现：File→Preferences→Command Window→Text Display，根据提示选用相应的格式即可。需要说明的是，无论 MATLAB 中采取什么样的输出格式，在系统内核中的变量的精度总是保持精确的。

四、常用数学函数

MATLAB 软件的主要数值计算功能是通过函数来实现的。MATLAB 有丰富的内部函数，用户也可以自定义函数。MATLAB 系统内部函数一般写全称，函数中的自变量用（）括起来，有多个自变量时，自变量之间用逗号分隔。表 1-5 给出了 MATLAB 软件的常用数学函数。

表 1-5

函数形式	意义
sin(x), cos(x), tan(x), cot(x), sec(x), csc(x)	三角函数
sinh(x), cosh(x), tanh(x), coth(x), sech(x), csch(x)	双曲函数
asin(x), acos(x), atan(x), acot(x), asec(x), acsc(x)	反三角函数
asinh(x), acosh(x), atanh(x), acoth(x), asech(x), acsch(x)	反双曲函数
exp(x)	指数函数 e^x
pow2(x)	指数函数 2^x
log(x)	对数函数 $\ln x$
log2(x)	以 2 为底的对数
log10(x)	以 10 为底的对数
sqrt(x)	$\sqrt{x}$
abs(x)	实数 x 的绝对值或复数 x 的模
conj(x)	共轭复数
real(x)	复数的实部
imag(x)	复数的虚部
angle(x)	复数相角
round(x)	最接近 x 的整数
floor(x)	不大于 x 的最大整数
ceil(x)	不小于 x 的最小整数
sign(x)	符号函数
fix(x)	向 0 取整
mod(m,n)	m/n 的余数,符号与 m 保持一致
rem(m,n)	m/n 的余数,符号与 n 保持一致
gcd(x,y)	求 x 与 y 的最大公因子
lcm(x,y)	求 x 与 y 的最小公倍数
min(x)	求最小
max(x)	求最大
mean(x)	求均值
median(x)	求中位数
var(x)	求方差
std(x)	求标准差
sort(x)	排序
norm(x)	求欧式距离
sum(x)	求和
prod(x)	求积
cumsum(x)	累和
cumprod(x)	累积
length(x)	向量长度
size(x)	矩阵维数
cross(x,y)	外积
dot(x,y)	内积
rand	生成 0 到 1 之间均匀分布随机数

在使用 MATLAB 过程中,若用户处理的函数不是 MATLAB 内部函数,则可以利用 MATLAB 提供的自定义函数功能定义一个函数。自定义一个函数后,该函数可以像内部函数一样使用。对于自定义函数,我们将在 MATLAB 程序设计中详述。

五、常用操作与管理命令

1. 查询与帮助

help 为帮助命令,它对 MATLAB 大部分命令提供了联机求助信息。可以从 help 菜单中选择相应的菜单,打开求助信息窗口查询某条命令,也可以直接用 help 命令。例如,键入 help eig,则输出结果提供特征值函数的使用信息。若在所有 M 文件中查找关键字,可使用 lookfor 命令,只需要在其后面加上相应的关键字即可。

2. 变量信息显示

who 命令显示当前命令窗口下变量信息;whos 命令显示显示当前命令窗口下变量详细信息,包括名称、大小、类型。

3. 变量清除、保存与导入

clear 命令用于清除变量,若直接键入 clear,表示清除当前所有变量;若键入 clear a,表示清除变量 a。

save 命令用于保存变量数据,使用格式 save 文件名,表示把工作区中的变量储存在当前 MATLAB 目录下产生的一个扩展名为 mat 的 MAT 文件中。

load 命令用于导入数据,使用格式为 load 文件名,可以导入 mat 数据文件中的数据。load 命令也可以调出文本文件,但是文本文件中的数据只能是由数字组成的矩阵形式。

4. 文件操作

MATLAB 软件提供了 what、which、type、edit 命令用于文件的显示、查找、编辑等,具体用法如下:

what:列出当前目录下的 MATLAB 所指定的文件,其中包括 M 文件、MAT 文件、MEX 文件、MDL 文件、P 文件等。

which:显示函数或者文件的位置。

type:在命令窗口中显示文件的内容。

edit:编辑 M 文件。

5. 操作系统命令

MATLAB 软件提供了一系列操作系统命令用于目录管理及不同操作系统下的命令执行等,具体说明如下:

cd:显示当前工作目录名。

cd <目录>:进入指定的目录。

cd..:回到上一级目录。

dir <目录名>:显示指定目录中的文件及其子目录。

delete:删除文件或者图形对象。

ls:该命令为 UNIX 命令,和 dir 的意义一样。

pwd:显示当前工作目录的名称。

mkdir:创建一个目录。

copyfile:复制文件。
web:打开网络浏览器,并且连接到某个指定的网址或者是文件。
computer:显示计算机的类型。
dos:表示执行 DOS 操作系统中的命令,并且返回结果。
unix:表示执行 UNIX 操作系统中的命令,并且返回结果。
vms:表示执行 VMS DCL 操作系统中的命令,并且返回结果。
isunix:检测是否为 UNIX 版本的 MATLAB 软件,如果是则返回值为 1。
ispc:检测是否为 Windows 版本的 MATLAB 软件,如果是则返回值为 1。

6. 退出命令

用户在命令工作窗口中键入 quit 或 exit,即可以退出 MATLAB 系统。

六、工具箱

MATLAB 包括拥有几百个内部函数的主工具箱和三十多种辅助工具箱。辅助工具箱又可以分为功能性工具箱和学科工具箱。功能工具箱用来扩充 MATLAB 的符号计算、可视化建模仿真、文字处理及实时控制等功能。学科工具箱是专业性比较强的工具箱,例如,控制工具箱、信号处理工具箱、通信工具箱等都属于此类。除内部函数外,所有 MATLAB 主工具箱函数和各种专业工具箱函数都是可读可修改的文件,用户通过对源程序的修改或加入自己编写程序构造新的专用工具箱,另外用户还可以根据需要开发新的工具箱函数。正是这种开放性,MATLAB 深受用户喜爱,应用领域不断扩展。表 1-6 给出了一些常用工具箱的名称说明。

表 1-6

Matlab Main Toolbox 主工具箱	Optimization Toolbox 优化工具箱
Control System Toolbox 控制系统工具箱	Partial Differential Toolbox 偏微分方程工具箱
Communication Toolbox 通信工具箱	Robust Control Toolbox 鲁棒控制工具箱
Financial Toolbox 财政金融工具箱	Signal Processing Toolbox 信号处理工具箱
System Identification Toolbox 系统辨识工具箱	Spline Toolbox 样条工具箱
Fuzzy Logic Toolbox 模糊逻辑工具箱	Statistics Toolbox 统计工具箱
Image Processing Toolbox 图像处理工具箱	Symbolic Math Toolbox 符号数学工具箱
Neural Network Toolbox 神经网络工具箱	Simulink Toolbox 动态仿真工具箱
Model Predictive Control Toolbox 模型预测控制工具箱	Wavele Toolbox 小波工具箱

1.2 向量与矩阵运算

MATLAB 的主要数据对象是矩阵,标量、行向量、列向量都是它的特例,最基本的功能是进行矩阵运算,但 MATLAB 对于向量与矩阵有一些特殊规定的操作、运算方式。

一、向量及其运算

1. 向量的生成

1) 直接输入向量

生成向量最直接的方法就是从键盘直接输入向量元素,具体方法如下:向量的元素使用"[ ]"括起来,元素之间可以用逗号、空格或分号分割。需要注意的是,用空格与逗号分割生成行向量,用分号分割生成列向量。在生成向量的过程中,允许向量元素参与函数运算,例如:

```
>> x=[1 2 5],y=[sin(1),sqrt(2),2+3],z=y'
x =
    1    2    5
y =
    0.8415    1.4142    5.0000
z =
    0.8415
    1.4142
    5.0000
```

注意:符号"'"表示转置运算。

2) 利用冒号生成向量

冒号表达式可以生成一个行向量,具体格式为 x1:x2:x3,其中 x1 表示初始值,x2 表示步长,x3 表示终止值。利用冒号生成向量时,若 x2 为负值,表示生成递减向量;若 x2 省略,则系统默认步长为 1。下面给出了利用冒号生成向量的实例。

```
>> a=1.2:2:8.6
a =
    1.2000    3.2000    5.2000    7.2000
>> a=1.2:6.6
a =
    1.2000    2.2000    3.2000    4.2000    5.2000    6.2000
>> a=4.2:-0.8:0
a =
    4.2000    3.4000    2.6000    1.8000    1.0000    0.2000
```

3) 利用线性等分生成向量

在 MATLAB 中提供了线性等分函数 linspace,用来生成线性等分向量,其使用格式:

y = linspace(x1,x2,n)

表示生成 n 维行向量,其中 $y(1)=x1$,$y(n)=x2$,当 n 默认时,系统默认生成 100 维行向量。例如:

```
>> y=linspace(0,1,5)
y =
         0    0.2500    0.5000    0.7500    1.0000
```

2. 向量的运算

1) 向量的代数运算

向量的数乘、平移、和差称为向量的代数运算。为了表达方便,以三维向量为例介绍向量的代数运算方法。设 $\boldsymbol{x}=[x1\ x2\ x3]$、$\boldsymbol{y}=[y1\ y2\ y3]$ 为两个三维向量,a、b 为标量,对于向量的数乘、平移、和差可以通过下面的方式实现:

向量的数乘：a * x = [a * x1 a * x2 a * x3]
向量的平移：x + b = [x1 + b x2 + b x3 + b]
向量和：   x + y = [x1 + y1 x2 + y2 x3 + y3]
向量差：   x - y = [x1 - y1 x2 - y2 x3 - y3]

2）向量的群运算

向量间的乘法、除法、乘幂等运算称为向量的群运算。设 $x = [x1\ x2\ x3]$，$y = [y1\ y2\ y3]$ 为两个三维向量，下面操作方式能够实现向量的群运算功能。

x.*y = [x1*y1 x2*y2 x3*y3]   元素群乘积
x./y = [x1/y1 x2/y2 x3/y3]   元素群右除,右边的 y 做分母
x.\y = [y1/x1 y2/x2 y3/x3]   元素群左除,左边的 x 做分母
x.^5 = [x1^5 x2^5 x3^5]   元素群乘幂
2.^x = [2^x1 2^x2 2^x3]   元素群乘幂
x.^y = [x1^y1 x2^y2 x3^y3]   元素群乘幂

3）向量的点积、叉积及混合积的运算

在 MATLAB 中提供了 dot、cross 分别实现点积、叉积运算。对于混合积,可以由以上两个函数共同实现。

```
>> a = [1,2,3];
>> b = [3,4,5];
>> dot(a,b)
ans =
     26
>> c = cross(a,b)
c =
    -2    4   -2
>> dot(a,cross(b,c))
ans =
     24
```

二、矩阵及其运算

1. 矩阵的生成

1）直接输入矩阵

对于较小规模数值矩阵,直接输入矩阵是最方便、最常用的方法。使用此方法创建矩阵时,注意：矩阵要以"[ ]"为标识；矩阵同行元素以","分割,行与行之间使用";"或回车健分割；矩阵元素可以为运算表达式。例如：

```
>> a = [1,2,3;4,5,6;exp(1),7/6,abs(-2.8)]
a =
    1.0000    2.0000    3.0000
    4.0000    5.0000    6.0000
    2.7183    1.1667    2.8000
```

2）利用 M 文件输入矩阵

M 文件是一种可以在 MATLAB 系统中运行的文本文件,它可以分为命令式文件和函

数式文件,下一节将详细讨论其用法。利用 M 文件创建矩阵,主要使用命令式文件。

当矩阵的规模比较大,直接输入法就显得笨拙,出现差错也不易修改。为了解决此问题,可以先将矩阵输入到一个 M 文件中,将此 M 文件命名,并以.m 为扩展名。在 MAT-LAB 命令窗口中输入此文件的名称,则所需要的矩阵数据,就被调入内存中。例如编制 test.m 文件

```
aa = [814    97    157    142    655    757    705;
      905   278    970    421     36    742     32;
      127   546    956    915    848    392    277;
      912   957    485    791    933    655     46;
      632   964    799    959    678    171     97]
```

在命令窗口中输入 test,矩阵 aa 已经被调入内存。

3) 利用函数生成矩阵

MATLAB 提供了一些函数来构造特殊矩阵,主要有 ones(全1阵)、zeros(全0阵)、eye(单位阵)、rand(均匀分布随机阵)等。上述四种特殊矩阵具体生成方式如下:

ones(n)表示生成 n 阶全1阵,ones(m,n)表示生成 $m \times n$ 阶全1阵,ones(size(A))表示生成与 A 同维数的全1阵;

zeros(n)表示生成 n 阶全0阵,zeros(m,n)表示生成 $m \times n$ 阶全0阵,zeros(size(A))表示生成与 A 同维数的全0阵;

eye(n)表示生成 n 阶单位阵,eye(m,n)表示生成 $m \times n$ 阶单位阵,eye(size(A))表示生成与 A 同维数的单位阵;

rand(n)表示生成 n 阶均匀随机阵,rand(m,n)表示生成 $m \times n$ 阶随机阵,rand(size(A))表示生成与 A 同维数的随机阵。

注意,rand 函数生成的随机阵服从均匀分布,若生成 $m \times n$ 的标准正态分布矩阵生成函数 randn(m,n)。MATLAB 系统中还有一些特殊矩阵函数,例如:n 阶 Hilbert 矩阵 hilb(n);n 阶幻方矩阵 magic(n);n 阶 pacal 矩阵 pacal(n)等。

2. 矩阵的运算

1) 四则运算

矩阵的加减法分别使用运算符"+"、"-"运算符,格式与数字运算相同,但要求运算时两者是同阶的。例如:

```
>> a = [1,2,3;6,8,9];
>> b = [2,1,5; -3,7,8];
>> a + b
ans =
     3     3     8
     3    15    17
```

矩阵的乘法使用运算符"*",在使用时注意符合矩阵相乘的意义,即第一个矩阵的列数等于第二个矩阵的行数。例如:

```
>> a = [1,2,3;4,5,6];
>> b = [1,1;2,2;3,3]
>> a * b
```

```
ans =
    14   14
    32   32
```

矩阵的除法有两种形式：左除"\"和右除"/"。左除"\"：求矩阵方程 $AX = B$ 的解（A、B 的行要保持一致），解为 $X = A \backslash B$。右除"/"：求矩阵方程 $XA = B$ 的解（A、B 的列要保持一致），解为 $X = A/B$。

在传统的 MATLAB 算法中，右除需要先计算矩阵的逆再做矩阵的乘法，而左除则不需要计算矩阵的逆而直接进行除法运算，在实际计算中也使用较多。例如求解方程组：

$$\begin{cases} x_1 + x_2 + x_3 = 8 \\ 2x_1 + 3x_2 - x_3 = 7 \\ 5x_1 - 2x_2 + x_3 = 3 \end{cases}$$

可以在 MATLAB 执行下述操作：

```
>> a=[1,1,1;2,3,-1;5,-2,1];
>> b=[8;7;3];
>> a\b
ans =
    1.0000
    3.0000
    4.0000
```

表示方程组的解为 $x_1 = 1, x_2 = 3, x_3 = 4$。

2）分块矩阵

在数值计算中，常常需要对矩阵某个元素或矩阵块的多个元素进行操作。MATLAB 提供了 A(i,j) 与 A(vr,vc) 格式可分别进行上述操作。A(i,j) 用于矩阵单个元素操作，表示矩阵 A 的第 i 行 j 列的元素；A(vr,vc) 用于矩阵块元素操作，其中 $vr = [i_1, i_2, \cdots, i_k]$、$vc = [j_1, j_2, \cdots, j_t]$ 分别是含有矩阵 A 的行号和列号的单调向量，A(vr,vc) 是取出矩阵 A 的第 $i_1, i_2, \cdots, i_k$ 行与 $j_1, j_2, \cdots, j_t$ 列交叉处的元素所构成新矩阵。例如：

```
A=[1 0 6 1 2;7 1 -1 2 3;3 0 5 1 0;4 3 1 2 1];
>> vr=[1,3];vc=[1,3];
>> A1=A(vr,vc)
A1 =
    1   6
    3   5
```

在 MATLAB 中，":"是非常重要的工具，它可以代表某些行或列，对矩阵块元素进行提取、赋值等操作。例如对上述矩阵 A：

```
>>A(2,:)(A的第2行)
ans =
    7   1   -1   2   3
>> A(:,3)(A的第3列)
ans =
    6
```

```
            -1
             5
             1
>> B = A(1:2,:) (A 的第 1~2 行)
B =
     1    0    6    1    2
     7    1   -1    2    3
>> A(1,:) = [ ] (删除 A 的第 1 行)
A =
     7    1   -1    2    3
     3    0    5    1    0
     4    3    1    2    1
>> A(2,:) = [1 1 1 1 1] (将 A 的第 2 行改为 [1 1 1 1 1])
A =
     7    1   -1    2    3
     1    1    1    1    1
     4    3    1    2    1
```

矩阵块操作不仅包含对块元素的提取、赋值,还包含使用分块矩阵拼接成新矩阵。例如:

```
>> c1 = ones(2,3);
>> c2 = zeros(2,2);
>> c3 = eye(3);
>> c4 = 6 * ones(3,2);
>> C = [c1,c2;c3,c4]
C =
     1    1    1    0    0
     1    1    1    0    0
     1    0    0    6    6
     0    1    0    6    6
     0    0    1    6    6
```

3) 矩阵函数运算

矩阵的函数运算是矩阵运算中最重要、最实用的部分,它主要包括矩阵的逆、矩阵的特征值与特征向量、奇异值、条件数、矩阵的秩与迹、矩阵的空间运算等。常见的矩阵函数及其表示意义如下:

inv(A): 矩阵 A 的逆
det(A): 方阵 A 的行列式
rank(A): 矩阵 A 的秩
eig(A): 方阵 A 的特征值和特征向量
trace(A): 矩阵 A 的迹
rref(A): 初等变换阶梯化矩阵 A
svd(A): 矩阵 A 奇异值分解
cond(A): 矩阵 A 的条件数

上述矩阵函数的具体用法将在线性代数实验部分进行详细讨论与实例演算。

4）矩阵的一些特殊操作

在数值计算、图像处理等领域，需要进行一些矩阵的特殊的操作，例如矩阵变维、变向、抽取等操作。

实现矩阵变维的操作有两种方法，":"和函数 reshape。":"主要针对两个矩阵之间的运算以实现变维，两个矩阵必须预先定义维数；reshape 主要针对一个矩阵的操作，实用格式为 reshape(X,M,N,P,$\cdots$)，表示把矩阵变成 $M \times N \times P \times \cdots$ 型。例如：

```
>>a=1:24;
>>b=reshape(a,3,8)
b =
     1    4    7   10   13   16   19   22
     2    5    8   11   14   17   20   23
     3    6    9   12   15   18   21   24
>>c=ones(4,6);
>>c(:)=a(:)
c =
     1    5    9   13   17   21
     2    6   10   14   18   22
     3    7   11   15   19   23
     4    8   12   16   20   24
```

矩阵的变向操作包括矩阵的旋转，左右翻转和上下翻转，分别由 rot90、fliplr、flipud 和 flipdim 来实现。各函数的具体实用格式及意义如下：

rot90(A)　　　　将 A 逆时针方向旋转 $90°$

rot90(A,K)　　　将 A 逆时针方向旋转 $(90*K)°$

fliplr(A)　　　　将矩阵 A 左右翻转

flipud(A)　　　　将矩阵 A 上下翻转

flipdim(A,dim)　将矩阵 A 的 dim 维翻转，$dim=1$ 表示行，$dim=2$ 表示列

```
>>c=ones(3,4);
>>a=1:12;
>>c=reshape(a,3,4)
c =
     1    4    7   10
     2    5    8   11
     3    6    9   12
>>rot90(c)
ans =
    10   11   12
     7    8    9
     4    5    6
     1    2    3
>>rot90(c,-1)
ans =
```

```
            3     2     1
            6     5     4
            9     8     7
           12    11    10
>>fliplr(c)
ans =
           10     7     4     1
           11     8     5     2
           12     9     6     3
>>flipud(c)
ans =
            3     6     9    12
            2     5     8    11
            1     4     7    10
>>flipdim(c,1)
ans =
            3     6     9    12
            2     5     8    11
            1     4     7    10
```

常见的矩阵抽取函数主要有 diag、tril、triu。设 **X** 为一矩阵，**V** 为一向量，上述三函数的主要实用方法如下：

diag(X,k)：表示抽取矩阵 **X** 的第 k 条对角线上的元素构成向量。当 k 为 0 时表示抽取主对角线上的元素构成向量；当 $k>0$，则将从矩阵 **A** 中提取位于主对角线的上方第 k 条对角线构成一个具有 $n-k$ 个元素的向量；当 $k<0$，则将从矩阵 **A** 中提取位于主对角线的下方第 $|k|$ 条对角线构成一个具有 $m-k$ 个元素的向量；当 k 默认时，系统默认 $k=0$。

diag(V,k)：表示产生一个 $n(n=m+|k|)$，k 为一整数)阶对角阵，其第 k 条对角线的元素值即为向量的元素值。注意：当 $k=0$，表示向量为生成矩阵的主对角线元素；当 $k>0$，则该对角线位于主对角线的上方第 k 条；当 $k<0$，该对角线位于主对角线的下方第 $|k|$ 条；当 k 省略时，默认 $k=0$，用 diag 建立的对角阵是方阵。

tril(X,k)：表示提取矩阵 **X** 的第 k 条对角线下面的部分(其中 k 的含义与 diag 函数中 k 的含义相同)生成下三角阵。

triu(X,k)：表示提取矩阵 **X** 的第 k 条对角线上面的部分(其中 k 的含义与 diag 函数中 k 的含义相同)生成上三角阵。

```
>>a=1:20;
>>b=reshape(a,4,5)
b =
            1     5     9    13    17
            2     6    10    14    18
            3     7    11    15    19
            4     8    12    16    20
>>diag(b)
```

```
ans =
    1
    6
    11
    16
>> diag(b,-1)
ans =
    2
    7
    12
>> v=[1 -1 3 6];
>> diag(v)
ans =
    1    0    0    0
    0   -1    0    0
    0    0    3    0
    0    0    0    6
>> tril(b)
ans =
    1    0    0    0    0
    2    6    0    0    0
    3    7   11    0    0
    4    8   12   16    0
>> triu(b,1)
ans =
    0    5    9   13   17
    0    0   10   14   18
    0    0    0   15   19
    0    0    0    0   20
```

1.3　MATLAB 程序设计

MATLAB 提供了程序设计功能,即编制一种以.m 为扩展名的文件,简称 M 文件。在 M 文件中,可以进行选择、循环等操作,可以像 BASIC、FORTRAN、C 等语言一样进行程序设计。由于 MATLAB 自身的特点,M 文件相比较 BASIC、FORTRAN、C 等语言程序文件,具有语言简单、可读性强、调试容易及调用方便等优点。

一、M 文件介绍

M 文件有两种形式:命令式文件(Script)与函数式文件(Function)。

命令式文件就是命令行的简单叠加,MATLAB 会自动按顺序执行文件中的命令。这样就解决了用户在命令窗中运行许多命令的麻烦,还可以避免用户做许多重复性的工作。

由于命令式文件的运行相当于在命令窗口中逐行输入并运行命令,用户在编制此类文件时,只需把所要执行的命令按行编辑到指定的文件中,且变量不需预先定义,也不存在文件名的对应问题。命令式文件在运行过程中可以调用 MATLAB 工作区内所有的数据,而且产生的变量均为全局变量。也就是说,这些变量一旦生成,就一直保存在内存空间中,直到用户执行 clear 或 quit 时为止。

函数式文件主要用于解决参数传递与函数调用问题,它的第一句以 function 语句为标识。函数式文件可以有返回值,也可以只执行操作无返回值。函数式文件在 MATLAB 中应用十分广泛,MATLAB 所提供的绝大多数功能函数都是由函数式文件实现的。函数式文件在执行之后,只保留最后结果,不保留中间过程,所定义的变量也仅在函数内部起作用,并随调用的结束被清除。

在编写函数式文件时,要注意文件名与函数名的对应问题,两者最好是保持一致(同名),这样函数调用时不易出错。另外,编写函数式文件,要养成注释的习惯,以方便自己或其他用户调用。

例 1-1 编写程序计算前 n 个斐波那契(Fibonnaci)数。

```
function bb = exam1_1(n)
% Fibonnaci 计算
bb(1) = 1;
bb(2) = 1;
for i = 3:n
    bb(i) = bb(i-1) + bb(i-2);
end
```

编写完毕后,以 exam1_1.m 为文件名存盘。然后在命令窗口中执行:

```
>> f = exam1_1(10)
f =
    1    1    2    3    5    8    13    21    34    55
```

二、控制语句

1. for 循环结构

格式:

```
for 循环变量 = 表达式1:表达式2:表达式3
    循环体语句
end
```

其中表达式1的值为循环变量的初值,表达式2的值为步长,表达式3的值为循环变量的终值。步长为1时,表达式2可以省略。

例 1-2 编写程序计算 $1^k + 2^k + 3^k + \cdots + n^k$。

```
function y = exam1_2(n,k)
y = 0;
for i = 1:n
    y = y + i^k;
end
```

在命令窗口下可以执行验证:

```
>> y1 = exam1_2(100,1)
y1 =
```

```
        5050
>> y2 = exam1_2(10,2)
y2 =
    385
```

2. while 循环结构

格式：

```
while 条件表达式
     循环体语句
end
```

例1-3 若未来 GDP 年增长率为7%,问多少年后 GDP 会翻番?

```
function year = exam1_3
mm = 1;
year = 0;
while mm < 2
    year = year + 1;
    mm = mm * 1.07;
end
```

命令窗口下执行：

```
>> y = exam1_3
y =
    11
```

表示11年后 GDP 会翻番,即增长一倍以上。

3. if 分支结构

若只有一个选择,使用格式一：

```
if 条件(表达式1)
      语句组
end
```

如果在表达式1中的所有元素为真(非零),那么就执行 if 和 end 语言之间的语句。

假如有两个选择,使用格式二：

```
if 条件(表达式1)
      语句组1
else
      语句组2
end
```

在这里,如果表达式1为真,则执行语句组1;如果表达式是假,则执行语句组2。

当有三个或更多的选择时,使用格式三：

```
if 条件1(表达式1)
      语句组1
elseif 条件2(表达式2)
      语句组2
      ……
elseif 条件m(表达式m)
```

```
        语句组 m
    else
        语句组 m+1
    end
```

如果表达式 1 为真,则执行语句 1,结束循环;如果表达式 1 为假,则检验表达式 2,如果表达式 2 为真,则执行语句 2,结束循环;如果表达式 2 为假,则检验表达式 3,如此下去,如果所有表达式都为假时,则执行最后的语句。

例 1-4 设 $f(x) = \begin{cases} x^2+1, & x>1 \\ 2x, & 0<x\leqslant 1 \\ x^3, & x\leqslant 0 \end{cases}$,求 $f(3), f(0.5), f(-1.5)$

```
function y = exam1_4(x)
if x > 1
    y = x^2 + 1;
elseif x > 0 & x <= 1
    y = 2 * x;
else
    y = x^3;
end
```

命令窗口下执行:

```
>> y1 = exam1_4(3)
y1 =
    10
>> y2 = exam1_4(0.5)
y2 =
    1
>> y3 = exam1_4(-1.5)
y3 =
    -3.3750
```

计算结果为 $f(3)=10, f(0.5)=1, f(-1.5)=-3.3750$。

4. switch 分支结构

switch 语句根据变量或表达式的取值不同,分别执行不同的语句。其格式为:

```
switch 表达式
    case 值 1
        语句组 1
    case 值 2
        语句组 2
        ……
    case 值 m
        语句组 m
    otherwise
        语句组 m+1
end
```

其中分支条件可以是一个函数、变量或表达式。如果条件1与分支条件匹配就执行语句1,退出循环;否则,检验条件2,如果条件2与分支条件匹配执行语句2,退出循环;否则,检验条件3,…,当所有条件都不与分支条件匹配时就执行最后的语句。注意otherwise是可以省略的。

例1-5 根据变量x的值来决定显示的内容,分别表示某人的同学、朋友、师生、亲戚关系。

```
function exam1_5(x)
switch x
    case 1
        disp('Relationship between students');
    case 2
        disp('Relationship between friends');
    case 3
        disp('Relationship between students and teachers');
    otherwise
        disp('Relationship between relatives');
end
```

命令窗口中执行:

```
>> exam1_5(3)
Relationship between students and teachers
```

三、几种常用人机交互命令

1. input

input命令用来提示用户从键盘输入数据、字符串或表达式,并接收输入值。调用格式:A = input(提示信息,选项)。下面给出input命令具体操作方式。

```
>> xx = input('input number by keyboard ---')
input number by keyboard ---66
xx =
    66
```

上述语句表示输入数值数据66并赋值给变量xx;若想输入一个字符串,input命令中选项需要使用's'标识,例如:

```
>> R = input('input your favorite sports ---','s')
input your favorite sports ---soccer
R =
soccer
```

2. disp

disp命令用于显示结果,调用格式:disp(输出项)。例如:

```
>> A = 'Hello,MATLAB';
>> disp(A)
Hello,MATLAB
```

3. pause

pause 命令用于使程序暂时中止运行,等待用户按任意键后继续运行。pause 命令在程序的调试过程或用户需要查看中间结果时十分有用。调用格式:pause(延迟秒数)。如果省略延迟时间,直接使用 pause,则将暂停程序,直到用户按任意键后程序继续执行。

4. break

break 命令常常用在循环语句或条件语句中。通过使用 break 语句,可不必等待循环的自然结束,而根据循环另设的条件来判断是否跳出循环。

例 1-6 鸡兔同笼,数头 36 个,数脚 100 个,问鸡、兔各多少?

```
function [x,y] = exam1_6(m,n)
% 鸡兔同笼问题
% x--鸡的个数,y--兔的个数,m--头的数目,n 脚的数目
con = 1;
i = 1;
while con
    if mod(n-2*i,4) == 0&(i+(n-i*2)/4) == m
        break;
        % 若不使用 break,可使用控制变量 con = 0 来跳出程序
    end
    i = i+1;
end
x = i;% 使用 con = 0 时 x = i-1;
y = m-x;
```

命令窗口中执行:

```
>> [x1,x2] = exam1_6(36,100)
x1 =
    22
x2 =
    14
```

上述结果表示鸡有 22 只,兔有 14 只。

四、局部变量与全局变量

在 MATLAB 中,全局变量用命令 global 定义。函数文件的内部变量是局部的,与其他函数文件及 MATLAB 工作空间中的变量相互隔离。但是,如果在若干函数中,都把某一变量定义为全局变量,那么这些函数将共用这一个变量。全局变量的作用域是整个 MATLAB 工作空间,即全程有效。所有的函数都可以对它进行存取和修改。因此,定义全局变量是函数间传递信息的一种手段。

例 1-7 建立函数文件,该函数计算 $x \times aa + y \times bb$ 的数值,其中 aa、bb 为全局变量,x、y 为局部变量。

```
function ss = exam1_7(x,y)
global aa bb
ss = x*aa + y*bb;
```

命令窗口中执行：

```
>>global aa bb
>>aa=3;
>>bb=4;
>>ss=exam1_7(3,4)
ss =
    25
```

需要说明的是，在程序设计中，使用全局变量固然可以带来一些方便，但却破坏了函数对变量的封装，降低了程序的可读性。因而，在结构化程序设计中，全局变量是不受欢迎的。特别是程序较大或子程序较多时，使用全局变量给程序调试与使用带来极大不便，一般不使用全局变量。用户在编写函数文件中，可以适当增加输入、输出参数，以实现参数传递，程序调试与维护时也较为方便。

1.4　MATLAB 绘图

在处理一些实际问题时，人们很难直接从大量的数据中感受其具体含义，使用图形表示数据某些特征，有助于研究问题、发现规律、揭示本质。MATLAB 系统提供了完整的可视化工具，用户可以利用 MATLAB 轻松地绘制出各种曲线图、曲面图和特殊图形。

一、二维图形的绘制

1. 二维曲线图

MATLAB 系统提供了绘制曲线函数 plot。由于 MATLAB 作图是通过描点、连线来实现的，故在绘制曲线之前，需要先取得图形上的一系列点的坐标，即横坐标与纵坐标，然后将该系列点的坐标提供给 plot 函数绘制曲线。

绘制单条曲线，函数调用格式：

plot(x,y,'s')

其中 x 表示横坐标向量，y 表示纵坐标向量，s 为选项字符串，用于控制线型与颜色，常用表示见表 1-7。

例 1-8　在 $[0,4\pi]$ 内，使用点线绘制正弦曲线 $y=\sin(x)$。

```
>>x=0:pi/50:4*pi;
>>y=sin(x);
>>plot(x,y,':')
```

如图 1-2 所示。

若绘制多条曲线，可以使用 plot(x1,y1,'s',x2,y2,'s',x3,y3,'s'…)形式，其功能是分别以向量 $x1$、$x2$、$x3$、…为 X 轴，分别以 $y1$、$y2$、$y3$、…为 Y 轴，在同一幅图内绘制出多条曲线。绘制曲线时，要求向量 xk 与向量 yk 维数相等($k=1,2,3、…$)。

例 1-9　在 $[0,2\pi]$ 内，绘制正弦曲线 $y=\sin(x)$ 与余弦曲线 $y=\cos(x)$。

```
>>x=0:pi/50:2*pi;
>>y1=sin(x);
>>y2=cos(x);
```

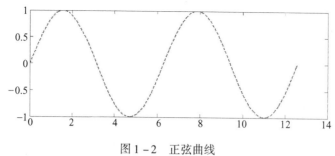

图 1-2 正弦曲线

```
>> plot(x,y1,'k:',x,y2,'b-')
```

如图 1-3 所示。上述命令中参数'k:'、'b-'分别控制两条曲线颜色和线型:k 表示黑色,:表示图形线型为点线;b 表示蓝色,- 表示图形线型为实线。表 1-7 给出了曲线的常用线型与颜色说明。

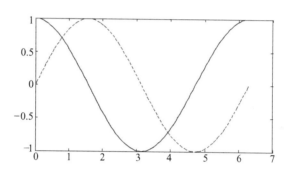

图 1-3 正弦和余弦曲线

表 1-7

选项	说明	选项	说明
-	实线	^	上三角
:	点线	<	左三角
-.	点划线	>	右三角
--	虚线	p	五角星
.	点	y	黄色
○	圆圈	m	紫色
x	叉号	c	青色
+	加号	r	红色
*	星号	g	绿色
s	方形	b	蓝色
d	菱形	w	白色
v	下三角	k	黑色

使用 plot 函数绘制多条曲线的另一种常用方法是逐条绘制曲线。若在已存在图形窗口中用 plot 命令继续添加新的图形内容,可使用图形保持命令 hold。发出命令 hold on

后,再执行 plot 命令,在保持原有图形或曲线的基础上,添加新绘制的图形,最后可使用命令 hold off 结束这个过程。例如对上例中的曲线绘制,执行下述语句,同样可以得到图1-3。

```
>> x = 0:pi/50:2 * pi;
>> y1 = sin(x);
>> plot(x,y1,'k:');
>> hold on
>> y2 = cos(x);
>> plot(x,y2,'b-');
>> hold off
```

应用上述符号的不同组合可以为图形设置不同的线型、颜色及标识。在调用时,选项应置于单引号内以表明图形设置的不同属性,当多于一个选项时,各选项直接相连,不分次序,不需要分隔符。

在绘制图形的过程中,若对图形加一些说明,如图形名称、曲线标注、坐标轴显示等,一种方法是使用 MATLAB 图形命令进行处理,表1-8 给出了常用图形说明命令;另外一种方法,可以在图形操作窗口下,选择菜单栏中 Insert 选项,然后找到相应选项,再按提示进行操作即可。例如,对例1-9 中两条函数曲线,添加图形标题、坐标轴名称、曲线图例,可以通过下面方式实现。

表 1-8

命 令	意 义
title	添加图形标题
xlabel	添加 x 坐标轴标注
ylabel	添加 y 坐标轴标注
text	添加数据点标注
legend	添加图例
axis	对坐标轴范围控制
grid	对图形加网格控制
hold	图形窗口保持功能

```
>> x = 0:pi/50:2 * pi;
>> y1 = sin(x);
>> y2 = cos(x);
>> plot(x,y1,'k:',x,y2,'b-');
>> axis([0,2 * pi, -1,1]);
>> title('正弦与余弦曲线');
>> xlabel('x 轴');
>> ylabel('y 轴');
>> text(3.1,0.1,'sin(x)');
>> text(1.3,0.4,'cos(x)');
>> legend('sin(x)','cos(x)');
```

上述命令执行结果见图1-4。在使用legend命令时,图例说明为一个矩形框,位于图形右上方,可单击该图形框,拖动到合适位置,也可以直接在图形框中对曲线进行图例说明。

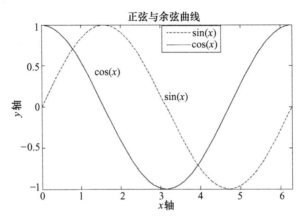

图1-4 曲线添加图形标识与图例

2. 子图

subplot函数可以实现子图的绘制,即在同一个图形窗口中画出多幅不同坐标系中的图形。命令格式:

subplot(m,n,p)

该命令将当前图形窗口分成$m \times n$个绘图区,即每行n个,共m行,区号按行优先编号,且选定第p个区为当前活动区。

例1-10 使用子图在同一坐标系下分别绘制下述曲线:

(1) $y = x^2$;(2) $x = y^2$;(3) $\dfrac{x^2}{4} - \dfrac{y^2}{9} = 1$;(4) $\dfrac{x^2}{4} - \dfrac{y^2}{9} = -1$。

```
>> subplot(2,2,1);
>> x = -2:0.01:2;
>> y = x.*x;
>> plot(x,y,'k');
>> title('y = x2');
>> grid on
>> subplot(2,2,2);
>> x = 0:0.01:4;
>> z1 = sqrt(x);
>> z2 = -z1;
>> plot(x,z1,'k',x,z2,'k');
>> title('x = y2');
>> axis on
>> grid on
>> subplot(2,2,3);
>> x1 = -5:0.01:-2;
>> u1 = 3*sqrt(x1.*x1/4 -1);
```

```
>> plot(x1,u1,'k',x1,-u1,'k');
>> hold on
>> x2 =2:0.01:5;
>> u2 =3*sqrt(x2.*x2/4-1);
>> plot(x2,u2,'k',x2,-u2,'k');
>> hold off
>> grid on
>> title('x^2/4-y^2/9=1');
>> axis tight
>> subplot(2,2,4);
>> x = -4:0.01:4;
>> w1 =3*sqrt(x.*x/4+1);
>> plot(x,w1,'k',x,-w1,'k');
>> axis tight
>> title('x^2/4-y^2/9 = -1');
>> grid on
```

执行上述语句,可以得到图1-5。

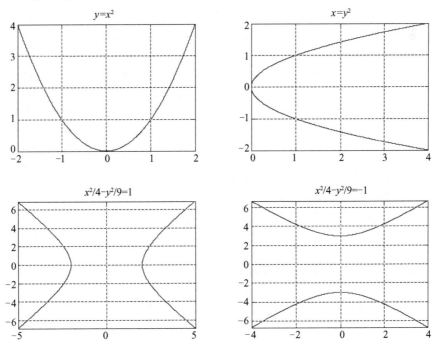

图1-5 子图绘制图形

3. 符号函数画图

MATLAB 系统提供了 ezplot 与 fplot 两个符号函数画图函数,以实现显函数、隐函数及参数方程绘图。调用格式如下:

ezplot('f',[xmin,xmax]):表示绘制函数 f 在 $x\min<x<x\max$ 内的图形,当区间 $[a,b]$ 默认时,默认区间是 $[-2\pi,2\pi]$;

ezplot('f',[xmin,xmax,ymin,ymax]):表示绘制函数 f 在 $x\min < x < x\max$ 与 $y\min < y < y\max$ 区域内的图形,当"[xmin,xmax,ymin,ymax]"项默认时,默认 x 与 y 的范围都是 $[-2\pi,2\pi]$;

ezplot(x,y,[tmin,tmax]):表示绘制参数方程 $x = x(t)$ 与 $y = y(t)$ 在区间 $t\min < t < t\max$ 内的图形;

fplot('fun',[xmin,xmax]):表示绘制字符串 fun 所指定的函数在 $x\min < x < x\max$ 内的图形,fun 必须是 M 文件的函数名或是独立变量 x 的字符串。

例 1 – 11 使用 ezplot 函数,分别绘制下述曲线:

(1) $y = \sin x, x \in [-4\pi, 4\pi]$;

(2) $\dfrac{x^2}{4} - \dfrac{y^2}{9} = 1, x \in [-5,5], y \in [-3,3]$;

(3) $x^2 + xe^{y^2} - y\sin x + ye^{x^2} = 0, x \in [-3,3], y \in [-3,3]$;

(4) $x = \cos^3 t, y = \sin^3 t, x \in [0, 2\pi], y \in [-1,1]$。

```
>> ezplot('sin(x)',[-4*pi,4*pi]);
>> ezplot('x^2/4 - y^2/9 = 1',[-5,5,-3,3]);
>> ezplot('x^2 + x*exp(y^2) - y*sin(x) + y*exp(x^2)',[-3,3,-3,3]);
>> ezplot('cos(t)^3','sin(t)^3',[0,2*pi,-1,1]);
```

上述四条语句分别绘制例 1 – 11 中的四条曲线,如图 1 – 6 所示。

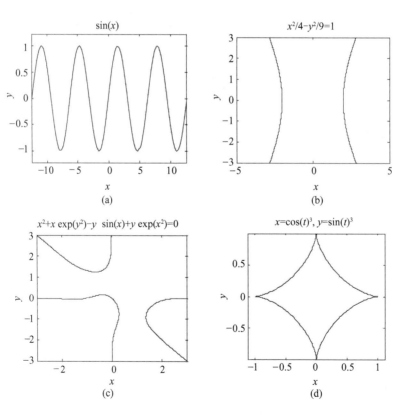

图 1 – 6 ezplot 函数绘图

例 1-12 使用 fplot 函数，分别绘制下述曲线：

(1) $y_1 = \sin x, y_2 = \cos x, x \in [-2\pi, 2\pi]$；

(2) $y = e^x + \sin x, x \in [-1, 1]$。

```
>>fplot('[sin(x),cos(x)]',[-2*pi,2*pi]);
>>title('y1=sin(x),y2=cos(x)');
>>fplot('exp(x)+sin(x)',[-1,pi]);
>>title('y=e^x+sin(x)');
```

执行结果见图 1-7。

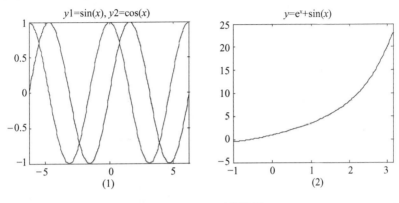

图 1-7 fplot 函数绘图

二、三维图形的绘制

1. 三维曲线

最基本的三维曲线绘图函数为 plot3，它是将二维函数 plot 的有关功能扩展到三维空间，用来绘制三维图形。调用格式：

plot3(x,y,z)：表示绘制一条三维曲线，其中 *x*、*y*、*z* 为三个相同维数的向量，函数绘出这些向量所表示点的曲线；

plot3(X,Y,Z)：表示按矩阵的列绘制多条曲线，其中 *X*、*Y*、*Z* 为三个相同阶数的矩阵，函数绘出这三个矩阵列向量表示的曲线；

plot3(x1,y1,z1,c1,x2,y2,z2,c2,…)：表示按坐标对向量绘制多条曲线，其中 *x1*、*y1*、*z1*…表示三维坐标向量，c1，c2…表示线形或颜色。

例 1-13 绘制三维空间螺旋线：$x = 2\cos t, y = 2\sin t, z = 3t, t \in [0, 10\pi]$。

```
>>t=0:pi/30:10*pi;
>>x=2*cos(t);
>>y=2*sin(t);
>>z=3*t;
>>plot3(x,y,z);
>>xlabel('x');
>>ylabel('y');
>>zlabel('z');
```

执行后，可得图 1-8。

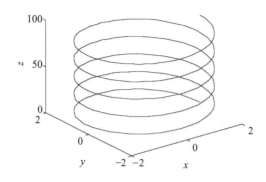

图 1-8 三维空间螺旋线(plot3 绘制)

与绘制二维曲线类似,MATLAB 软件提供了三维曲线绘制符号函数 ezplot3,具体使用方法同 ezplot 相似。例如,例 1-13 中的曲线绘制可以通过下述语句实现,结果见图1-9。

```
>> ezplot3('2*cos(t)','2*sin(t)','3*t',[0,10*pi]);
```

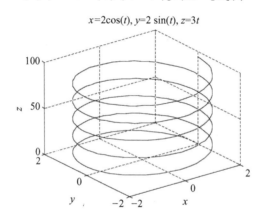

图 1-9 三维空间螺旋线(ezplot3 绘制)

2. 三维曲面图

MATLAB 绘制三维曲面图,需要在绘制之前对数据进行处理,得到三维曲面上点的坐标组,具体步骤如下:

(1) 将自变量 x、y 离散: $x = x\min:dx:x\max, y = y\min:dy:y\max$。

(2) 利用 meshgrid 指令生成特定 x-y 矩阵,[X,Y] = meshgrid(x,y),**X**、**Y** 矩阵元素分别表示为所绘曲面在 XOY 面投影点的 x、y 轴坐标值,若向量 **x** 的维数为 m,向量 **y** 的维数为 n,则 **X**、**Y** 矩阵对应维数为 $n \times m$。

(3) 利用函数 $z = f(X,Y)$,计算函数值。

(4) 利用 MATLAB 三维曲面绘制函数,绘制三维曲面图。

常用三维曲面绘制函数有 mesh、surf,前者主要绘制三维网格曲面图;后者主要绘制三维颜色填充图。使用格式:

mesh(X,Y,Z,C):表示绘制三维曲面网格图,其中 C 控制着色网格线颜色,默认 C

= Z;

surf(X,Y,Z,C):表示绘制三维曲面颜色填充图,其中 C 控制网格线内区域颜色,默认 C = Z。

例 1 – 14 绘制三维曲面网格图:

(1) $z = \sqrt{x^2 + y^2}, x \in [-10, 10], y \in [-10, 10]$;

(2) $z = \dfrac{\sin \sqrt{x^2 + y^2}}{\sqrt{x^2 + y^2}}, x \in [-8, 8], y \in [-8, 8]$。

```
>> x1 = -10:1:10;
>> y1 = -10:1:10;
>> [X1,Y1] = meshgrid(x1,y1);
>> Z1 = sqrt(X1.^2 + Y1.^2);
>> mesh(X1,Y1,Z1);              % 图 1-10(a)
>> figure;                       % 产生一个新的图形窗口
>> x1 = -8:0.5:8;
>> x2 = -8:0.5:8;
>> y2 = -8:0.5:8;
>> [X2,Y2] = meshgrid(x2,y2);
>> V = sqrt(X2.^2 + Y2.^2) + eps;  % 防止出现 0/0
>> Z2 = sin(V)./V;
>> mesh(X2,Y2,Z2);              % 图 1-10(b)
```

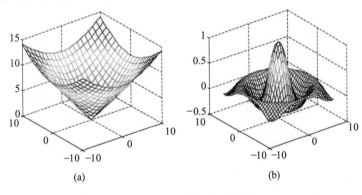

图 1 – 10 三维曲面网格图

若对例 1 – 14 中的问题,绘制三维曲面颜色填充图,对上述的 X1、Y1、Z1、X2、Y2、Z2,执行下述语句,可得图 1 – 11。

```
>> figure
>> surf(X1,Y1,Z1);
>> figure
>> surf(X2,Y2,Z2);
```

对于三维曲面图,用户从不同的角度观察曲面,其形状是不同的。MATLAB 提供了设置视点的函数 view,调用格式:

```
view(az,el)
```

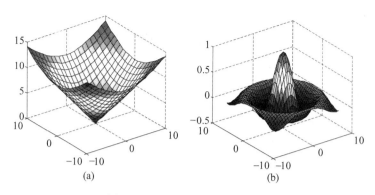

图 1-11 三维曲面颜色填充图

az 是 azimuth(方位角)的缩写;el 是 elevation(仰角)的缩写。它们均以度为单位,系统默认的视点定义为方位角 $-37.5°$,仰角 $30°$。对于 az 取值,当 x 轴平行观察者身体,y 轴垂直于观察者身体时,$az=0$;以此点为起点,绕着 z 轴顺时针运动,az 为正,逆时针为负。对于 el 取值,当观察者的眼睛在 xy 平面上时,$el=0$;向上 el 为正,向下为负。若实际需要从指定点观察曲面,则可以通过 view([x,y,z]) 实现。

例 1-15 从给出的不同视点,绘制三维曲面网格图:$z=\sin(xy),x\in[-2,2],y\in[-2,2]$:

(1) $az=37.5°,el=30°$;　　　(2) $az=0°,el=90°$;
(3) $az=-90°,el=0°$;　　　(4) 从 $[3,-2,5]$ 处观察。

```
>> x = -2:0.1:2;
>> y = -2:0.1:2;
>> [X,Y] = meshgrid(x,y);
>> Z = sin(X.*Y);
>> subplot(2,2,1);
>> mesh(X,Y,Z);
>> subplot(2,2,1);
>> mesh(X,Y,Z);
>> title('az =37.5,el =30');
>> subplot(2,2,2);
>> mesh(X,Y,Z);
>> view(0,90);
>> title('az =0,el =90');
>> subplot(2,2,3);
>> mesh(X,Y,Z);
>> view(-90,0);
>> title('az = -90,el =0');
>> subplot(2,2,4);
>> mesh(X,Y,Z);
>> view([3 -2 5]);
>> title('[x,y,z] =[3,-2,5]');
```

如图 1-12 所示。

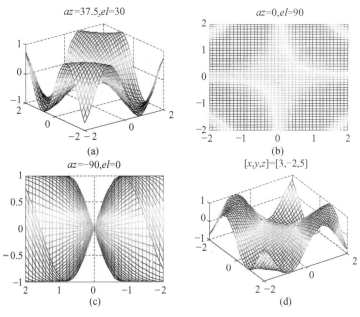

图 1-12 绘制不同视点图形

MATLAB 还提供了空间曲面符号绘图函数 ezmesh 与 ezsurf,其调用格式为:

ezmesh(z(x,y),[xmin,xmax,ymin,ymax]):表示绘制函数 $z=z(x,y)$ 在 $xmin<x<xmax$ 与 $ymin<y<ymax$ 区域内的图形,当"[xmin,xmax,ymin,ymax]"项默认时,默认 x 与 y 的范围都是 $[-2\pi,2\pi]$;

ezmesh(x(s,t),y(s,t),z(s,t),[smin,smax,tmin,tmax]):表示绘制函数 $x=x(s,t)$,$y=y(s,t)$,$z=z(s,t)$ 在 $smin<s<smax$ 与 $tmin<t<tmax$ 区域内的图形;

ezsurf 与 ezmesh 使用格式类似,不再重复。

例 1-16 使用 ezsurf 函数,绘制抛物面 $z=x^2+2y^2$ 与球面 $x^2+y^2+z^2=9$ 所围的图形。

```
>> ezsurf('sqrt(x^2 +y^2)',[-2.2,2.2,-2.2,2.2]);
>> hold on
>> ezsurf('sqrt(8 -x^2 -y^2)',[-2.2,2.2,-2.2,2.2]);
>> hold off
```

执行结果见图 1-13。

三、特殊图形的绘制

1. 对数坐标图

在考察两变量之间的函数关系时,某些问题通过对数据进行对数转换可以更清晰地看出数据的某些特征。MATLAB 系统提供对数转换的方式有双对数坐标转换和单轴对数坐标转换两种。loglog 函数可以实现双对数坐标转换,semilogx、semilogy 函数可分别实现 x、y 轴单轴对数坐标转换。

例 1-17 分别使用直角坐标系与对数坐标系,绘制变量 x 与 y 曲线图:

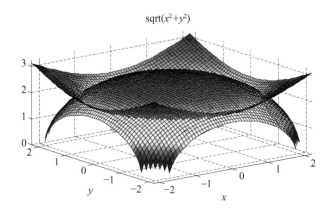

图 1-13 ezsurf 绘图

(1) $y=2^x$；(2) $y=\ln x$。
```
>> subplot(2,2,1);
>> x = 0:0.5:5;
>> y = 2.^x;
>> plot(x,y,'-s');
>> title('y = 2^x');
>> subplot(2,2,2);
>> semilogy(x,y,'-o');
>> title('y = 2^x(semilogy)');
>> subplot(2,2,3);
>> x = 0.5:0.5:5.5;
>> y = log(x);
>> plot(x,y,'-s');
>> title('y = ln(x)');
>> subplot(2,2,4);
>> semilogx(x,y,'-o');
>> title('y = ln(x)(semilogx)');
```
如图 1-14 所示。

在数值比较过程中，有时会遇到双纵坐标（即双 y 轴坐标系）显示的要求，为解决该问题，MATLAB 软件提供了双纵坐标绘制二维图的函数 plotyy。调用格式：
```
plotyy(X1,Y1,X2,Y2,fun1,fun2)
```
表示以 fun1 方式绘制 $(X1,Y1)$，以 fun2 方式绘制 $(X2,Y2)$。fun1、fun2 可以选择的方式为 plot、semilogx、semilogy、loglog 等。

例 1-18 使用双纵坐标绘制曲线 $y=\sin x$ 与 $y=3^x$（图 1-15）。
```
>> x = 0:pi/20:2*pi;
>> y = sin(x);
>> z = 3.^x;
>> plotyy(x,y,x,z,'plot','semilogy');
```

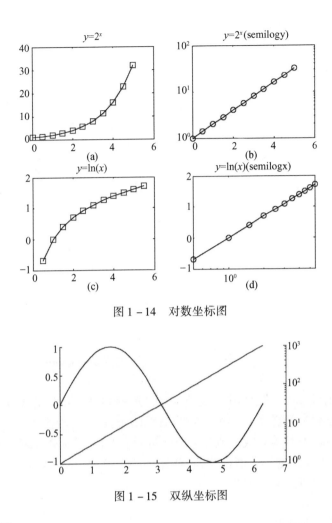

图 1-14 对数坐标图

图 1-15 双纵坐标图

2. 极坐标图

MATLAB 软件提供了 polar 函数绘制极坐标系下二维曲线,该函数的使用格式:
polar(theta,rho,'s')

其中 theta 为弧度表示的角度向量;rho 为对应的极径;s 用于控制线型与颜色。

例 1-19 使用 polar 函数绘制以下曲线:

(1) $y = 2(1 - \cos\theta)$;(2) $y = 3\cos4\theta$。

```
>> subplot(1,2,1);
>> th = 0:pi/20:2 * pi;
>> rh = 2 * (1 - cos(th));
>> polar(th,rh,'k')
>> title('r = 2(1 - cos( \theta))');
>> subplot(1,2,2);
>> th = 0:pi/50:2 * pi;
>> rh = 3 * cos(4 * th);
>> polar(th,rh,'k')
>> grid off
```

```
>> axis off
>> title('r = 3cos(4 \theta)');
```
如图 1 – 16 所示。

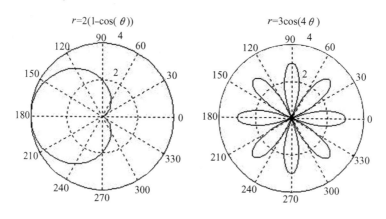

图 1 – 16 极坐标图

3. 等高线图

MATLAB 软件提供了绘制二维和三维等高线图的函数 contour 和 contour3,使用格式:
contour(X,Y,Z,n/V)

表示绘制二维等高线图。其中变量 **Z** 必须为一数值矩阵,变量 **X**、**Y** 可省略;n/V 为选择输入参数,若输入正整数 n,表示绘制等高线的条数为 n;若输入向量 **V**,等高线的条数为向量 **V** 的长度,并且等高线的值为对应向量元素的值;若 n/V 省略,等高线的条数为预设值 10。若对等高线进行数值标注,可使用 clabel 函数。contour3 使用格式与 contour 类似,具体使用可参照例 1 – 20(图 1 – 17)。

例 1 – 20 绘制下述图形:

(1) peaks 函数曲面图;

(2) peaks 二维等高线图 $n = 15$;

(3) peaks 三维等高线图 $n = 15$;

(4) 对 peaks 二维等高线图 $n = 5$ 进行数值标注。

```
>> [X,Y,Z] = peaks(30);% peaks 为 MATLAB 自定义函数
>> subplot(2,2,1);
>> surf(X,Y,Z);
>> title('peaks(30)');
>> subplot(2,2,2);
>> contour(Z,15)
>> title('contour of peaks');
>> subplot(2,2,3);
>> contour3(Z,15);
>> title('contour3 of peaks');
>> subplot(2,2,4);
>> C = contour(X,Y,Z,5);
>> clabel(C);
```

```
>> title('clabel of peaks');
```
如图1-17所示。

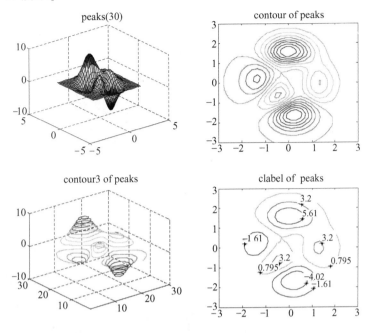

图1-17　等高线图

4. 散点图

分析两变量间函数关系,常常需要绘制散点图。MATLAB软件提供了scatter、scatter3命令分别用于绘制二维、三维散点图,使用格式:

scatter(X,Y,S,C):用于绘制二维散点图,表示在向量 X 与 Y 的指定位置显示标识点,X 与 Y 必须大小相同,S 用于控制标识点的大小,C 用于控制标识点的形状;

scatter3(X,Y,Z,S,C):用于绘制三维散点图,表示在向量 X、Y、Z 的指定位置显示标识点,X、Y、Z 必须大小相同,S 与 C 的用法同上。

例1-21　使用MATLAB生成二维与三维数据点,并绘制的散点图(图1-18)。

```
>> subplot(1,2,1);
>> x = rand(1,30)*10;
>> b = rand(1,30);
>> y = x + b;
>> scatter(x,y,20,'*')
>> scatter(x,y,20,'*');
>> title('scatter');
>> subplot(1,2,2);
>> t = 0:pi/10:10*pi;
>> x = 5*t.*cos(t);
>> y = 5*t.*sin(t);
>> z = 2*t;
```

```
>> scatter3(x,y,z,20,'o');
>> title('scatter3');
```

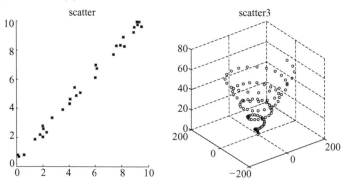

图 1-18 散点图

5. 其他特殊函数图

除前面介绍的绘图函数之外,MATLAB 还提供了不少特殊的二维、三维图形绘制函数,表 1-9 给出了一些常见的特殊函数图。例 1-22 对表中的部分函数图形进行了绘制。

表 1-9

名称	说明	名称	说明
area	区域填充图	quiver(quiver3)	二维矢量图(三维)
bar(bar3)	条形图(三维)	stairs	阶梯图
barh(bar3h)	水平条形图(三维)	meshc	带等高线网格图
comet(comet3)	彗星图(三维)	meshz	带垂帘线网格图
errorbar	误差带图	surfc	带等高线着色图
feather	箭号图	trimesh	三角形网格图
fill	多边形填充图	trisurf	三角形表面图
hist	统计直方图	waterfall	瀑布图
pie(pie3)	饼图(三维)	cylinder	柱面图
stem(stem3)	火柴杆图(三维)	sphere	球面图

例 1-22 使用 MATLAB 生成二维与三维数据点,并绘制以下图形(图 1-19):
(1) 条形图; (2) 箭号图; (3) 统计直方图;
(4) 饼图; (5) 火柴杆图; (6) 矢量图;
(7) 多边形填充图; (8) 区域填充图。

```
>> subplot(4,2,1);% 条形图(图 1-19-(a))
>> x = 1:10;y = round(10 * rand(1,10));
>> bar(x,y);title('bar');axis tight
>> subplot(4,2,2);% 箭号图(图 1-19-(b))
>> x = 0:pi/10:2 * pi;y = x.* sin(x);
```

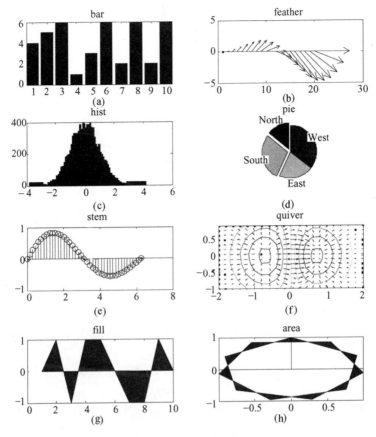

图 1-19 系列曲线图（例 1-22）

```
>> feather(x,y);title('feather');
>> subplot(4,2,3);  % 统计直方图(图1-19-(c))
>> x = -2.9:0.1:2.9;y = randn(10000,1);
>> hist(y,x);title('hist');
>> subplot(4,2,4);  % 饼图(图1-19-(d))
>> pie([2 4 3 5],[1 1 0 0],{'North','South','East','West'});title('pie');
>> subplot(4,2,5);  % 火柴杆图(图1-19-(e))
>> x = 0:pi/20:2*pi;y = exp(-x/8).*sin(x);
>> stem(x,y);title('stem');
>> subplot(4,2,6);  % 矢量图(图1-19-(f))
>> [x,y] = meshgrid(-2:.2:2,-1:.15:1);
>> z = x.*exp(-x.^2 - y.^2);[px,py] = gradient(z,.2,.15);
>> contour(x,y,z),hold on
>> quiver(x,y,px,py),hold off,title('quiver');
>> subplot(4,2,7);  % 多边形填充图(图1-19-(g))
>> x = 1:10;
>> y = [0,1,-1,1,1,0,-1,-1,1,0];
>> fill(x,y,'b');title('fill');
```

```
>> subplot(4,2,8);% 区域填充图(图1-19-(h))
>> t = linspace(0,2*pi,12);
>> x = sin(2*t);y = cos(2*t);
>> area(x,y,'facecolor','b');title('area');
```
执行结果见图1-19。

1.5 MATLAB 符号计算

除了数值计算之外,在数学、物理、应用科学与工程中经常遇到符号计算问题。为了解决这个问题,MathWorks 公司于1993年购买了 Maple 的使用权,利用 Maple 系统的函数库,开发了 MATLAB 环境下实现符号计算的工具包(Symbolic Math Toolbox)。

一、符合变量与符合表达式

在数值计算中,变量都是数值变量。而在符号运算中,变量都是以字符形式保存和运算,即使是数字也被当作字符来处理。

MATLAB 符号运算处理的主要对象是符号和符号表达式,为此要使用一种新的数据类型——符号变量。符号表达式的创建可由符号' '或 sym 函数来完成,例如:

```
>> f = 'sin(x)'
f =
sin(x)
>> g = sym('cos(x) + exp(x)')
g =
cos(x) + exp(x)
```

符号的创建可由 sym 函数或 syms 来完成,sym 函数一次只能创建一个符号,而 syms 函数一次能够创建多个符号。

```
>> syms a b x y
>> f = a*sin(x) + b*cos(x)
f =
a*sin(x) + b*cos(x)
```

为了了解符号函数引用过程中使用的符号变量个数及变量名,可以用 findsym 函数查询。使用格式:

findsym(f,n)

其中 f 为用户定义的符号函数,n 为正整数,表示查询变量的个数。$n=i$,表示查询 i 个系统默认变量;n 值省略时表示查询符号函数中全部系统默认变量。

```
>> syms a b c x y t
>> f = sin(a*x+t) + b*log(y) + c
f =
  sin(a*x+t) + b*log(y) + c
>> findsym(f)
ans =
a, b, c, t, x, y
>> findsym(f,1)
```

```
ans =
x
```

有时符号运算的目的是得到精确的数值解,这样就需要对得到的解析解进行数值转换。在 MATLAB 中,这种转换函数主要通过 digits、vpa 或 subs 函数实现,具体使用格式:

digits(D):表示函数设置有效数字个数为 D 的近似解精度;
vpa(S,D):表示符号表达式 S 在 digits(D)精度下的数值解;
subs(S,a,x):表示将变量 a 替换符号表达式 S 中的 x 变量,x 与 a 可互换位置。

```
>> s = solve('2*x^2 - exp(x) = 0')
s =
  -2*lambertw(-1/4*2^(1/2))
 -2*lambertw(-1,-1/4*2^(1/2))
    -2*lambertw(1/4*2^(1/2))
>> vpa(s)
ans =
 1.4879620654981771562543701209326
 2.6178666130668127691789780591434
 -.53983527690282004921180390836334
>> vpa(s,8)
ans =
 1.4879621
 2.6178666
 -.53983528
>> syms x y a
>> f = sin(a*x+y) - x;
>> subs(f,pi,x)
ans =
sin(a*pi+y) - pi
>> subs(f,-5,x)
ans =
-sin(5*a-y) + 5
```

二、符号微积分

1. 导数

diff 函数在 MATLAB 系统中用于求导数,调用格式:

diff(S,v,n):表示对表达式 S 关于变量 v 求年 n 阶导数。若 n 省略表示求 1 阶导数;若 v 省略,表示对默认变量求 n 阶导数;若两者皆省略,则系统对默认变量对求一阶导数。

例 1 – 23 使用 diff 函数计算 $z = 2y\sin x^2$ 关于 x 的一阶、二阶偏导数。

```
>> syms x y
>> s = y*sin(x^2);
>> diff(s)
ans =
2*y*cos(x^2)*x
```

```
>> diff(s,2)
ans =
-4*y*sin(x^2)*x^2+2*y*cos(x^2)
```
当导数运算作用于符号矩阵时,是作用于矩阵的每个元素。
```
>> A=[sin(a*x),cos(a*x);-cos(b*x),-sin(b*x)]
A =
[ sin(a*x), cos(a*x)]
[ -cos(b*x), -sin(b*x)]
>> diff
ans =
[ cos(a*x)*a, -sin(a*x)*a]
[ sin(b*x)*b, -cos(b*x)*b]
```

2. 积分

int 函数在 MATLAB 软件中用于求积分,调用格式:

int(S):表示对符号表达式 S 关于默认变量求不定积分;

int(S,v):表示对符号表达式中关于指定变量 v 求不定积分;

int(S,a,b):表示对符号表达式 S 关于默认变量在区间 $[a,b]$ 求定积分;

int(S,v,a,b):表示对符号表达式 S 关于指定变量 v 在区间 $[a,b]$ 求定积分,若出现无穷区间情形以 inf 代替。

例 1-24 使用 int 函数计算以下积分:

(1) $\int \dfrac{dx}{x^2\sqrt{1+x^2}}$; (2) $\int e^x \cos 3x dx$; (3) $\int_0^{\frac{\pi}{2}} x\sin^2 x dx$; (4) $\int_{-\infty}^{+\infty} \dfrac{1}{1+9x^2} dx$ 。

```
>> syms x y
>> s1=1/(x^2*sqrt(1+x^2));
>> int(s1,x)
ans =
-1/x*(1+x^2)^(1/2)
>> s2=exp(x)*cos(3*x);
>> int(s2,x)
ans =
1/10*exp(x)*cos(3*x)+3/10*exp(x)*sin(3*x)
>> s3=x*sin(x)^2;
>> int(s3,x,0,pi/2)
ans =
1/4+1/16*pi^2
>> s4=1/(1+9*x^2);
>> int(s4,x,-inf,inf)
ans =
1/3*pi
```

当不定积分无解析表达式时,可用 double 函数或 eval 函数计算其数值,例如:
```
>> s=exp(-x^2);
>> z=int(s,0,1)
```

```
z =
1/2*erf(1)*pi^(1/2)
>> eval(z)
ans =
  0.7468
```

3. 极限

limit 函数在 MATLAB 软件中用于极限求解，调用格式：

limit(S,x,a)：表示计算符号表达式 S 在 $x \to a$ 时的极限；

limit(S,a)：表示计算符号表达式 S 在默认变量趋向于 a 时的极限；

limit(S)：表示计算符号表达式 S 在默认变量趋向于 0 时的极限；

limit(S,x,a,'right')：表示计算符号表达式 S 在 $x \to a$ 时的右极限；

limit(S,x,a,'left')：表示计算符号表达式 S 在 $x \to a$ 时的左极限。

例 1-25 计算下列问题的极限：

(1) $\lim\limits_{x \to 2} \dfrac{x^2-4}{x-2}$； (2) $\lim\limits_{x \to 0} \dfrac{\sin x}{x}$； (3) $\lim\limits_{x \to +\infty}\left(1+\dfrac{a}{x}\right)^x$； (4) $\lim\limits_{x \to \frac{\pi}{2}} \tan x$。

```
>> syms x a
>> f1 = (x^2 -4)/(x -2);
>> limit(f1,x,2)
ans =
4
>> f2 = sin(x)/x;
>> limit(f2)
ans =
1
>> f3 = (1 + a/x)^x;
>> limit(f3,x,inf)
ans =
exp(a)
>> f4 = tan(x);
>> limit(f4,x,pi/2,'right')
ans =
-Inf
```

4. 级数求和

在 MATLAB 中，symsum 函数用于级数求和，调用格式：

symsum(S)：表示对符号表达式 S 关于默认变量 k 从 0 到 $k-1$ 求和；

symsum(S,v)：表示对符号表达式 S 关于指定变量 v 从 0 到 $v-1$ 求和；

symsum(S,v,a,b)：表示对符号表达式 S 关于指定变量 v 从 a 到 b 求和；

symsum(S,a,b)：表示对符号表达式 S 关于默认变量 k 从 a 到 b 求和。

例 1-26 求下列级数的和：

(1) $\sum\limits_{k=0}^{k-1} k$； (2) $\sum\limits_{n=0}^{n-1} \dfrac{1}{2^n}$； (3) $\sum\limits_{n=1}^{\infty} \dfrac{(-1)^{n-1}}{n} x^n$； (4) $\sum\limits_{k=1}^{\infty} \dfrac{1}{k^2}$。

```
>> syms k n x
>> f1 = k;
>> symsum(f1)
ans =
1/2*k^2 -1/2*k
>> f2 =1/2^n;
>> symsum(f2,n,0,n-1)
ans =
-2*(1/2)^n +2
>> f3 = (-1)^(n-1)*x^n/n;
>> symsum(f3,n,1,inf)
ans =
log(1 +x)
>> f4 =1/k^2;
>> symsum(f4,k,1,inf)
ans =
1/6*pi^2
```

5. 幂级数展开

在 MATLAB 中，taylor 函数用于幂级数展开，调用格式：

taylor(S)：表示对符号函数 S 关于默认变量的 6 次麦克劳林展开式，这里 6 次指余项次数大于等于 6，以下同；

taylor(S,n)：表示对符号函数 S 关于默认变量的 n 次麦克劳林展开式；

taylor(S,n,x,a)：表示对符号函数 S 关于指定变量 x 在 a 点的 n 次泰勒展开式。

例 1-27 对下列函数进行幂级数展开：

(1) $y = \sin x$ 的 6 次与 15 次麦克劳林展开式；

(2) $y = \cos x$ 在 $x = \dfrac{\pi}{3}$ 处展开成幂级数(次数为 7)；

(3) $y = x\ln(2 + 3x)$ 展开成 $x-2$ 的幂级数(次数为 8)；

```
>> syms x
>> taylor(sin(x))
ans =
x -1/6*x^3 +1/120*x^5
>> taylor(sin(x),15)
ans =
x -1/6*x^3 +1/120*x^5 -1/5040*x^7 +1/362880*x^9 -1/39916800*x^11 +1/
6227020800*x^13
>> taylor(cos(x),7,x,pi/3)
ans =
1/2 -1/2*3^(1/2)*(x-1/3*pi) -1/4*(x-1/3*pi)^2 +1/12*3^(1/2)*(x
-1/3*pi)^3 +1/48*(x-1/3*pi)^4 -1/240*3^(1/2)*(x-1/3*pi)^5 -1/1440*
(x-1/3*pi)^6
>> f3 = x*log(2 +3*x);
```

```
>> taylor(f3,8,x,2)
ans =
6*log(2)+(3/4+3*log(2))*(x-2)+15/64*(x-2)^2-9/256*(x-2)^3+63/8192*(x-2)^4-81/40960*(x-2)^5+729/1310720*(x-2)^6-1215/7340032*(x-2)^7
```

三、符号简化

MATLAB 符号工具箱中还提供了符号因式分解、展开、合并、简化、通分、嵌套等符号操作。

1. 因式分解

factor 函数可以实现符号因式分解,使用格式:

factor(S):表示把表达式 S 分解为多个因式,各因式的系数均为有理数;若 S 为整数符号表达式,表示将 S 进行素数分解。例如:

```
>> syms x
>> factor(x^8-1)
ans =
(x-1)*(1+x)*(x^2+1)*(x^4+1)
>> factor(sym('5230764'))
ans =
(2)^2*(3)^3*(7)*(11)*(17)*(37)
```

2. 展开

expand 函数可以实现符号因式分解,使用格式:

expand(S):表示把表达式 S 分解进行展开。例如:

```
>> syms x y
>> expand((x-1)^5)
ans =
x^5-5*x^4+10*x^3-10*x^2+5*x-1
>> expand(sin(x+y))
ans =
sin(x)*cos(y)+cos(x)*sin(y)
>> expand(sin(x-y)*cos(x+y))
ans =
sin(x)*cos(y)^2*cos(x)-sin(x)^2*cos(y)*sin(y)-cos(x)^2*sin(y)*cos(y)+cos(x)*sin(y)^2*sin(x)
```

3. 合并

collect 函数可以实现同类项合并,使用格式:

collect(S,v):表示对符号表达式 S 按照变量 v 的同幂项进行合并,当 v 省略时则按照默认变量的同幂项进行合并。例如:

```
>> syms x t
>> f=(x+1)^2*(t+1)^2+3*x^2*t+2*x*t
>> collect(f,x)
```

ans =
((t+1)^2+3*t)*x^2+(2*(t+1)^2+2*t)*x+(t+1)^2
\>\> collect(f,t)
ans =
(1+x)^2*t^2+(2*(1+x)^2+3*x^2+2*x)*t+(1+x)^2

4. 简化

在 MATLAB 软件中,符号简化可由函数 simple 和 simplify 实现,调用格式:

[R,HOW] = simple(S):表示对表达式 S 尝试不同算法简化,以显示表达式的长度最短形式,R 表示得到最短表达式,HOW 表示简化过程中使用的主要方法;

simplify(S):表示对表达式 S 利于各种恒等式进行化简。例如:

\>\> simplify(sin(x)^2+cos(x)^2)
ans =
1

5. 通分

numden 函数可以实现通分,使用格式:

[N,D] = numden(S):表示将 S 的各元素转换为分子和分母都是整系数的最佳多项式型,N 表示分子,D 表示分母。例如:

\>\> syms x y
\>\> [n,d] = numden(x/(2*y)+y/(3*x)+x+y+1)
n =
3*x^2+2*y^2+6*y*x^2+6*y^2*x+6*y*x
d =
6*y*x

6. 嵌套

horner 函数可以实现符号多项式嵌套转换,使用格式:

horner(S):表示将符号多项式 S 转换成嵌套形式表示,即用多层括号形式表示。例如:

\>\> syms x
\>\> horner(x^4+2*x^3-5*x^2+7*x-8)
ans =
-8+(7+(-5+(x+2)*x)*x)*x

1.6 实验练习

一、矩阵操作练习

1. 已知矩阵 $a = \begin{bmatrix} 1 & 2 & 6 & 4 \\ 2 & 5 & 1 & 3 \\ 7 & 1 & 1 & -1 \\ 1 & 0 & -2 & -6 \end{bmatrix}$,求:

(1)把矩阵 a 在第 3 行第 4 列元素 -1 改为 6;

(2) 把矩阵 a 的第 2 行元素改为 [3, -2, 1, 9];

(3) 把矩阵 a 的第 4 列元素改为 [3, -2, 1, 9];

(4) 用矩阵 a 的第 1 行元素乘 -2 加到第 3 行上。

2. 生成下列矩阵:

(1) 3 行 4 列随机阵;

(2) 4 行 3 列单位阵;

(3) 2 行 2 列单位阵;

(4) 2 行 3 列全零阵;

(5) 5 行 3 列全 1 阵。

3. 生成一个 8×10 阶矩阵,满足以下条件:

(1) 左上角为 4 阶全 1 方阵;

(2) 右上角为 4×6 阶单位阵;

(3) 左下角为 4 阶全 0 方阵;

(4) 右下角为 4×6 阶随机阵(均匀分布)。

4. 设 $A = \begin{bmatrix} 2 & -1 & 3 \\ 3 & 1 & -6 \\ 4 & -2 & 15 \end{bmatrix}$,求方阵行列式的值与矩阵的逆矩阵。

二、程序设计练习

1. 编写程序(M 文件)计算 $1 + 2 + 3 + \cdots + n$。

2. 编写程序(M 文件)计算 π,其中

$$\frac{\pi}{4} = 1 - \frac{1}{3} + \frac{1}{5} - \frac{1}{7} + \frac{1}{9} - \frac{1}{11} + \cdots$$

3. 编写程序(M 文件)计算 e,其中:

$$e = 1 + 1 + \frac{1}{2!} + \frac{1}{3!} + \cdots$$

4. 编写 M 文件求所有的"水仙花数"。所谓"水仙花数"是指一个三位数,其各位数字的立方和等于该数本身。例如,153 是一个水仙花数,因为 $153 = 1^3 + 5^3 + 3^3$。

5. 编写 M 文件求 10000 内所有的素数。

三、图形操作练习

1. 已知 $y_1 = \sin(x), y_2 = \cos(x)$,在 $[0, 2\pi]$ 上画出下列函数曲线:

(1) 同一图形中画出两条曲线;

(2) 使用子图分别画出两曲线。

2. 用两种方法在同一个坐标下作出 $y_1 = x^2, y_2 = x^3, y_3 = x^4, y_4 = x^5$ 这四条曲线的图形,并加上各种标注(坐标轴、标题、图例等)。

3. 绘制以下曲线:

(1) $y = 16e^{-x^2}$, $-3 \leq x \leq 3$;

(2) $y^2 = x^2(4 - x^2)$, $-2 \leq x \leq 2$;

(3) $y = \sin(2\theta), 0 \leq \theta \leq 2\pi$;

(4) $x = \sin(t), y = \cos(t), z = t, 0 \leq t \leq 10\pi$。

4. 绘制以下曲面图：

(1) $z = \dfrac{\sin\sqrt{x^2+y^2}}{\sqrt{x^2+y^2}}, -10 \leq x, y \leq 10$，绘制该函数对应的三维网格图；

(2) $z = \dfrac{2x}{e^{x^2+y^2}}, -2 \leq x, y \leq 2$，绘制该函数对应的三维曲面颜色填充图。

四、符号计算练习

1. 计算 $z = 2x^2 y + \arctan(1-x^2)$ 关于 x 的一阶、二阶偏导数。

2. 计算以下积分：

(1) $\displaystyle\int \dfrac{x^2}{\sqrt{1+4x^2}} \, dx$； (2) $\displaystyle\int e^{2x} \sin 3x \, dx$；

(3) $\displaystyle\int_0^{\frac{\pi}{2}} (2x+1) \sin^2 x \, dx$； (4) $\displaystyle\int_{-\infty}^{+\infty} \dfrac{1}{1+16x^2} \, dx$。

3. 计算下列极限：

(1) $\displaystyle\lim_{x \to 2} \dfrac{\sqrt{5-x} - \sqrt{x+1}}{x^2 - 4}$； (2) $\displaystyle\lim_{x \to 0} \left(\dfrac{\sin 3x}{\sqrt{x+1} - 1} + \cos x \right)$；

(3) $\displaystyle\lim_{n \to +\infty} (\sqrt{n+2} - 2\sqrt{n+1} + \sqrt{n})$； (4) $\displaystyle\lim_{x \to 0^+} \sin x \ln x$。

4. 求下列级数的和：

(1) $\displaystyle\sum_{k=0}^{k-1} k^2$； (2) $\displaystyle\sum_{n=0}^{n-1} \left(\dfrac{1}{3^n} + \dfrac{1}{4^n} \right)$；

(3) $\displaystyle\sum_{n=1}^{\infty} \dfrac{-1}{2^n(n+1)} x^n$； (4) $\displaystyle\sum_{k=1}^{\infty} \dfrac{(-1)^k}{k}$。

5. 对下列函数进行幂级数展开：

(1) $y = 1 + e^x$ 的 6 次与 12 次麦克劳林展开式；

(2) $y = \cos 2x$ 在 $x = \dfrac{\pi}{8}$ 处展开成幂级数（次数为 7）；

(3) $y = \dfrac{3}{4+5x}$ 展开成 $x-3$ 的幂级数（次数为 8）。

第 2 章 方程求根实验

2.1 实验目的

一、问题背景

在科学研究与工程计算中,常遇到方程(组)求根问题。若干个世纪以来,工程师和数学家花了大量时间用于探索求解方程(组),研究各种各样的方程求解方法。

对于方程

$$f(x) = 0 \tag{2.1}$$

当 $f(x)$ 为线性函数时,称式(2.1)为线性方程;当 $f(x)$ 为非线性函数时,称式(2.1)为非线性方程。对于线性方程(组)的求解,理论与数值求解方法的研究成果较为丰富,我们将在线性代数实验部分详细介绍求解方法;对于非线性方程求解,由于 $f(x)$ 的多样性,尚无一般的解析解法。例如,当 $f(x)$ 为 $n(n \geq 2)$ 次代数多项式时,式(2.1)称为 n 次代数方程,即

$$a_n x^n + a_{n-1} x^{n-1} + \cdots + a_1 x + a_0 = 0 \tag{2.2}$$

由代数基本定理知,n 次代数方程一定有 n 个根(含复根),但当 $n \geq 5$ 时,没有求根公式可用;当 $f(x)$ 包含三角函数、指数函数、对数函数等类型时,式(2.1)称为超越方程,例如

$$\ln x - x\sin\frac{\pi}{2}x + 1 = 0 \tag{2.3}$$

此类方程不仅很难求得解析解,有时连解的存在性、解的个数也难以判断。

当 $f(x)$ 为非线性函数时,若式(2.1)无解析解,但如果对任意的精度要求,设计迭代方程,数值计算出方程的近似根,则可以认为求根的计算问题已经解决,至少能够满足实际要求。

二、实验目的

(1) 理解迭代法原理,并利用迭代法求非线性方程的根。
(2) 熟悉 MATLAB 软件中非线性方程(组)的求解命令及用法。
(3) 使用 MATLAB 解决一些非线性方程问题。

2.2 迭代方法

一、理论知识

1. 迭代格式

将方程 $f(x)=0$ 转化为等价的方程 $x=\varphi(x)$,并据此构造迭代格式:

$$x_{n+1} = \varphi(x_n) \qquad (2.4)$$

对某个选定的初值 x_0 进行迭代,得到一个迭代数列 $\{x_n\}$。如果数列 $\{x_n\}$ 存在极限,即

$$\lim_{n \to \infty} x_n = x^* \qquad (2.5)$$

称迭代收敛,x^* 就是 $x = \varphi(x)$ 的根(不动点),亦是 $f(x) = 0$ 的根。

2. 零点定理

若函数 $f(x)$ 在闭区间 $[a,b]$ 上连续,且 $f(a)f(b) < 0$,则至少存在一点 $c \in (a,b)$,使得 $f(c) = 0$。

3. 压缩映射原理

设定义在 $[a,b]$ 上的函数 $f(x)$ 满足:对任意 $x \in [a,b]$,有 $f(x) \in [a,b]$,且存在一个常数 $L > 0$,使得

$$|f(x) - f(y)| \leq L|x - y|, x, y \in [a,b] \qquad (2.6)$$

成立。则当 $L < 1$ 时,称 f 为 $[a,b]$ 上的一个压缩映射,且函数 $f(x)$ 在 $[a,b]$ 上有唯一的不动点。

4. 迭代收敛判别

如果在区间 $[a,b]$ 上,φ 为 $[a,b]$ 上的一个压缩映射,则迭代格式 $x_{n+1} = \varphi(x_n)$ 收敛。特殊地,如果在区间 $[a,b]$ 上,$\varphi(x)$ 连续可导,且满足 $|\varphi'(x)| \leq q < 1$,则迭代格式 $x_{n+1} = \varphi(x_n)$ 收敛。

二、迭代算法设计

1. 二分法

二分法原理:将区域二分,根据零点定理,判断根在某个分段内,再进行二分,依次类推,重复进行,直到满足精度为止。

算法流程如下:

(1) 赋初值 a, b 及 $k = 0, a_k = a, b_k = b$。

(2) 令 $x_k = \dfrac{a_k + b_k}{2}$,计算 $f(x_k)$。

(3) 若 $f(x_k) = 0$,则 x_k 是 $f(x) = 0$ 的根,停止计算,输出结果 $x = x_k$;若 $f(a_k)f(x_k) < 0$,则令 $a_{k+1} = a_k, b_{k+1} = x_k$;若 $f(a_k)f(x_k) > 0$,则令 $a_{k+1} = x_k, b_{k+1} = b_k$。

(4) 令 $k = k+1, x_k = \dfrac{a_k + b_k}{2}$,若 $|f(x_k)| \leq \varepsilon$($\varepsilon$ 为精度要求),退出计算,输出结果 x_k;若 $|f(x_k)| > \varepsilon$,则转入(3)。

若执行以上过程,可得到每次缩小 $1/2$ 的区间序列 $\{[a_k, b_k]\}$,在 (a_k, b_k) 中含有方程的根 x^*。当区间长度 $b_k - a_k$ 很小时,取其中点 $x_k = \dfrac{a_k + b_k}{2}$ 为根的近似值。因此:

$$|x_k - x^*| \leq \frac{1}{2}(b_k - a_k) = \frac{1}{2} \times \frac{1}{2} \times (b_{k-1} - a_{k-1}) = \cdots = \frac{1}{2^{k+1}}(b - a) \qquad (2.7)$$

实际问题计算时,根据 ε 的数值,利用式(2.7)可估计二分次数 k。

例 2-1 使用二分法求方程 $x^3 + x - 1 = 0$ 在 $[0,1]$ 内的近似根(误差 $< 10^{-5}$)。

```
function y = exam2_1(m,n,er)
%二分迭代程序[m,n]表示迭代初始区间,er 表示误差
%y 为向量,其分量表示在迭代过程中的各个区间中点
syms x xk
a = m;b = n;k = 0;
ff = x^3 + x - 1;
while b - a > er
    xk = (a + b)/2;
    fx = subs(ff,x,xk);
    fa = subs(ff,x,a);
    k = k + 1;
    if fx = = 0
        y(k) = xk;
        break;
    elseif fa * fx < 0
        b = xk;
    else
        a = xk;
    end
    y(k) = xk;
end
plot(y,'.-');
grid on
```

在命令窗口下执行:

```
>> ab = exam2_1(0,1,1e-5);
>> vpa(ab,8)
```

可以得到迭代区间中点数列 ab,数值如下(图 2 - 1):

ans =
[.50000000, .75000000, .62500000, .68750000, .65625000, .67187500, .67968750, .68359375, .68164062, .68261719, .68212891, .68237305, .68225098, .68231201, .68234253, .68232727, .68233490]

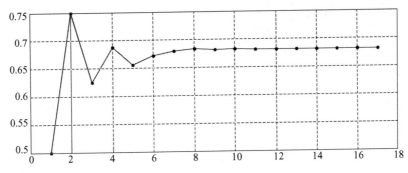

图 2 - 1 二分迭代法(区间中点数列)

2. 简单迭代法

将方程 $f(x)=0$,经过简单变形处理,按照式(2.4)设置迭代格式,若迭代收敛,即收敛到不动点 x^*。

例 2-2 设计不同迭代算法求方程 $x^2=2$ 的正根。

方法 1: $x^2=2 \Leftrightarrow x=\dfrac{2}{x}$,从而设置迭代格式 $x_{n+1}=\dfrac{2}{x_n}$。

方法 2: $x^2=2 \Leftrightarrow x=\dfrac{2}{x} \Leftrightarrow x+x=x+\dfrac{2}{x} \Leftrightarrow x=\dfrac{1}{2}\left(x+\dfrac{2}{x}\right)$,从而设置迭代格式 $x_{n+1}=\dfrac{1}{2}\left(x_n+\dfrac{2}{x_n}\right)$。

方法 3: $x^2=2 \Leftrightarrow x^3=2x$,所以 $x^3=2x-x^2+2$,故 $x=\sqrt[3]{2x-x^2+2}$,从而设置迭代格式 $x_{n+1}=\sqrt[3]{2x_n-x_n^2+2}$。

方法 4: $x^2=2 \Leftrightarrow x^2+x=2+x \Leftrightarrow x=\dfrac{2+x}{1+x} \Leftrightarrow x=1+\dfrac{1}{1+x}$,从而设置迭代格式 $x_{n+1}=1+\dfrac{1}{1+x_n}$。

选用初值 $x=1$,同时对以上三种格式进行迭代计算,表 2-1 给出了计算结果。从表中可以看出方法 1 不收敛,方法 2、方法 3、方法 4 收敛。

```
function [y1,y2,y3,y4] = exam2_2(n)
% 四种迭代方式求 x^2 - 2 = 0 的根;n 表示迭代次数
y1 = ones(1,n);y2 = ones(1,n);y3 = ones(1,n);y4 = ones(1,n);
for i = 1:n
    y1(i+1) = 2/y1(i);
    y2(i+1) = 0.5*(y2(i) +2/y2(i));
    y3(i+1) = (2*y3(i) -y3(i)^2 +2)^(1/3);
    y4(i+1) = 1 +1/(1 +y4(i));
end
```

表 2-1

序号	1	2	3	4
方法 1	1.000000000000000	2.000000000000000	1.000000000000000	2.000000000000000
方法 2	1.000000000000000	1.500000000000000	1.416666666666667	1.414215686274510
方法 3	1.000000000000000	1.442249570307408	1.410200215949785	1.414764790503810
方法 4	1.000000000000000	1.500000000000000	1.400000000000000	1.416666666666667
序号	5	6	7	8
方法 1	1.000000000000000	2.000000000000000	1.000000000000000	2.000000000000000
方法 2	1.414213562374690	1.414213562373095	1.414213562373095	1.414213562373095
方法 3	1.414137398906688	1.414224077308350	1.414212110543581	1.414213762828541
方法 4	1.413793103448276	1.414285714285714	1.414201183431953	1.414215686274510

(续)

序号	9	10	11	…
方法1	1.000000000000000	2.000000000000000	1.000000000000000	…
方法2	1.414213562373095	1.414213562373095	1.414213562373095	…
方法3	1.414213534695966	1.414213566194509	1.414213561845468	…
方法4	1.414213197969543	1.414213624894870	1.414213551646055	…

根据上述四种迭代格式,也可以从理论分析的方式判别收敛性。对于方法1,令 $\varphi_1(x) = \frac{2}{x}$,则 $\varphi'_1(x) = -\frac{2}{x}$;对于方法2,令 $\varphi_2(x) = \frac{1}{2}\left(x + \frac{2}{x}\right)$,$\varphi'_2(x) = \frac{1}{2}\left(1 - \frac{2}{x^2}\right)$;对于方法3,令 $\varphi'_3(x) = \sqrt[3]{2x - x^2 + 2}$,$\varphi'_3(x) = \frac{1}{3}(2x - x^2 + 2)^{-\frac{2}{3}}(2 - 2x)$;对于方法4,令 $\varphi_4(x) = 1 + \frac{1}{1+x}$,$\varphi'_4(x) = 1 - \frac{1}{(1+x)^2}$。当 $1 \leq x \leq 2$ 时,$|\varphi'_i(x)| < 1(i=2,3,4)$ 成立,即满足迭代收敛条件,而对于方法1中情形不满足要求。

对一般方程求解,简单迭代方法也同样适用。

例2-3 设置两种不同迭代格式求解以下方程:

(1) $x^3 - x^2 - x - 1 = 0$;   (2) $5x - e^x = 0$。

解:(1)由 $x = \sqrt[3]{x^2 + x + 1}$ 与 $x = 1 + \frac{1}{x} + \frac{1}{x^2}$,可以得到迭代格式

$$x_{n+1} = \sqrt[3]{x_n^2 + x_n + 1} \quad \text{与} \quad x_{n+1} = 1 + \frac{1}{x_n} + \frac{1}{x_n^2}$$

(2) 由 $x = \frac{e^x}{5}$ 与 $5x + 5x = 5x + e^x$,可以得到迭代格式

$$x_{n+1} = \frac{e^{x_n}}{5} \quad \text{与} \quad x = \frac{1}{10}(5x_n + e^{x_n})$$

对于给出的迭代方式,读者可以通过编程计算验证其收敛性,也可补充其他迭代格式进行数值计算。

3. 牛顿法

设函数 $f(x)$ 在区间 $[a,b]$ 上有二阶导数,$f(a)f(b) < 0$,并且 $f'(x)$、$f''(x)$ 在区间 $[a,b]$ 内不变号,则方程 $f(x) = 0$ 在区间 (a,b) 内有且仅有一个实根 x^*。

设 x_0 为 $f(x)$ 上一点,则过 x_0 的切线方程为

$$y = f(x_0) + f'(x_0)(x - x_0) \tag{2.8}$$

式中:令 $y = 0$,得到切线与 x 轴交点为

$$x = x_0 - \frac{f(x_0)}{f'(x_0)} \tag{2.9}$$

根据式(2.9)构造迭代关系式

$$x_{n+1} = x_n - \frac{f(x_n)}{f'(x_n)} \tag{2.10}$$

式(2.10)称为牛顿迭代公式。令 $\varphi(x) = x - \dfrac{f(x)}{f'(x)}$,则

$$\varphi'(x) = 1 - \frac{(f'(x))^2 - f(x)f''(x)}{(f'(x))^2} = \frac{f(x)f''(x)}{(f'(x))^2} \tag{2.11}$$

在 $x = x^*$ 处,有

$$\varphi'(x^*) = \frac{f(x^*)f''(x^*)}{(f'(x^*))^2} = 0 \tag{2.12}$$

因此在 $x = x^*$ 充分小的邻域内有 $|\varphi'(x)| \leq q < 1$,即牛顿迭代法收敛。

例 2 - 4 使用牛顿迭代求方程 $x^3 + x - 1 = 0$ 在 $[0,1]$ 内的近似根。

解:令 $f(x) = x^3 + x - 1$,则 $f'(x) = 3x^2 + 1$,由式(2.10),设置迭代格式:

$$x_{n+1} = x_n - \frac{x_n^3 + x_n - 1}{3x_n^2 + 1}$$

程序如下:

```
function x = exam2_4(xx,n)
% 牛顿迭代法,xx 为迭代初值,n 为迭代步数
x = zeros(1,n+1);
x(1) = xx;
for i = 1:n
    x(i+1) = x(i) - (x(i)^3 + x(i) - 1)/(3 * x(i)^2 + 1);
end
```

命令窗口下执行:

```
>> format long
>> x = exam2_4(1,10)
```

可得迭代列

ans =

1.000000000000000 0.750000000000000 0.686046511627907 0.682339582597314
0.682327803946513 0.682327803828019 0.682327803828019 0.682327803828019
0.682327803828019 0.682327803828019 0.682327803828019

与例 2 - 1 数值结果对比,可以看出,当前牛顿迭代收敛速度快于二分法。

4. 弦截法

牛顿迭代法的每一步不但要计算函数值,而且要计算导数值,在使用过程中有一定的局限性。特别是遇到以下情况:①导数计算比较困难;②在根的领域内导数值非常小;③方程有多重根,牛顿迭代法可能失效。对式(2.10),使用割线代替切线,若取

$$f'(x_n) = \frac{f(x_n) - f(x_0)}{x_n - x_0} \tag{2.13}$$

可得单点弦截法:

$$x_{n+1} = x_n - \frac{f(x_n)(x_n - x_0)}{f(x_n) - f(x_0)} \tag{2.14}$$

若取

$$f'(x_n) = \frac{f(x_n) - f(x_{n-1})}{x_n - x_{n-1}} \quad (2.15)$$

可得两点弦截法：

$$x_{n+1} = x_n - \frac{f(x_n)(x_n - x_{n-1})}{f(x_n) - f(x_{n-1})} \quad (2.16)$$

例 2-5 使用两点弦截法求方程 $x^3 - 3x - 1 = 0$ 在 $x_0 = 2$ 内的近似根（误差 $< 10^{-5}$，取 $x_0 = 2, x_1 = 1.9$）。

程序如下：

```
function [y,k] = exam2_5(er,n,xa,xb)
% 两点弦截法,er 表示误差,n 表示步数,xa、xb 表示迭代初值,
% y 为向量,其分量表示在迭代过程中的各个点,k 表示实际迭代步数
syms x xk
x0 = xa;x1 = xb;
ff = x^3 - 3*x - 1;
y(1) = xa;y(2) = xb;
k = 2;
while abs(x1 - x0) > er&k < n
    fx1 = subs(ff,x,x1);
    fx0 = subs(ff,x,x0);
    x2 = x1 - fx1*(x1 - x0)/(fx1 - fx0);
    k = k + 1;
    y(k) = x2;
    x0 = x1;
    x1 = x2;
end
```

命令窗口执行：

```
>> format long
>> [result,n] = exam2_5(1e-5,100,2,1.9)
result =
2.000000000000000  1.900000000000000  1.881093935790725  1.879411060169918
1.879385274283925  1.879385241572444
n =
    6
```

上述迭代过程表明：使用两点弦截法，迭代 $n - 2 = 4$ 步，即可达到误差限内近似解 $x = 1.879385241572444$。

三、迭代算法加速

1. 松弛法

在迭代计算的过程中，当迭代发散或收敛较慢时，可以使用松弛法进行加速收敛。松弛法是指由已经构造迭代格式 $x_{n+1} = \varphi(x_n)$，选取松弛因子 ω，进行数据加工，得到新的迭代格式为

$$x_{n+1} = \omega\varphi(x_n) + (1-\omega)x_n \tag{2.17}$$

由式(2.17),设

$$h(x) = \omega\varphi(x) + (1-\omega)x \tag{2.18}$$

在满足 $|h'(x)| < 1$ 条件下,迭代收敛。令 $h'(a) = 0$,得

$$\omega = \frac{1}{1-\varphi'(a)} \tag{2.19}$$

考虑到实际计算过程中 a 是未知的,故在迭代计算中采用 x_n 代替 a,得

$$\omega = \frac{1}{1-\varphi'(x_n)} \tag{2.20}$$

将式(2.20)代入式(2.17),得到松弛加速迭代格式

$$x_{n+1} = \frac{\varphi(x_n) - x_n\varphi'(x_n)}{1-\varphi'(x_n)} \tag{2.21}$$

例如,例 2-2 中方法 2 中迭代格式 $x_{n+1} = \frac{1}{2}\left(x_n + \frac{2}{x_n}\right)$,可以通过方法 1 中迭代格式 $x_{n+1} = \frac{2}{x_n}$,选取 $\omega = \frac{1}{2}$,利用式(2.17)得到。虽然迭代格式 $x_{n+1} = \frac{2}{x_n}$ 不收敛,但 $x_{n+1} = \frac{1}{2}\left(x_n + \frac{2}{x_n}\right)$ 收敛。由 $x_{n+1} = \frac{2}{x_n}$,利用式(2.21),可以得到一个松弛加速迭代格式 $x_{n+1} = \frac{4x_n}{x_n^2 + 2}$。

例 2-6 已知:

(1) $x^3 - x^2 - x - 1 = 0$;

(2) $5x - e^x = 0$。

对于以上方程,各设计一个松弛加速迭代格式,并进行数值计算。

解:(1) 由原方程知 $x = x^3 - x^2 - 1$,得迭代格式 $x_{n+1} = x_n^3 - x_n^2 - 1$。设 $\varphi(x) = x^3 - x^2 - 1$,利用式(2.21),令

$$h(x) = \frac{\varphi(x) - x\varphi'(x)}{1-\varphi'(x)} = \frac{(x^3-x^2-1) - x(3x^2-2x)}{1-(3x^2-2x)} = \frac{-2x^3+x^2-1}{-3x^2+2x+1}$$

从而可以得到松弛加速迭代格式

$$x_{n+1} = h(x_n) = \frac{-2x_n^3 + x_n^2 - 1}{-3x_n^3 + 2x_n + 1}$$

(2) 由原方程知 $x = \frac{e^x}{5}$,得迭代格式 $x_{n+1} = \frac{e^{x_n}}{5}$。设 $\varphi(x) = \frac{e^x}{5}$,利用式(2.21),令

$$h(x) = \frac{\varphi(x) - x\varphi'(x)}{1-\varphi'(x)} = \frac{e^x/5 - xe^x/5}{1 - e^x/5} = \frac{(1-x)e^x}{5 - e^x}$$

从而可以得到松弛加速迭代格式

$$x_{n+1} = h(x_n) = \frac{(1-x_n)e^{x_n}}{5 - e^{x_n}}$$

对(1)中两种格式取初值 $x_0 = 3$，对(2)中两种格式取初值 $x_0 = 1$，表 2-2 给出了计算结果。从表中数据可以看出松弛迭代格式的加速效果是明显的。

程序如下：

```
function [y1,y2,z1,z2] = exam2_6(n)
% 松弛加速迭代方式;n 表示迭代次数；
% y1,y2 表示有关方程 x^3 - x^2 - x - 1 = 0 的迭代；
% z1,z2 表示有关方程 5x - exp(x) = 0 的迭代
y1 = ones(1,n+1);y2 = ones(1,n+1);z1 = ones(1,n+1);z2 = ones(1,n+1);
y1(1) = 3;y2(1) = 3;
for i = 1:n
    y1(i+1) = y1(i)^3 - y1(i)^2 - 1;
    y2(i+1) = ( -2 * y2(i)^3 + y2(i)^2 - 1)/( -3 * y2(i)^2 + 2 * y2(i) + 1);
    z1(i+1) = exp(z1(i))/5;
    z2(i+1) = (1 - z2(i)) * exp(z2(i))/(5 - exp(z2(i)));
end
```

表 2-2

序号	1	2	3
y1	3	17	4623
y2	3.000000000000000	2.300000000000000	1.951703992210321
z1	1.000000000000000	0.543656365691809	0.344458539090453
z2	1.000000000000000	0	0.250000000000000
序号	4	5	6
y1	9.878198023700000e+010	9.639026717229696e+032	8.955700310588031e+098
y2	1.839286755214161	1.839286755214161	1.839286755214161
z1	0.259579006674243	0.259276840534027	0.259198507687238
z2	0.259171101819074	0.259171101819074	0.259171101819074
序号	7	8	…
y1	7.182880750234268e+296	Inf	…
y2	1.839286755214161	1.839286755214161	…
z1	0.259178204725452	0.259172942693684	…
z2	0.259171101819074	0.259171101819074	…

2. 埃特金(Aitken)法

采用松弛加速迭代格式(2.21)，需要先计算 $\varphi'(x_k)$，在使用时有时不便，为此发展出埃特金加速迭代方法。

设迭代格式为 $x_{n+1} = \varphi(x_n)$，x^* 为方程 $x = \varphi(x)$ 的根，即 $x^* = \varphi(x^*)$，则

$$x_{n+1} - x^* = \varphi(x_n) - \varphi(x^*) = \varphi'(\xi)(x_n - x^*) \tag{2.22}$$

使用差商 $\dfrac{\varphi(x_n) - \varphi(x_{n-1})}{x_n - x_{n-1}}$ 近似代替 $\varphi'(\xi)$，则

$$x_{n+1} - x^* = \frac{x_{n+1} - x_n}{x_n - x_{n-1}}(x_n - x^*) \tag{2.23}$$

由式(2.23)解出 x^*,得

$$x^* = x_{n+1} - \frac{(x_{n+1} - x_n)^2}{x_{n+1} - 2x_n + x_{n-1}} \tag{2.24}$$

由式(2.24),设计埃特金迭代公式:

$$x_k^{(1)} = \varphi(x_k) \tag{2.25}$$

$$x_k^{(2)} = \varphi(x_k^{(1)}) \tag{2.26}$$

$$x_{k+1} = x_k^{(2)} - \frac{(x_k^{(2)} - x_k^{(1)})^2}{x_k^{(2)} - 2x_k^{(1)} + x_k} \tag{2.27}$$

例 2-7 已知 $x=2$ 为方程 $x^3 - 5x + 2 = 0$ 的一个根,设计一个埃特金加速迭代格式,并进行数值验证。

解:由原方程知 $x = \frac{x^3 + 2}{5}$,从而设置 $x_{n+1} = \frac{x_n^3 + 2}{5}$,与之对应的埃特金加速迭代格式为 $x_k^{(1)} = \frac{x_k^3 + 2}{5}, x_k^{(2)} = \frac{(x_k^{(1)})^3 + 2}{5}, x_{k+1} = x_k^{(2)} - \frac{(x_k^{(2)} - x_k^{(1)})^2}{x_k^{(2)} - 2x_k^{(1)} + x_k}$。计算结果见表 2-3。

表 2-3

序号	1	2	3
y1	2.500000000000000	3.525000000000000	9.160065625000000
y2	2.500000000000000	2.272101942691977	2.102171217133001
序号	4	5	6
y1	1.541183630066693e+002	7.321387530769950e+005	7.848925039343221e+016
y2	2.018093791081647	2.000651732732110	2.000000872732025

程序如下:

```
function [y1,y2] = exam2_7(xx,n)
% Aitken 加速迭代方式;xx 表示迭代初值;n 表示迭代次数;
% y1 = (x^3 +2)/5;y2 相对应的 Aitken 加速迭代
y1 = ones(1,n+1);y2 = ones(1,n+1);z1 = ones(1,n+1);z2 = ones(1,n+1);
y1(1) = xx;y2(1) = xx;
syms x
ff = (x^3 +2)/5;
for i =1:n
    y1(i +1) = subs(ff,x,y1(i));
end
for i =1:n
    a = subs(ff,x,y2(i));
    b = subs(ff,x,a);
    y2(i +1) = b -(b -a)^2/(b -2*a +y2(i));
end
```

从表2-3中可以看出,原迭代格式(y1)不收敛;Aitken格式(y2)收敛,并且加速效果明显。

2.3 MATLAB 求解方程

一、MATLAB 函数

在 MATLAB 中,主要有 solve、fzero 、fsolve、roots 等函数用于方程(组)求解,下面介绍其详细用法。

1. solve 函数

solve 函数可用来求解代数方程(组)与非线性方程(组),具体使用格式:

solve('F','var'):用于求解单个方程情形,F 表示求解方程,var 表示求解变量,当求解变量省略时,表示对默认变量求解,若方程为符号方程,求解变量为符号变量时,上述格式中的单引号可省略;

$[x1,x2,\cdots,xn]$ = solve('F1', 'F2', $\cdots$, 'Fn', 'var1', 'var2', $\cdots$, 'varn'):用于求解 n 个方程组成的方程组问题,$F1$、$F2$、$\cdots$、Fn 表示各个方程,$var1, var2, \cdots, varn$ 表示各个求解变量,$[x1,x2,\cdots,xn]$ 表示求解结果。

例 2-8 求一元二次方程 $ax^2 + bx + c = 0$ 的根。

```
>> syms x a b c
>> ff = a*x^2+b*x+c;
>> solve(ff)
ans =
-1/2*(b-(b^2-4*a*c)^(1/2))/a
-1/2*(b+(b^2-4*a*c)^(1/2))/a
```

例 2-9 求方程组 $\begin{cases} x^2 + 2y = a \\ 3x - 4y = b \end{cases}$ 的解。

```
>> syms x y a b
>> f1 = x^2+2*y-a;
>> f2 = 3*x-4*y-b;
>> [x,y] = solve(f1,f2,'x','y')
x =
-3/4+1/4*(8*b+9+16*a)^(1/2)
-3/4-1/4*(8*b+9+16*a)^(1/2)
y =
-1/4*b-9/16+3/16*(8*b+9+16*a)^(1/2)
-1/4*b-9/16-3/16*(8*b+9+16*a)^(1/2)
```

注意:在计算时若不能得到符号解,可以得到一个数值解,例如求解方程 $\cos(x) = \sin(x)e^x$:

```
>> solve('cos(x)-sin(x)*exp(x)','x')
ans =
.53139085665215720462026644060472
```

2. fzero 函数

fzero 函数用于求非线性方程的最优解,使用格式:

fzero('F',[a,b]):F 表示求解的方程,一般通过子程序建立 F,[a,b] 表示求解区间,该格式寻求 F 在 [a,b] 内的根;

fzero('F',x0):F 表示求解的方程,建立方式同上,x0 表示迭代初值。

例 2-10 求方程 $x + 2\sin x e^x - 1 = 0$ 的根。

先在文件编辑窗口编写如下 M 文件,并保存在当前工作目录下。

```
function f = exam2_10(x)
f = x + 2 * sin(x) * exp(x) - 1;
```

然后在命令窗口中执行:

```
>> fzero(@exam2_10,[0,1])
ans =
    0.2774
>> fzero(@exam2_10,0.8)
ans =
    0.2774
```

对于方程的建立,也可以通过 inline 函数实现,例如对上述问题,执行:

```
>> f = inline('x + 2 * sin(x) * exp(x) - 1');
>> fzero(f,[0,1])
ans =
    0.2774
>> fzero(f,0.8)
ans =
    0.2774
```

另外通过 @ 方式也可以建立函数,对例 2-10,执行如下:

```
>> test = @(x)[x + 2 * sin(x) * exp(x) - 1];
>> fzero(test,0.8)
ans =
    0.2774
```

3. fsolve 函数

fsolve 函数用于求非线性方程组的最优解,使用格式:

fsolve('F',x0):F 表示求解的方程组,一般通过子程序建立 F,x0 表示迭代初值。

例 2-11 求方程组 $\begin{cases} x_1 - \sin x_1 - x_2 = 0 \\ 2x_1 + x_2 - \cos x_2 = 0 \end{cases}$ 的解。

先在文件编辑窗口编写如下 M 文件,并保存在当前工作目录下。

```
function F = exam2_11(x)
F(1) = x(1) - sin(x(1)) - 5 * x(2);
F(2) = 2 * x(1) + x(2) - cos(x(2));
```

然后在命令窗口中执行如下语句

```
>> fsolve(@exam2_11,[0,0])
Optimization terminated: first-order optimality is less than options.Tol-
Fun.
ans =
     0.4980    0.0041
```

4. roots 函数

roots 函数用于求多项式方程的根,使用格式:

roots(A):表示在复数范围内求多项式方程 $a_n x^n + a_{n-1} x^{n-1} + \cdots a_1 x + a_0 = 0$ 的所有根,其中 $A = [a_n, a_{n-1}, \cdots, a_1, a_0]$。

例 2 – 12 求方程 $x^5 - 6x^4 + 5x^2 - 3x + 8 = 0$ 的根。

```
>> syms x
>> a = [1,-6,0,5,-3,8];
>> roots(a)
ans =
    5.8626
   -1.2901
    1.2681
    0.0797 + 0.9098i
    0.0797 - 0.9098i
```

二、图形放大法

在科学研究与工程计算过程中,有些问题只需要大致确定方程根的取值范围,并不需要计算精确解;有些问题需要求精确解,但无解析表达式,而设计的迭代方法对初值具有敏感性。对上述两个问题,可以通过图形放大的方法,确定根的取值范围或找到根值附近的初始迭代点,具体步骤如下:

(1) 绘制函数曲线。

(2) 图形放大,确定曲线与 x 轴的交点或两曲线的交点。

例 2 – 13 使用图形放大法确定方程 $x^5 - 6x^4 + 5x^2 - 3x + 8 = 0$ 各根的取值范围。

```
>> x = -2:0.01:6;
>> y = x.^5-6*x.^4+5*x.^2-3*x+8;
>> plot(x,y)
>> grid on
```

由图 2 – 2 可知,三个实根大致取值范围为 $(-1.4, -1.2)$,$(1.25, 1.3)$,$(5.8, 5.9)$。

例 2 – 14 使用图形放大法确定方程组 $\begin{cases} 3x^2 - y^3 = 1 \\ e^{-x} - y = -2 \end{cases}$ 解的取值范围。

```
>> ezplot('3*x^2-y^3-1',[-7,7,-7,7])
>> hold on
>> ezplot('exp(-x)-y+2',[-7,7,-7,7])
>> grid on
```

由图 2 – 3 可知,方程组的解的大致范围为 $1.8 < x < 2, 2.1 < y < 2.2$。

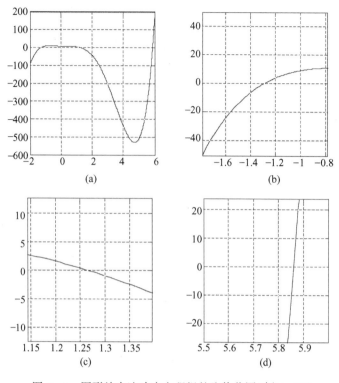

图 2-2 图形放大法确定方程根的取值范围(例 2-13)

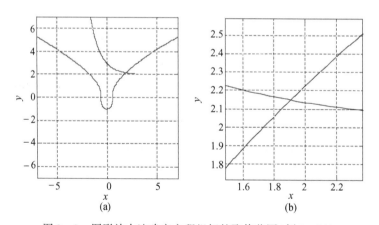

图 2-3 图形放大法确定方程组解的取值范围(例 2-14)

2.4 实验练习

1. 使用二分法求方程 $x^5 + \sin x - 1 = 0$ 在 $[0,1]$ 内的近似根(误差 $< 10^{-5}$)。
2. 构造三种以上的迭代方式,实现迭代计算 $\sqrt{5}$ 的近似值。
3. 使用牛顿法计算方程 $x^3 - 2x^2 - 5x + 12 = 0$ 的根。
4. 使用弦截法计算 $e^x - 2x^2 - 1 = 0$ 的根。
5. 使用松弛法计算 $x^4 + x - 16 = 0$ 的正根。

6. 使用 Aitken 方法计算 $e^x - 2x - 3 = 0$ 的根。
7. 使用 solve 函数求解方程 $e^x - x^2 - 5 = 0$ 的根。
8. 使用 fzero 函数求 $2x + (\sin 2x)e^x - 1 = 0$ 的根。
9. 使用 fsolve 函数求方程组 $\begin{cases} 2x_1 - x_2 = 2\sin x_1 \\ x_1 + 3x_2 = \cos x_2 \end{cases}$ 的解。
10. 使用 roots 函数求方程 $x^6 + 5x^4 - x^3 - 6x^2 - 5x + 8 = 0$ 的所有根。

第3章 数值积分实验

3.1 实验目的

一、问题背景

考察定积分

$$\int_a^b f(x)\,\mathrm{d}x \tag{3.1}$$

如果被积函数 $f(x)$ 具有初等函数形式的原函数 $F(x)$,即

$$F'(x) = f(x) \tag{3.2}$$

则式(3.1)可以利用牛顿—莱布尼兹公式进行计算,即

$$\int_a^b f(x)\,\mathrm{d}x = F(x)\big|_a^b = F(b) - F(a) \tag{3.3}$$

如果被积函数 $f(x)$ 不具有初等函数形式的原函数或理论存在但不能确定具体形式时,式(3.3)的计算方式失效,有必要考虑数值计算定积分的方法。在定积分的一些应用问题中,有时 $f(x)$ 的给出形式不以解析表达式形式给出,例如表格数据、曲线图形等,这时只能使用数值方法计算相应的定积分。

二、实验目的

(1) 理解数值积分方法原理,并利用数值积分方法求解定积分。
(2) 熟悉 MATLAB 软件中数值积分函数及用法。
(3) 使用 MATLAB 解决一些积分应用问题。

3.2 数值积分方法

一、一元函数积分

1. 定积分定义

设函数 $y = f(x)$ 在 $[a,b]$ 上有界,在区间 $[a,b]$ 上任取 $n+1$ 个分点,$a = x_0 < x_1 < x_2 < \cdots < x_{n-1} < x_n = b$,把 $[a,b]$ 分成 n 个小区间 $\Delta_i = [x_{i-1}, x_i]$,$i = 1, 2, \cdots, n$,小区间 Δ_i 的长度为 $\Delta x_i = x_i - x_{i-1}$,取 $\lambda = \max\limits_{1 \leqslant i \leqslant n} \{\Delta x_i\}$,这些分点称为区间 $[a,b]$ 的一个分割。在区间 Δ_i 上任意取点 $\xi_i \in [x_{i-1}, x_i]$,作函数值 $f(\xi_i)$ 与区间长度 Δx_i 的乘积 $f(\xi_i)\Delta x_i (i = 1, 2, \cdots, n)$,并作和 $S = \sum\limits_{i=1}^{n} f(\xi_i)\Delta x_i$,当 $\lambda \to 0$ 时,S 极限存在,并称这个极限为函数 $f(x)$ 在

区间$[a,b]$上的定积分,记作$\int_a^b f(x)\mathrm{d}x$,即

$$\int_a^b f(x)\mathrm{d}x = \lim_{\lambda \to 0} \sum_{i=1}^n f(\xi_i)\Delta x_i \qquad (3.4)$$

若$f(x)$在$[a,b]$上连续可积,由定积分定义知对任意分割,当$\lambda \to 0$时极限存在。将$[a,b]$进行等分,则$\Delta x_i = \frac{1}{n}(b-a)$,$x_i = a + \frac{i}{n}(b-a)$,$i = 1, 2, \cdots, n$,则

$$\int_a^b f(x)\mathrm{d}x = \lim_{n \to \infty} \frac{1}{n}(b-a) \sum_{i=1}^n f(\xi_i) \qquad (3.5)$$

2. 数值积分方法

在式(3.5)中,若取$\xi_i = x_{i-1}$,可得左矩形法,即

$$\int_a^b f(x)\mathrm{d}x \approx \frac{1}{n}(b-a) \sum_{i=1}^n f(x_{i-1}) \qquad (3.6)$$

在式(3.5)中,若取$\xi_i = x_i$,可得右矩形法,即

$$\int_a^b f(x)\mathrm{d}x \approx \frac{1}{n}(b-a) \sum_{i=1}^n f(x_i) \qquad (3.7)$$

在式(3.5)中,若取$\xi_i = \frac{x_{i-1} + x_i}{2}$,可得中矩形法,即

$$\int_a^b f(x)\mathrm{d}x \approx \frac{1}{n}(b-a) \sum_{i=1}^n f\left(\frac{x_{i-1} + x_i}{2}\right) \qquad (3.8)$$

在式(3.5)中,若取$f(\xi_i) = \frac{f(x_{i-1}) + f(x_i)}{2}$,可得梯形法,即

$$\int_a^b f(x)\mathrm{d}x \approx \frac{1}{2n}(b-a) \sum_{i=1}^n [f(x_{i-1}) + f(x_i)] \qquad (3.9)$$

在式(3.5)中,若取$f(\xi_i) = \frac{f(x_{i-1}) + 4f\left(\frac{x_{i-1} + x_i}{2}\right) + f(x_i)}{6}$,可得辛普生方法,即

$$\int_a^b f(x)\mathrm{d}x \approx \frac{1}{6n}(b-a) \sum_{i=1}^n \left[f(x_{i-1}) + 4f\left(\frac{x_{i-1} + x_i}{2}\right) + f(x_i)\right] \qquad (3.10)$$

例3-1 使用矩形法(三种形式)、梯形法、辛普生方法编程计算$\int_0^1 \frac{1}{1+x^2}\mathrm{d}x$,比较与理论解间的误差。

解:理论解$\int_0^1 \frac{1}{1+x^2}\mathrm{d}x = \arctan x \big|_0^1 = \frac{\pi}{4}$,15位有效数字表示为0.785398163397448。

数值求解如下:

```
function [ss,er] = exam3_1(t,a,b,n)
% t用于控制积分方法,[a,b]为对应积分区间,n表示分割份数
```

```
% ss 表示积分近似值,er 表示误差
dx = (b - a)/n;
syms x;
ff = 1/(1 + x^2);
xx = a:dx:b;
ss = 0;
if t = = 1              % 左矩形法
    for i = 1:n
        f1 = subs(ff,x,xx(i));
        ss = ss + dx * f1;
    end
elseif t = = 2          % 右矩形法
    for i = 1:n
        f1 = subs(ff,x,xx(i +1));
        ss = ss + dx * f1;
    end
elseif t = = 3          % 中矩形法
    for i = 1:n
        yy = (xx(i) + xx(i +1))/2;
        f1 = subs(ff,x,yy);
        ss = ss + dx * f1;
    end
elseif t = = 4          % 梯形法
    for i = 1:n
        f1 = subs(ff,x,xx(i));
        f2 = subs(ff,x,xx(i +1));
        ss = ss + dx * (f1 + f2)/2;
    end
else                    % 辛普生方法
    for i = 1:n
        f1 = subs(ff,x,xx(i));
        f2 = subs(ff,x,xx(i +1));
        yy = (xx(i) + xx(i +1))/2;
        f12 = subs(ff,x,yy);
        ss = ss + dx * (f1 + f2 + 4 * f12)/6;
    end
end
er = abs(ss - pi/4);
```

表 3-1 给出了上面几种方法的数值求解结果,通过对比可以看出辛普生方法的数值计算精度明显优于另外几种方法。

表 3 – 1

数值方法		$n = 50$	$n = 100$	$n = 200$
左矩形法	数值解	0.790381496730813	0.787893996730782	0.786647121730782
	误差	4.9833e − 003	2.4958e − 003	1.2490e − 003
右矩形法	数值解	0.780381496730813	0.782893996730782	0.784147121730782
	误差	5.0167e − 003	2.5042e − 003	1.2510e − 003
中矩形法	数值解	0.785406496730751	0.785400246730781	0.785398684230781
	误差	8.3333e − 006	2.0833e − 006	5.2083e − 007
梯形法	数值解	0.785381496730813	0.785393996730783	0.785397121730781
	误差	1.6667e − 005	4.1667e − 006	1.0417e − 006
辛普生方法	数值解	0.785398163397438	0.785398163397448	0.785398163397448
	误差	1.0103e − 014	2.2204e − 016	1.1102e − 016

例 3 – 2 使用辛普生方法计算以下问题(取 $n = 200$):

(1) $\int_1^2 \frac{\sin x}{x} dx$； (2) $\frac{1}{\sqrt{2\pi}} \int_0^3 e^{-\frac{x^2}{2}} dx$。

解:(1)在程序 exam3_1 中 ff = 1/(1 + x^2)替换成 sin(x)/x 即可(命名 exam3_2);

(2)在程序 exam3_1 中 ff = 1/(1 + x^2)替换成 exp(− x^2/2)/sqrt(2 ∗ pi)即可(命名 exam3_2)。

具体结果如下:

```
>> format long
>> ss = exam3_2(5,1,2,200)
ss =
   0.659329906435524
>> ss = exam3_2(5,0,3,200)
ss =
   0.498650101966968
>> 2 * ss
ans =
   0.997300203933936
```

在概率论与数理统计中,经常使用正态分布来构造一些统计量,用于解决实际问题。上述结果中 0.997300203933936 表示:若 $X \sim N(\mu, \sigma^2)$,则 $P\{|X - \mu| < 3\sigma\} \approx 0.9973$,即正态分布的 3σ 准则。

二、二重积分

1. 二重积分定义

设函数 $z = f(x, y)$ 是有界闭域 D 上的有界函数,将闭区域 D 任意分成 n 个小闭区域 $\Delta\sigma_1, \Delta\sigma_2, \cdots, \Delta\sigma_n$,其中 $\Delta\sigma_i$ 既表示第 i 个小闭区域,也表示它的面积,$\|\Delta\sigma_i\|$ 表示 $\Delta\sigma_i$ 的直径,取 $\lambda = \max\{\|\Delta\sigma_i\|\}$ $(i = 1, 2, \cdots, n)$。在每个 $\Delta\sigma_i$ 上任取一点 (ξ_i, η_i),作乘积

$f(\xi_i,\eta_i)\Delta\sigma_i(i=1,2,\cdots,n)$,并作和 $S = \sum_{i=1}^{n} f(\xi_i,\eta_i)\Delta\sigma_i$,当 $\lambda \to 0$ 时,S 极限存在,并称这个极限为函数 $z=f(x,y)$ 在有闭区域 D 上的定积分,记作 $\iint_D f(x,y)\mathrm{d}\sigma$,即

$$\iint_D f(x,y)\mathrm{d}\sigma = \lim_{\lambda \to 0}\sum_{i=1}^{n} f(\xi_i,\eta_i)\Delta\sigma_i \tag{3.11}$$

2. 单点柱体法

由定积分的几何意义,式(3.11)表示以 $z=f(x,y)$ 为顶且区域 D 为底的曲顶柱体的体积。在式(3.11)中,取 $\Delta\sigma_i$ 为等分矩形域($\Delta\sigma_i = \Delta x\Delta y$),并特殊地取 (ξ_i,η_i) 为区域 $\Delta\sigma_i$ 的中心点 P_i,则

$$\iint_D f(x,y)\mathrm{d}\sigma = \lim_{\lambda \to 0}\sum_{i=1}^{n} f(P_i)\Delta x\Delta y \tag{3.12}$$

例 3 - 3 编写程序计算二重积分 $\iint_D (xy+y^3)\mathrm{d}\sigma$,其中 $D:0\leq x\leq 1,0\leq y\leq 1$。

解:对于此问题是可以理论求解的,具体过程如下:

$$\iint_D (xy+y^3)\mathrm{d}\sigma = \int_0^1 \mathrm{d}x\int_0^1 (xy+y^3)\mathrm{d}y = \int_0^1 x\frac{y^2}{2}+\frac{y^4}{4}\Big|_0^1 \mathrm{d}x = \int_0^1 \left(\frac{x}{2}+\frac{1}{4}\right)\mathrm{d}x = \frac{1}{2}$$

现按照单点柱体法计算该问题,程序如下:

```
function [ss,er] = exam3_3(a,b,c,d,m,n)
% 矩形域单点柱体法,计算定积分
% [a,b]为积分区域 x 范围,[c,d]为积分区域 y 范围,m、n 表示分割份数
% ss 表示积分近似值,er 表示误差
dx = (b-a)/m;
dy = (d-c)/n;
x = a:dx:b;
y = c:dy:d;
ss = 0;
for i = 1:m
    xx = (x(i)+x(i+1))/2;
    for j = 1:n
        yy = (y(j)+y(j+1))/2;
        fxy = xx*yy+yy^3;
        ss = ss+fxy*dx*dy;
    end
end
er = abs(ss-0.5);
```

执行计算及计算结果如下:

```
>> [ss,er] = exam3_3(0,1,0,1,100,100)
ss =
  0.499987500000001
er =
```

```
1.249999999941576e-005
>>[ss,er]=exam3_3(0,1,0,1,500,500)
ss =
  0.499999500000008
er =
  4.999999921873055e-007
```

上面的例子讨论了 D 为矩形域的二重积分计算问题,若积分区域为 X 型($a\leq x\leq b$, $\varphi_1(x)\leq y\leq\varphi_2(x)$)或 Y 型($c\leq x\leq c,\psi_1(y)\leq x\leq\psi_2(y)$)积分区域,则积分计算可以参照例 3-4。

例 3-4 编写程序计算二重积分 $\iint_D xy\mathrm{d}\sigma$,其中 D 为 $y=x$ 与 $y=x^2$ 所围成区域。

解:该问题是有理论解的,具体求解过程如下:

区域 D 可以表示成 X 型区域:$0\leq x\leq 1, x^2\leq y\leq x$,则

$$\iint_D (xy+y^3)\mathrm{d}\sigma = \int_0^1 \mathrm{d}x \int_{x^2}^x xy\mathrm{d}y = \int_0^1 x\frac{y^2}{2}\Big|_{x^2}^x \mathrm{d}x = \int_0^1 \left(\frac{x^3}{2}-\frac{x^5}{2}\right)\mathrm{d}x = \frac{1}{24}$$

编写程序如下:

```
function [ss,er]=exam3_4(a,b,n,k)
% X 型或 Y 型二重积分计算
% [a,b]表示定值范围,n 表示分割份数,k 表示 dy=k*dx
% ss 表示积分近似值,er 表示相对误差
dx=(b-a)/n;
dy=k*dx;
x=a:dx:b;
ss=0;
for i=1:n
    xx=(x(i)+x(i+1))/2;
    y1=x(i)^2;
    y2=x(i);
    yk=y1:dy:y2;
    p=length(yk);
    if p>1
        for j=1:p-1
        yy=(yk(j)+yk(j+1))/2;
        fxy=xx*yy;
        ss=ss+fxy*dx*dy;
        end
    end
end
er=abs(ss-1/24)*24;
```

理论计算与数值计算结果对比如下:

```
>>1/24
ans =
```

```
    0.041666666666667
>>[ss,er] = exam3_4(0,1,500,0.1)
ss =
    0.041702943291168
er =
    8.706389880256960e-004
```

例3-5 编写程序计算二重积分 $\iint_D \sin\dfrac{3x+y}{5}\mathrm{e}^{-x^2-xy}\mathrm{d}\sigma$，其中 D 为 $y=2x$ 与 $y=x^2$ 所围成区域。

解：区域 D 可以表示成 X 型区域：$0 \leqslant x \leqslant 2, x^2 \leqslant y \leqslant 2x$，编写程序如下（修改 exam3_4）：

```
function ss = exam3_5(a,b,n,k)
% 说明同 exam3_4
dx = (b-a)/n;
dy = k*dx;
x = a:dx:b;
ss = 0;
for i = 1:n
    xx = (x(i) + x(i+1))/2;
    y1 = x(i)^2;
    y2 = 2*x(i);
    yk = y1:dy:y2;
    p = length(yk);
    if p > 1
        for j = 1:p-1
            yy = (yk(j) + yk(j+1))/2;
            fxy = sin((3*xx + yy)/5)*exp(-xx*xx - xx*yy);
            ss = ss + fxy*dx*dy;
        end
    end
end
```

执行 ss = exam3_5(0,2,1000,0.1)，可得 ss = 0.121683298582584，即表示例 5 中数值积分结果为 0.1217（保留小数点后 4 位）。

3.3 MATLAB 数值积分函数

一、一元函数积分

在 1.5 节中已经介绍了符号积分 int 函数的用法。除 int 函数之外，MATLAB 软件中还有一些数值积分函数，例如 trapz、quad、quadl、quadgk 等，下面详细介绍其用法。

1. trapz 函数

MATLAB 软件中，trapz 函数表示使用梯形公式计算数值积分，调用格式：

trapz(Y)：表示使用梯形公式计算 Y 对其元素下标的数值积分。当 Y 为向量时，trapz(Y)

返回 Y 的数值积分值,当 Y 为矩阵时,按矩阵 Y 的列返回一个以积分值为元素的行向量;

trapz(X,Y):表示使用梯形方法计算 Y 对 X 的积分值,X 与 Y 是维数相同的向量。

例 3 – 6 使用梯形法计算积分 $\int_0^{2\pi} e^{-0.5t} \sin\left(t + \dfrac{\pi}{4}\right) dt$

```
>> format long
>> dx = pi/1000;
>> x = 0:dx:2*pi;
>> y = exp(-0.5*x).*sin(x+pi/4);
>> z = trapz(y)*dx
z =
   0.811859633628809
```

上述过程也可以先建立函数,后进行积分。过程如下:

```
function y = fun3_6(x)
y = exp(-0.5*x).*sin(x+pi/4);
```

在 MATLAB 命令窗口中输入:

```
>> format long
>> dx = pi/1000;
>> x = 0:dx:2*pi;
>> y = fun3_6(x);
>> z = trapz(y)*dx
z =
   0.811859633628809
```

2. quad 函数

quad 函数使用辛普生方法计算数值积分,使用格式:

quad(fun,a,b,tol):表示自适应递推辛普生方法计算数值积分,其中 fun 为被积函数名,a、b 为积分上下限,tol 为精度,默认时,默认值为 $1.0e-6$;

quad(fun,a,b,tol,trace):fun、a、b、tol 用法同上,对于参数 trace,若取 1 表示用图形展示积分过程,若取 0 则无图形,默认时,不显示图形。

例 3 – 7 使用 quad 函数计算积分 $\int_0^1 \dfrac{4}{1+x^2} dx$。

编制函数文件:

```
function y = fun3_7(x)
y = 4./(x.^2+1);
```

在命令窗口中执行:

```
>> z = quad('fun3_7',0,1)
z =
   3.141592682924567
```

quad 函数求积分,适用于精度要求低、被积函数平滑性较差的数值积分。

3. quadl 函数

quadl 函数采用递推自适应 Lobatto 法求数值积分,使用格式与 quad 函数类似。相比 quad 函数,quadl 函数适用于精度要求高、被积函数曲线比较平滑的数值积分。

例 3-8 使用 quadl 函数计算积分 $\int_0^2 \frac{1}{x^3-2x-c}dx (c=10)$。

编制函数文件：
```
function y = fun3_8(x,c)
y = 1./(x.^3 - 2*x - c);
```
在命令窗口中输入：
```
>> z = quadl('fun3_8',0,2,[],[],10)
z =
    -0.204337044828626
```

4. quadgk 函数

quadgk 函数采用自适应 Gauss-Kronrod 方法进行数值积分计算，适用于高精度和震荡数值积分，支持无穷区间，并且能够处理端点包含奇点的情况，同时还支持沿着不连续函数积分，复数域线性路径的围道积分法。使用格式：

[q,errbnd] = quadgk(fun,a,b,param1,val1,param2,val2,…)；fun 表示被积函数，a、b 为积分限，param、val 为函数的其他控制参数，主要有 'AbsTol'（绝对误差）、'RelTol'（相对误差）、'Waypoints'（路径点）、'MaxIntervalCount'（最大积分区间数）；输出项 q、errbnd 分别表示积分值与误差。

使用该函数进行具体计算时，注意以下几点：
(1) 积分限 [a,b] 可以是无穷区间，但必须快速衰减。
(2) 被积函数在端点可以有奇点，如果区间内部有奇点，将以奇点区间划分成多个，也就是说奇点只能出现在端点上。
(3) 被积函数可以剧烈震荡。
(4) 可以计算不连续积分，此时需要用到 'Waypoints' 参数，'Waypoints' 中的点必须严格单调。
(5) 可以计算围道积分，此时需要用到 'Waypoints' 参数，并且为复数，各点之间使用直线连接。

例 3-9 计算积分 $\int_0^{+\infty} e^{-x^2} \ln^2 x dx$。

编制函数文件：
```
function f = fun3_9(x)
f = exp(-x.^2).*(log(x)).^2;
```
在命令窗口中执行：
```
>> f = quadgk(@fun3_9,0,inf)
f =
    1.947522220295560
```

对于被积函数中含有参数情形，该函数仍能计算，例如对例 3-8 中问题，只需执行：
```
>> q = quadgk(@(x)fun3_8(x,10),0,2)
q =
    -0.204337044825130
```

例 3-10 计算震荡积分 $\int_0^{+\infty} e^{-x^2} \sin x dx$。

编制函数文件：
```
function f = fun3_10(x)
f = exp(-x.^2).*sin(x);
```
命令窗口中执行：
```
>>[q,er] = quadgk(@fun3_10,0,inf,'RelTol',1e-8,'AbsTol',1e-10)
q =
    0.424436383502022
er =
    2.883391888748205e-009
```

例 3-11 计算积分 $\int_L \frac{1}{2z-1}dz$，其中路径 L 为 $-2-i \to 2-i \to 2+i \to -2+i \to -2-i$。

编制函数文件：
```
function f = fun3_11(z)
f = 1./(2*z-1);
```
命令窗口中执行：
```
>>l = [-2-i,2-i,2+i,-2+i,-2-i];
>>[q,er] = quadgk(@fun3_11,-2-i,-2-i,'Waypoints',l)
q =
    0.000000000000000 + 3.141592653589794i
er =
    2.447982782903024e-009
```

二、多重积分

1. int 函数

对于二元函数的符号积分，可以先转化成逐次积分形式，利用 int 函数进行求解。具体用法参照例 3-12（在 1.5 节中已经介绍了使用 int 函数使用方法，不再重复）。

例 3-12 对于不同的积分区域 D，计算积分 $\iint_D xy + e^x d\sigma$。

(1) $D: 0 \leq x \leq 1, 0 \leq y \leq 2$；   (2) $D: 0 \leq y \leq 2, y \leq x \leq 2y$。

编制函数文件：
```
>>syms x y
>>ff = x*y + exp(x);
>>int(int(ff,x,0,1),y,0,2)
ans =
-1 + 2*exp(1)
>>int(int(ff,x,y/2,2*y),y,0,2)
ans =
9 - 2*exp(1) + 1/2*exp(4)
```

2. dblquad 函数

dblquad 函数用于矩形区域的数值积分，调用格式：

dblquad(fun,xmin,xmax,ymin,ymax,tol,method)：表示函数 fun 在 $x\min \leq x \leq x\max$,

$y\min \leq y \leq y\max$ 范围内求解定积分；tol 为误差，默认时，默认值为 1.0e-6；method 指求数值积分方法，例如 quadl 函数等，默认时，默认 quad 函数。

例 3-13 使用 dblquad 函数计算积分 $\iint_D x e^y + y\sin x d\sigma$，其中 $D: 0 \leq x \leq \pi, 0 \leq y \leq 1$。

编制函数文件：

```
function f = fun3_13(x,y)
f = x.*exp(y) + y.*sin(x);
```

命令窗口中执行：

```
>> q = dblquad(@fun3_13,0,pi,0,1,1e-8)
q =
  9.479380948204494
>> q = dblquad(@fun3_13,0,pi,0,1,1e-8,@quadl)
q =
  9.479380946608845
```

3. triplequad 函数

MATLAB 软件中，triplequad 函数用于长方体区域三重积分的数值计算，使用格式：

triplequad (fun, xmin, xmax, ymin, ymax, zmin, zmax, tol, method)：表示函数 fun 在 $x\min \leq x \leq x\max, y\min \leq y \leq y\max, z\min \leq z \leq z\max$，范围内求解定积分；tol、method 的意义同上。

例 3-14 计算三重积分 $\iiint_\Omega y\sin x + z\cos x dv$，其中 $\Omega: 0 \leq x \leq \pi, 0 \leq y \leq 1, -1 \leq z \leq 1$。

编制函数文件：

```
function f = fun3_14(x,y,z)
f = y.*sin(x) + z.*cos(x);
```

命令窗口中执行：

```
>> q = triplequad(@fun3_14,0,pi,0,1,-1,1,1e-10)
q =
  1.999999999999748
```

3.4 应用性实验

一、机器转售的最佳时机

例 3-15 人们使用机器从事生产是为获取更大的利润，通常是把购买的机器使用一段时间后转售出去，再买更好的机器。那么，一台机器使用多少时间再转售出去才能获得最大的利润，是使用机器者最想知道的。现有一种机器，由于折旧等因素其转售价格 $R(t)$ 服从函数关系 $R(t) = \frac{3A}{4} e^{-\frac{t}{96}}$（元），其中 t 是时间，单位是周，A 是机器的最初价格。此外，还知道任何时间 t，机器开动就能产生 $p = \frac{A}{4} e^{-\frac{t}{48}}$ 的利润。问：该机器使用了多长时间后转售出去，能使总利润最大？最大利润是多少？机器卖了多少钱？

解:设机器总共使用了 x 周,总收入为 $S(x)$。由于

总收入 = 机器转售收入 + 机器创造利润收入

因而

$$S(x) = \frac{3A}{4}e^{-\frac{x}{96}} + \int_0^x \frac{A}{4}e^{-\frac{t}{48}}dt, 0 < x < +\infty \quad (3.13)$$

令 $S'(x) = 0$,得

$$-\frac{1}{96}\frac{3A}{4}e^{-\frac{x}{96}} + \frac{A}{4}e^{-\frac{x}{48}} = 0 \quad (3.14)$$

解式(3.14),求得驻点 x_0,即为总收入函数最大的点,然后代入式(3.13),可以得到总利润 $S(x_0)$。使用 MATLAB 求解上述问题,过程如下:

```
>> syms x A
>> ff = -1/96*(3*A/4)*exp(-x/96)+A/4*exp(-x/48);
>> xx = solve(ff,x)
xx =
480*log(2)
>> s1 = 3*A/4*exp(-xx/96)
s1 =
3/128*A
>> s2 = int(A/4*exp(-x/48),x,0,xx);
>> ss = s1+s2
ss =
3075/256*A
```

由计算结果知求得唯一驻点 480ln2,即在使用时间 $x = 480\ln2 \approx 32.7106 \approx 333$ 周时获得最大收入为 $S(x) = \frac{3075}{256}A(12.0117\ A)$,最大利润为 $11.0117\ A$,机器卖了 $\frac{3}{128}A(0.02334\ A)$。

二、人造卫星轨道的长度

例 3 - 16 人造地球卫星的轨道可视为平面上的椭圆。我国第一颗人造地球卫星近地点距地球表面 439km,远地点距地球表面 2384km,地球半径为 6371km,求该卫星的轨道长度。

解:设卫星轨道椭圆的参数方程为

$$\begin{cases} x = a\cos t \\ y = b\sin t \end{cases} \quad 0 \leq t \leq 2\pi \quad (3.15)$$

式中:a、b 分别表示椭圆的长、短半轴,且 $a = 6371 + 2384 = 8755$,$b = 6371 + 439 = 6810$。由对弧长的曲线积分知(使用对称性)

$$L = 4\int_0^{\frac{\pi}{2}} \sqrt{x'^2(t) + y'^2(t)}\,dt \quad (3.16)$$

即

$$L = 4\int_0^{\frac{\pi}{2}} \sqrt{a^2\sin^2 t + b^2\cos^2 t}\,dt \tag{3.17}$$

编制函数文件:
```
function f = fun3_16(t)
a = 8755;b = 6810;
f = 4 * sqrt(a^2 * sin(t).^2 + b^2 * cos(t).^2);
```
在命令窗口中执行:
```
>> q = quadl('fun3_16',0,pi/2,1e-6)
q =
  4.908996526868905e+004
```
即我国第一颗人造卫星的轨道长度为 49089.965km。

三、旋转体的体积

例 3-17 求曲线 $y = x^{\frac{1}{4}}\sin x^2 (0 \leqslant x \leqslant \sqrt{\pi})$ 与 x 轴所围成图形分别绕 x 轴、y 轴旋转所成的旋转体体积,并画出两个旋转体的图形。

解:平面图形 $0 \leqslant a \leqslant x \leqslant b, 0 \leqslant y \leqslant f(x)$ 绕 x 轴旋转所形成旋转体的体积为

$$V_x = \pi \int_a^b f^2(x)\,dx \tag{3.18}$$

平面图形 $0 \leqslant a \leqslant x \leqslant b, 0 \leqslant y \leqslant f(x)$ 绕 y 轴旋转所形成旋转体的体积为

$$V_y = 2\pi \int_a^b x f(x)\,dx \tag{3.19}$$

先绘制曲线 $y = x^{\frac{1}{4}}\sin x^2 (0 \leqslant x \leqslant \sqrt{\pi})$ 与 x 轴所围成图形(图 3-1):
```
>> a = 0;b = sqrt(pi);
>> x = a:(b-a)/200:b;
>> y = x.^(1/4).*sin(x.^2);
>> plot(x,y)
>> axis tight
```
曲线 $y = x^{\frac{1}{4}}\sin x^2 (0 \leqslant x \leqslant \sqrt{\pi})$ 与 x 轴所围成图形绕 x 轴旋转时,由式(3.18),得

$$V_x = \pi \int_a^{\sqrt{\pi}} \sqrt{x}\sin^2 x^2\,dx \tag{3.20}$$

编制函数文件:
```
function f = fun3_17x(x)
f = sqrt(x).*(sin(x.^2)).^2;
```
命令窗口中执行:
```
>> q = quadl('fun3_17x',0,sqrt(pi),1e-6);
>> vx = pi * q
vx =
  2.263185168300483
>> syms r t;
>> ff = r^(1/4) * sin(r^2);
```

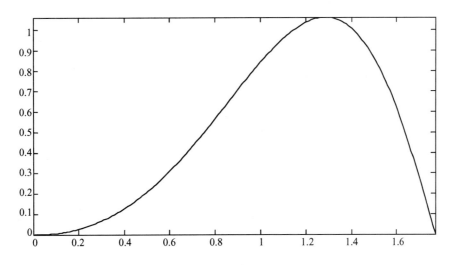

图 3-1 函数曲线 $y = x^{\frac{1}{4}}\sin x^2 (0 \leqslant x \leqslant \sqrt{\pi})$

```
>>x=r;
>>y=ff*cos(t);
>>z=ff*sin(t);
>>ezmesh(x,y,z,[0,sqrt(pi),0,2*pi]);
>>view([1,3,1]);
```

上述计算过程表明绕 x 轴旋转所得旋转体体积为 2.263185168300483(图 3-2)。

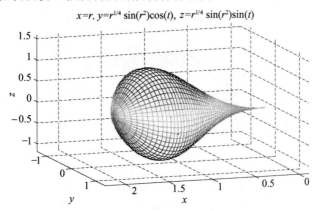

图 3-2 函数曲线 $y = x^{\frac{1}{4}}\sin x^2 (0 \leqslant x \leqslant \sqrt{\pi})$ 绕 x 轴所得旋转体

曲线 $y = x^{\frac{1}{4}}\sin x^2 (0 \leqslant x \leqslant \sqrt{\pi})$ 与 x 轴所围成图形绕 y 轴旋转时,由式(3.19),得

$$V_y = 2\pi \int_a^{\sqrt{\pi}} x^{\frac{5}{4}} \sin x^2 \mathrm{d}x \tag{3.21}$$

编制函数文件:
```
function f = fun3_17y(x)
f = x.^(5/4).*sin(x.^2);
```
命令窗口中执行:
```
>>q=quadl('fun3_17y',0,sqrt(pi),1e-6);
>>vy=2*pi*q
```

```
vy =
    6.556607861026177
>> syms r t;
>> ff = r^(1/4)*sin(r^2);
>> x = r*cos(t);
>> y = r*sin(t);
>> z = ff;
>> ezmesh(x,y,z,[0,sqrt(pi),0,2*pi]);
>> view([2,1,1]);% 图 3-3(a)
>> view([0,1,5]);% 图 3-3(b)
```

上述计算过程表明绕 y 轴旋转所得旋转体体积为 6.556607861026177（图 3-3）。

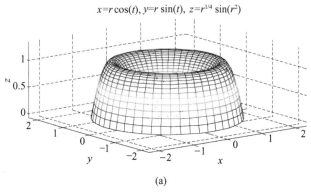

(a)

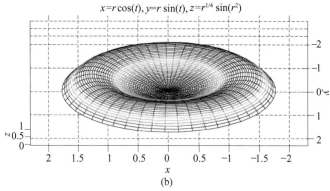

(b)

图 3-3 函数曲线 $y = x^{\frac{1}{4}}\sin x^2 (0 \leq x \leq \sqrt{\pi})$ 绕 y 轴所得旋转体

3.5 实验练习

1. 使用 MATLAB 函数计算下列积分：

(1) 使用 trapz 函数计算积分 $\int_0^{2\pi} e^{-t}\cos\left(t + \frac{\pi}{8}\right)dt$；

(2) 使用 quad 函数计算积分 $\int_0^1 \frac{3}{1 + 5x^2}dx$；

（3）使用 quadl 函数计算积分 $\int_0^1 \dfrac{3}{1+5x^2}dx$；

（4）使用 quadgk 函数计算积分 $\int_0^{+\infty} e^{-x^2/2}\cos x dx$。

2. 使用 MATLAB 函数计算下列重积分：

（1）使用 int 函数计算积分 $\iint_D x\sin y + e^x d\sigma$，其中 $D:0 \leq x \leq 1, x^2 \leq y \leq 3x$；

（2）使用 dblquad 函数计算积分 $\iint_D 3xe^{y/2} + 2y\sin x d\sigma$，其中 $D:0 \leq x \leq \pi, 0 \leq y \leq 1$。

3. 使用矩形法（三种形式）、梯形法、辛普生方法编程计算 $\int_0^1 xe^x \sin x dx$。

4. 计算玫瑰线 $r = 2\cos 3\theta$ 的弧长。

5. 求曲线 $y = xe^x(0 \leq x \leq 1)$、$x = 1$ 与 x 轴所围成图形分别绕 x 轴、y 轴旋转所成的旋转体体积，并画出两个旋转体的图形。

6. 编写程序计算二重积分 $\iint_D xy^2 \sin(x+y) d\sigma$，其中 D 为 $y = x^2$、$y = 1$ 与 $x = 0$ 所围成区域。

第4章 微分方程实验

4.1 实验目的

一、问题背景

在许多实际问题中,需要考虑变化率问题,例如,在交通控制中需要考虑车流量的变化,在导弹飞行中需要研究导弹速率变化,在企业生产与销售时需要分析库存量的变化。在研究此类问题时,人们往往引入导数(或微分)来建立相关的数学模型,进行理论分析与数值求解。

含有未知函数导数(或微分)的方程称为微分方程。微分方程是研究函数变化规律的有力工具,在科学研究、自动控制、经济管理、生态、环境、人口、交通、气象等领域中有广泛的应用。

微分方程中所含未知函数的导数的最高阶数(或微分最高阶数)称为微分方程的阶。若微分方程中的求导变量只有一个,称为常微分方程,否则称为偏微分方程。n 阶常微分方程的一般形式为

$$F(x,y',y'',\cdots,y^{(n)}) = 0 \tag{4.1}$$

若存在 n 阶可导函数 $y = y(x)$,满足

$$F(x,y'(x),y''(x),\cdots,y^{(n)}(x)) = 0 \tag{4.2}$$

则称函数 $y = y(x)$ 为微分方程式(4.1)的解。若微分方程的解中所含任意常数的个数等于方程的阶数,则称其解为微分方程的通解。当通解中各任意常数取定值时,所得到的解称为微分方程的特解。确定通解中任意常数的附加条件称为微分方程的初始条件,例如

$$y(x_0) = y_0, y'(x_0) = y_1, y''(x_0) = y_2, \cdots, y^{(n-1)}(x_0) = y_{n-1} \tag{4.3}$$

对于许多实际问题,人们建立了相应的微分方程,并探讨了一些理论求解方法,并利用微分方程的解来解释实际现象,对特定问题进行分析、控制等。但当前,理论成果主要体现在特定类型下的微分方程求解,多数情况下不能得到理论解(解析解)。对于一些复杂微分方程,即使是一阶的,求解也很困难,有时候得到的是隐式解,有时候无法得到解析解。当对于某些微分方程不能得到解析解时,人们一般去求微分方程的数值解。

二、实验目的

(1) 理解微分方程数值求解原理,并利用计算机迭代求微分方程数值解。
(2) 熟悉 MATLAB 软件中微分方程(组)的求解命令及用法。
(3) 使用 MATLAB 解决一些微分方程应用问题。

4.2 常微分方程的数值解

一、数值方法简介

1. 问题表述

设一阶常微分方程的初值问题为

$$\begin{cases} y' = f(x,y) \\ y(x_0) = y_0 \end{cases} \tag{4.4}$$

数值求解式(4.4)的基本原理为:引入离散点列$\{x_n\}$,满足$x_1 < x_2 < \cdots < x_n < x_{n+1} < \cdots$,定义$h_n = x_n - x_{n-1}$为步长,特别地取$h_n$为常数$h$,则离散节点$x_n = x_0 + nh$($n=1,2,\cdots$),设在节点$x_n$处精确解$y(x_n)$($n=1,2,\cdots$),设计数值算法求$y(x_n)$的近似值$y_n$($n=1,2,\cdots$)。

2. 解的存在性定理

对于初值问题式(4.4),若函数$f(x,y)$在区间$[a,b]$上对x连续,且关于y满足利普希茨(Lipschitz)条件:对任意的$x \in [a,b]$,$y,\bar{y} \in (-\infty, +\infty)$,总存在常数$L > 0$,满足

$$|f(x,y) - f(x,\bar{y})| \le L|y - \bar{y}| \tag{4.5}$$

则初值问题式(4.4)在区间$[a,b]$上存在唯一解$y = y(x)$,其中L称为利普希茨常数。

3. 数值求解注意问题

使用数值方法求解初值问题式(4.4)需注意以下问题:①数值方法的局部截断误差与相容性;②数值解y_n是否收敛于精确解$y(x_n)$以及估计整体截断误差$|y(x_n) - y_n|$;③数值方法的稳定性。

对以上几个问题的探讨,感兴趣的读者可参考相关专业书籍(计算方法、数值分析等)。下面介绍几种经典的常微分方程数值求解方法,鉴于本课程的特点,算法叙述侧重算法原理与计算机实现,省略详细推导过程。

二、数值算法设计

1. 欧拉方法

方法原理:在小区间$[x_n, x_{n+1}]$上使用差商代替导数y',即

$$y' \approx \frac{y(x_{n+1}) - y(x_n)}{x_{n+1} - x_n} \tag{4.6}$$

对节点$\{x_n\}$采用等距节点$h = x_n - x_{n-1}$($x_n = x_0 + nh, n=1,2,\cdots$以下同),并假设

$$f(x,y) \approx f(x_n, y(x_n)) \tag{4.7}$$

由式(4.4)、式(4.6)和式(4.7),得

$$y(x_{n+1}) \approx y(x_n) + hf(x_n, y(x_n)) \tag{4.8}$$

假定$y(x_n) \approx y_n$,从而可以得到$y(x_{n+1})$的近似计算方法:

$$y_{n+1} = y_n + hf(x_n, y_n), n = 0,1,2,\cdots \tag{4.9}$$

式中:(x_0, y_0)为初始点。式(4.9)即为著名的欧拉(Euler)公式,也称为显式欧拉公式或向前欧拉公式。

在式(4.7)中,若取$f(x,y) \approx f(x_{n+1}, y(x_{n+1}))$,重复以上过程,得

$$y_{n+1} = y_n + hf(x_{n+1}, y_{n+1}), n = 0, 1, 2, \cdots \quad (4.10)$$

式(4.10)称为隐式欧拉公式或向后欧拉公式。

式(4.10)不能直接在计算机上迭代计算,通常采用预估—校正格式求解,即

$$\begin{cases} \bar{y}_{n+1} = y_n + hf(x_n, y_n), \\ y_{n+1} = y_n + hf(x_{n+1}, \bar{y}_{n+1}), \end{cases} n = 0, 1, 2, \cdots \quad (4.11)$$

若对式(4.9)与式(4.10)求和平均,得

$$y_{n+1} = y_n + \frac{h}{2}[f(x_n, y_n) + f(x_{n+1}, y_{n+1})] \quad (4.12)$$

式(4.12)称为梯形公式。梯形公式相比向前或向后欧拉公式算法精度要高,而且收敛速度快。由于式(4.12)亦不能在计算机上直接计算,具体计算仍采用预估—校正格式求解,即

$$\begin{cases} \bar{y}_{n+1} = y_n + hf(x_n, y_n), \\ y_{n+1} = y_n + \frac{h}{2}[f(x_n, y_n) + f(x_{n+1}, \bar{y}_{n+1})], \end{cases} n = 0, 1, 2, \cdots \quad (4.13)$$

式(4.13)称为改进欧拉公式。

例4-1 分别使用向前欧拉法、向后欧拉法与改进欧拉法求解微分方程:

$$\frac{dy}{dx} - \frac{2y}{x+1} = (x+1)^{\frac{5}{2}}, y(0) = 1$$

取步长$h = 0.1$、$h = 0.01$与$h = 0.001$,给出三种方法的数值解,并结合解析解,对求解结果进行数值对比。

解:这是一个一阶非齐次线性微分方程,可求解析解。其通解为

$$y = (x+1)^2 \left[\frac{2}{3}(x+1)^{\frac{3}{2}} + C\right]$$

由$y(0) = 1$,可得$C = \frac{1}{3}$。即特解为

$$y = (x+1)^2 \left[\frac{2}{3}(x+1)^{\frac{3}{2}} + \frac{1}{3}\right]$$

数值解法:

(1) 向前欧拉法,即

$$y_{n+1} = y_n + h\left[\frac{2y_n}{x_n + 1} + (x_n + 1)^{\frac{5}{2}}\right], n = 0, 1, 2, \cdots$$

(2) 向后欧拉法,即

$$\bar{y}_{n+1} = y_n + h\left[\frac{2y_n}{x_n+1} + (x_n+1)^{\frac{5}{2}}\right]$$

$$y_{n+1} = y_n + h\left[\frac{2\bar{y}_{n+1}}{x_{n+1}+1} + (x_{n+1}+1)^{\frac{5}{2}}\right], n = 0,1,2,\cdots$$

(3) 改进欧拉法,即

$$\bar{y}_{n+1} = y_n + h\left[\frac{2y_n}{x_n+1} + (x_n+1)^{\frac{5}{2}}\right]$$

$$z_1 = \frac{2y_n}{x_n+1} + (x_n+1)^{\frac{5}{2}}$$

$$z_2 = \frac{2\bar{y}_{n+1}}{x_{n+1}+1} + (x_{n+1}+1)^{\frac{5}{2}}$$

$$y_{n+1} = y_n + \frac{h}{2}[z_1 + z_2], n = 0,1,2,\cdots$$

数值计算程序如下(计算结果参照表 4 - 1 ~ 表 4 - 3):

```
function [y1,y2,y3,y4] = exam4_1(a,b,k)
% a 起始点,b 迭代终止点,h = (b-a)/k
h = (b-a)/k;x = a:h:b;[m,n] = size(x);
y1 = zeros(m,n);y2 = zeros(m,n);y3 = zeros(m,n);
y1(1) = 1;y2(1) = 1;y3(1) = 1;
for i = 1:n-1% 向前欧拉法
    x1 = x(i);x2 = x(i+1);
    y1(i+1) = y1(i) + h*(2*y1(i)/(x1+1) + (x1+1)^(5/2));
end
for i = 1:n-1% 向后欧拉法
    x1 = x(i);x2 = x(i+1);
    yy = y2(i) + h*(2*y2(i)/(x1+1) + (x1+1)^(5/2));
    y2(i+1) = y2(i) + h*(2*yy/(x2+1) + (x2+1)^(5/2));
end
for i = 1:n-1% 改进欧拉法
    x1 = x(i);x2 = x(i+1);
    z1 = 2*y3(i)/(x1+1) + (x1+1)^(5/2);
    yy = y3(i) + h*z1;
    z2 = 2*yy/(x2+1) + (x2+1)^(5/2);
    y3(i+1) = y3(i) + h*0.5*(z1+z2);
end
for i = 1:n% 精确解
    y4(i) = (x(i)+1)^2*(2/3*(x(i)+1)^(3/2) + 1/3);
end
```

表 4-1 $h=0.1$

X_n	向前欧拉法	向后欧拉法	改进欧拉法	精确解
0	1.0000	1.0000	1.0000	1.0000
0.1	1.3000	1.3633	1.3316	1.3340
0.2	1.6633	1.8107	1.7367	1.7420
0.3	2.0982	2.3526	2.2247	2.2333
0.4	2.6137	2.9999	2.8052	2.8178
0.5	3.2190	3.7635	3.4885	3.5057
0.6	3.9238	4.6549	4.2851	4.3074
0.7	4.7381	5.6859	5.2059	5.2338
0.8	5.6723	6.8686	6.2620	6.2963
0.9	6.7373	8.2153	7.4651	7.5063
1.0	7.9440	9.7387	8.8271	8.8758

表 4-2 $h=0.01$

X_n	向前欧拉法	向后欧拉法	改进欧拉法	精确解
0	1.0000	1.0000	1.0000	1.0000
0.1	1.3302	1.3377	1.3339	1.3340
0.2	1.7332	1.7506	1.7419	1.7420
0.3	2.2184	2.2481	2.2332	2.2333
0.4	2.7953	2.8401	2.8177	2.8178
0.5	3.4740	3.5370	3.5055	3.5057
0.6	4.2651	4.3493	4.3071	4.3074
0.7	5.1793	5.2880	5.2335	5.2338
0.8	6.2277	6.3644	6.2959	6.2963
0.9	7.4219	7.5902	7.5058	7.5063
1.0	8.7736	8.9773	8.8753	8.8758

表 4-3 $h=0.001$

X_n	向前欧拉法	向后欧拉法	改进欧拉法	精确解
0	1.0000000	1.0000000	1.0000000	1.0000000
0.1	1.3335957	1.3343566	1.3339761	1.3339764
0.2	1.7410721	1.7428324	1.7419522	1.7419528
0.3	2.2318002	2.2348187	2.2333092	2.2333103
0.4	2.8155510	2.8201061	2.8178282	2.8178297
0.5	3.5024799	3.5088690	3.5056739	3.5056760
0.6	4.3031127	4.3116512	4.3073812	4.3073838
0.7	5.2283328	5.2393537	5.2338423	5.2338455
0.8	6.2893701	6.3032234	6.2962954	6.2962994
0.9	7.4977902	7.5148425	7.5063146	7.5063194
1.0	8.8654852	8.8861192	8.8758000	8.8758057

2. 龙格—库塔方法

对梯形公式(式(4.12)),实际是采用 x_n 与 x_{n+1} 两点处的斜率取算术平均代替曲线斜率 $f(x,y)$。更进一步,对区间 $[x_n,x_{n+1}]$ 内任一点 $x_{n+p}=x_n+ph(0<p\leqslant 1)$,用 x_n 与 x_{n+p} 两个点的斜率值 K_1、K_2 加权平均得到平均斜率 K^*,即

$$K^* = (1-\lambda)K_1 + \lambda K_2 \qquad (4.14)$$

式中:λ 为待求参数。综合式(4.12)、式(4.14)与预估—校正格式,可以得到以下迭代格式:

$$\begin{cases} y_{n+1} = y_n + h[(1-\lambda)K_1 + \lambda K_2] \\ K_1 = f(x_n, y_n) \\ K_2 = f(x_n + ph, y_n + phK_1) \end{cases} \qquad (4.15)$$

在数值计算中,适当选取参数 λ、p,可使式(4.15)有较高精度。通过泰勒展开,若式(4.15)具有二阶精度,满足 $\lambda p = \frac{1}{2}$。若满足 $\lambda p = \frac{1}{2}$,则式(4.15)称为二阶龙格—库塔公式。特殊的取 $p = \frac{1}{2}$,可得常用二阶龙格—库塔方法的中点公式:

$$\begin{cases} y_{n+1} = y_n + hK_2 \\ K_1 = f(x_n, y_n) \\ K_2 = f\left(x_n + ph, y_n + \frac{h}{2}K_1\right) \end{cases} \qquad (4.16)$$

为了进一步提高精度,在 $[x_n, x_{n+1}]$ 上可取多个点,计算或预估各自的斜率值,对这些斜率值进行加权平均作为曲线斜率的近似。利用泰勒展开式,比较相应的系数,确定满足较高精度下有关参数的取值。常用的三阶龙格—库塔公式(式(4.17))与四阶龙格—库塔公式(式(4.18))如下:

$$\begin{cases} y_{n+1} = y_n + \frac{h}{6}(K_1 + 4K_2 + K_3) \\ K_1 = f(x_n, y_n) \\ K_2 = f\left(x_n + \frac{h}{2}, y_n + \frac{h}{2}K_1\right) \\ K_3 = f(x_n + h, y_n + h(-K_1 + 2K_2)) \end{cases} \qquad (4.17)$$

$$\begin{cases} y_{n+1} = y_n + \frac{h}{6}(K_1 + 2K_2 + 2K_3 + K_4) \\ K_1 = f(x_n, y_n) \\ K_2 = f\left(x_n + \frac{h}{2}, y_n + \frac{h}{2}K_1\right) \\ K_3 = f\left(x_n + \frac{h}{2}, y_n + \frac{h}{2}K_2\right) \\ K_4 = f(x_n + h, y_n + hK_3) \end{cases} \qquad (4.18)$$

例 4-2 分别使用四阶龙格—库塔法与改进欧拉法求解微分方程:

$$y' = y - \frac{2x}{y}, y(0) = 1$$

取步长 $h = 0.1$ 与 $h = 0.01$，给出两种方法的数值解，并结合解析解，对求解结果进行数值比较。

解：该问题的解析解为 $y = \sqrt{1+2x}$，数值求解程序如下：

```
function [y1,y2,y3] = exam4_2(a,b,k)
% a 起始点,b 迭代终止点,h = (b-a)/k
h = (b-a)/k;x = a:h:b;[m,n] = size(x);
y1 = zeros(m,n);y2 = zeros(m,n);y3 = zeros(m,n);
y1(1) = 1;y2(1) = 1;y3(1) = 1;
for i = 1:n-1% 改进欧拉法
    x1 = x(i);x2 = x(i+1);
    z1 = y1(i) - 2*x1/y1(i);
    yy = y1(i) + h*z1;
    z2 = yy - 2*x2/yy;
    y1(i+1) = y1(i) + h*0.5*(z1+z2);
end
for i = 1:n-1% 四阶龙格—库塔法
    x1 = x(i);x2 = x(i+1);xx = x1+h/2;
    k1 = y2(i) - 2*x1/y2(i);
    yy = y2(i) + h*k1/2;
    k2 = yy - 2*xx/yy;
    yy = y2(i) + h*k2/2;
    k3 = yy - 2*xx/yy;
    yy = y2(i) + h*k3;
    k4 = yy - 2*x2/yy;
    y2(i+1) = y2(i) + h/6*(k1+2*k2+2*k3+k4);
end
for i = 1:n% 精确解
    y3(i) = sqrt(1+2*x(i));
end
```

两种方法的计算结果见表 4-4，从表中数据可以看出，四阶龙格—库塔法精度较高。

表 4-4

X_n	$h=0.1$		$h=0.01$		精确解
	改进欧拉法	四阶龙格—库塔法	改进欧拉法	四阶龙格—库塔法	
0	1.0000000000	1.0000000000	1.0000000000	1.0000000000	1.0000000000
0.1	1.0959090909	1.0954455317	1.0954497407	1.0954451150	1.0954451150
0.2	1.1840965692	1.1832167455	1.1832247992	1.1832159567	1.1832159566
0.3	1.2662013609	1.2649122283	1.2649240883	1.2649110642	1.2649110641
0.4	1.3433601515	1.3416423538	1.3416582109	1.3416407866	1.3416407865

(续)

X_n	h = 0.1		h = 0.01		精确解
	改进欧拉法	四阶龙格—库塔法	改进欧拉法	四阶龙格—库塔法	
0.5	1.4164019285	1.4142155779	1.4142358094	1.4142135626	1.4142135624
0.6	1.4859556024	1.4832422228	1.4832673781	1.4832396977	1.4832396974
0.7	1.5525140913	1.5491964523	1.5492272567	1.5491933388	1.5491933385
0.8	1.6164747828	1.6124553497	1.6124927197	1.6124515500	1.6124515497
0.9	1.6781663637	1.6733246590	1.6733697285	1.6733200535	1.6733200531
1.0	1.7378674010	1.7320563652	1.7321105201	1.7320508081	1.7320508076

4.3 MATLAB 求解微分方程

一、解析解

MATLAB 软件中求解微分方程解析解的函数为 dsolve,调用格式:

dsolve('eqn1','eqn2',…,'con1','con2',…,'v'):eqn1、eqn2、…为输入方程(组);con1、con2、…为初始条件;v 表示求导变量,省略时系统默认变量为 t。在输入方程或初始条件时,用 Dy 表示 y 关于自变量的一阶导数,用 $D2y$ 表示 y 关于自变量的二阶导数,用 Dny 表示 y 关于自变量的 n 阶导数。

1. 通解

例 4 – 3 求下列微分方程的通解:

(1) $y' = e^{2t} - \sin 3t$; (2) $\dfrac{dy}{dx} = x^2 + y$。

```
>> y1 = dsolve('Dy = exp(2*t) - sin(3*t)')
y1 =
1/2*exp(2*t) + 1/3*cos(3*t) + C1
>> y2 = dsolve('Dy = x^2 + y','x')
y2 =
-2 - 2*x - x^2 + exp(x)*C1
```

上述求解结果表明:

(1) 通解 $y = \dfrac{1}{2}e^{2t} + \dfrac{1}{3}\cos 3t + C_1$;

(2) 通解 $y = -2 - 2x - x^2 + C_1 e^x$。

在求解过程中,要指明自变量,若省略表示自变量为 t,例如(2),执行:

```
>> y2 = dsolve('Dy = x^2 + y')
y2 =
-x^2 + exp(t)*C1
```

2. 特解

例 4 – 4 求微分方程 $y' = -y + 2x + 1, y(0) = 1$ 的特解。

```
>>y = dsolve('Dy = -y +2*x +1','y(0) =1','x')
y =
-1 +2*x +2*exp(-x)
```
即表示微分方程特解为
$$y = -1 + 2x + 2e^{-x}$$

3. 高阶微分方程

例 4-5 求微分方程 $y'' - 5y' + 6y = xe^{2x}$ 的通解。
```
>>y = dsolve('D2y -5*Dy +6*y = x*exp(2*x)','x')
y =
exp(2*x)*C2 + exp(3*x)*C1 -x*exp(2*x) -1/2*x^2*exp(2*x)
```
即表示微分方程通解为
$$y = c_2 e^{2x} + c_1 e^{3x} - \frac{1}{2} x^2 e^{2x}$$

4. 微分方程组

例 4-6 求微分方程组 $\begin{cases} \dfrac{dy}{dx} = x + 2y - 3z \\ \dfrac{dz}{dx} = 3x + y - 2z \end{cases}$ 的通解。

```
[Y,Z] = dsolve('Dy = x +2*y -3*z','Dz = 3*x +y -2*z','x')
Y =
exp(x)*C2 + exp(-x)*C1 -1 +7*x
Z =
1/3*exp(x)*C2 + exp(-x)*C1 -3 +5*x
```

例 4-7 求微分方程组 $\begin{cases} x'' + y' + 3x = \cos 2t \\ y'' - 4x' + 3y = \sin 2t \end{cases}$ 在初始条件 $\begin{cases} x'(0) = \dfrac{1}{5}, x(0) = 0 \\ y'(0) = \dfrac{6}{5}, y(0) = 0 \end{cases}$ 下的解。

```
>>[x,y] = dsolve('D2x + Dy +3*x = cos(2*t)','D2y -4*Dx +3*y = sin(2*t)','Dx(0) =1/5','x(0) =0','Dy(0) =6/5','y(0) =0','t')
x =
1/5*cos(2*t) -3/20*cos(t) +1/20*sin(t) +1/20*sin(3*t) -1/20*cos(3*t)
y =
3/5*sin(2*t) +3/10*sin(t) +1/10*cos(t) -1/10*cos(3*t) -1/10*sin(3*t)
```

二、数值解

1. 数值求解函数使用说明

当难以求得微分方程的解析解时,可以求其数值解。在求微分方程数值解方面,MATLAB 具有多个函数(表 4-5),将其统称为 solver,其一般格式为:

[T,Y] = solver(odefun,tspan,y0):表示求解微分方程 $y' = f(t,y)$ 的数值解,odefun 为微分方程中的 $f(t,y)$ 项;tspan 为求解区间,要获得问题在指定点 $t_0, t_1, \cdots, t_f$ 的解可取 tspan = $[t_0, t_1, \cdots, t_f]$（分量单调）；y0 为初始条件。solver 为数值求解微分方程函数，表 4 – 5 给出了具体名称与用法说明。

表 4 – 5

名称	特点	说明
ode45	单步法；4、5 阶龙格—库塔方法；精度中等	大部分场合的首选算法
ode23	单步法；2、3 阶龙格—库塔方法；低精度	适用于精度较低情形
ode113	多步法；Adams 算法；高低精度 $10^{-3} \sim 10^{-6}$	计算时间比 ode45 短
ode23t	梯形方法	适度刚性情形
ode15s	多步法；Gear's 反向数值积分；精度中等	若 ode45 失效时，可尝试使用
ode23s	单步法；二阶 Rosebrock 算法；低精度	当精度较低时，计算时间比 ode15s 短
ode23tb	梯形算法；低精度	当精度较低时，计算时间比 ode15s 短
ode15i	可变秩方法；低精度	完全隐式微分方程求解

在求解过程中有时需要对求解算法和控制条件进行进一步设置，这时可以调用带 options 参数的函数适用格式：

[T,Y] = solver(odefun,tspan,y0,options)：options 用于对求解算法与控制条件进行设置。初始 options 变量可以通过 odeset 获取，调用格式：

options = odeset('name1',value1,'name2', value2,⋯)

常用控制参数主要有'AbsTol'（绝对误差限 1e – 6）、'RelTol'（相对误差限 1e – 3）、'MaxStep'（求解方程最大允许的步长）、'Mass'（微分方程中的质量矩阵，可用于描述微分方程）。

2. 求解算例

例 4 – 8 求微分方程初值问题 $\begin{cases} \dfrac{dy}{dx} = -2y + 2x^2 + 2x \\ y(0) = 1 \end{cases}$ 的数值解，求解范围为 $[0, 0.5]$。

编制函数文件：

```
function f = fun4_8(x,y)
f = -2*y + 2*x^2 + 2*x;
```

命令窗口下执行：

```
>>[x,y]=ode23('fun4_8',[0,0.5],1);
>>[x';y']
ans =
         0    0.0400    0.0900    0.1400    0.1900    0.2400    0.2900    0.3400
    0.3900    0.4400    0.4900    0.5000
    1.0000    0.9247    0.8434    0.7754    0.7199    0.6764    0.6440    0.6222
    0.6105    0.6084    0.6154    0.6179
>>plot(x,y,'o-')
```

解曲线如图 4 – 1 所示。

例 4 – 9 求解描述震荡器的经典 Ver der Pol 方程：

$$\frac{d^2y}{dt^2} - \mu(1 - y^2)\frac{dy}{dt} + y = 0, y(0) = 1, y'(0) = 0$$

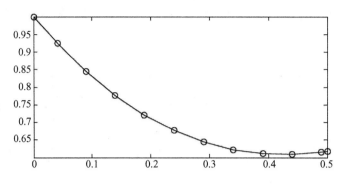

图 4-1 例 4-8 数值解曲线

解：这是一个二阶非线性方程，用现成方法不能求解，但可以通过下面的变换将二阶方程化为一阶方程组，则可求解。令 $x_1 = y, x_2 = \dfrac{\mathrm{d}y}{\mathrm{d}t}$，得

$$\begin{cases} \dfrac{\mathrm{d}x_1}{\mathrm{d}t} = x_2, & x_1(0) = 1 \\ \dfrac{\mathrm{d}x_2}{\mathrm{d}t} = \mu(1 - x_1^2)x_2 - x_1, & x_2(0) = 0 \end{cases}$$

编制函数文件 ($\mu = 2$)：

```
ffunction f = fun4_9(t,x)
mu = 2;
f = [x(2);mu*(1-x(1)^2)*x(2)-x(1)];
```

命令窗口下执行：

```
>>[t,x] = ode45(@fun4_9,[0,20],[1;0]);
>>plot(t,x(:,1),'-',t,x(:,2),'--');
>>title('Solution of Van der Pol Equation,\mu = 2');
>>xlabel('time t');ylabel('solution x');
>>legend('x_1(y)','x_2(dy)');
```

解曲线如图 4-2 所示。

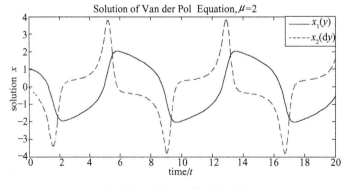

图 4-2 例 4-9 数值解曲线

例 4-10 已知 Lorenz 状态方程为

$$\begin{cases} \dot{x}_1(t) = -\beta x_1(t) + x_2(t)x_3(t) \\ \dot{x}_2(t) = -\rho x_2(t) + \rho x_3(t) \\ \dot{x}_3(t) = -x_1(t)x_2(t) + \sigma x_2(t) - x_3(t) \end{cases}$$

初始值为

$$\begin{cases} x_1(0) = 0 \\ x_2(0) = 0 \\ x_3(0) = 10^{-10} \end{cases}$$

$\beta = \dfrac{8}{3}, \rho = 10, \sigma = 28$,求解该微分方程组。

编制函数文件:
```
function xx = fun4_10(t,x)
beta = 8/3;rou = 10;sig = 28;
xx = [ -beta * x(1) + x(2) * x(3); - rou * x(2) + rou * x(3); - x(1) * x(2) + sig * x(2) - x(3)];
```

命令窗口下执行:
```
>> x0 = [0;0;1e -10];
>> [t,x] = ode45(@fun4_10,[0,100],x0);
>> subplot(1,2,1);
>> plot(t,x);
>> title('状态变量的时间响应图');
>> subplot(1,2,2);
>> plot(x(:,1),x(:,2),x(:,3));
>> plot3(x(:,1),x(:,2),x(:,3));
>> axis([10,45, -20,20, -20,25]);
>> title('相空间三维图');
```

解图形如图 4 - 3 所示。

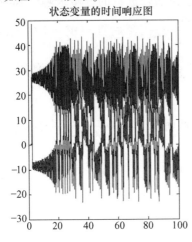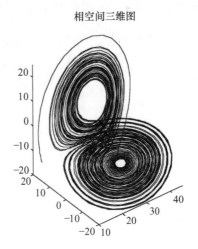

图 4 - 3   例 4 - 10 图形

4.4 应用性实验

例 4-11 （疾病传播问题）一艘游船载有 1000 人，一名游客患了某种传染病，10 小时后有 2 人被传染发病。由于这种传染病没有早期症状，故传染者不能被及时隔离。假设直升机将在 50～60 小时将疫苗运到，试估算疫苗运到时患此传染病的人数。

解：设 $y(t)$ 为发现第一个病人后 t 小时时刻的传染人数，则 $y(t)$ 对时间的导数 $\dfrac{dy}{dt}$ 可以描述该传染病的传染速率。一般情况下可认为传染病的传染速率与染病人数（从传染源方面考虑）、未染病人数（从传染对象方面考虑）分别成正比关系，由此可得微分方程：

$$\frac{dy}{dt}=ky(1000-y), y(0)=1, y(10)=2, k \text{ 为比例常数}$$

使用 MATLAB 求解如下：

```
>> dsolve('Dy = k*y*(1000-y)','t')
ans =
1000/(1+1000*exp(-1000*k*t)*C1)
>> dsolve('Dy = k*y*(1000-y)','y(0)=1','t')
ans =
1000/(1+999*exp(-1000*k*t))
>> k = solve('1000/(1+999*exp(-10000*k))-2','k')
k =
-1/10000*log(499/999)
>> format long
>> eval(k)
ans =
   6.941486828970348e-005
```

上述过程是通过 dsolve 函数与 solve 函数相结合进行的分步求解。dsolve 函数可求方程 $\dfrac{dy}{dt}=ky(1000-y)$ 的符号解 $y=\dfrac{1000}{1+1000C_1e^{-1000kt}}$，然后将 $y(0)=1$ 代入，求出不定常数 C_1，化简可得微分方程的解为 $y=\dfrac{1000}{1+999e^{-1000kt}}$。再根据 $y(10)=2$，使用 solve 函数，求出比例系数 $k=\dfrac{\ln\frac{999}{499}}{10000}\approx 0.00006941486829$。从而 $y(t)=\dfrac{1000}{1+999e^{-0.06941486829t}}$，进而可计算 $t=50,60$ 时的感染人数：

```
>> syms t
>> yy = 1000/(1+999*exp(-0.06941486829*t));
>> t = 50;
>> eval(yy)
ans =
   31.188779837053989
```

```
>> t=60;
>> eval(yy)
ans =
  60.547863847168529
```

因此，在 $t=50$ 时患此传染病人数约为 32 人，在 $t=60$ 时患此传染病人数约为 61 人。通过数字可以直观的看出，从 50 小时到 60 小时间，被感染人数几乎增加了一倍，因此在传染病流行期间及时采取控制措施是非常重要的。

例 4 – 12 （地中海鲨鱼问题）意大利生物学家 D'Ancona 曾致力于鱼类种群相互制约关系的研究。他从第一次世界大战期间地中海各港口捕获的几种鱼类捕获量百分比的资料中，发现鲨鱼等的比例有明显增加（表 4 – 6），而供其捕食的食用鱼的百分比却明显下降。显然战争使捕鱼量下降，食用鱼增加，鲨鱼等也随之增加，但为何鲨鱼的比例大幅增加呢？他无法解释这个现象，于是求助于著名的意大利数学家 V. Volterra，希望能建立一个食饵—捕食系统的数学模型，定量回答这个问题。

表 4 – 6

年代	1914	1915	1916	1917	1918
百分比(%)	11.9	21.4	22.1	21.2	36.4
年代	1919	1920	1921	1922	1923
百分比(%)	27.3	16.0	15.9	14.8	19.7

下面介绍 Volterra 模型与实验求解。

1. 符号说明

$x_1(t)$：t 时刻食饵的数量；

$x_2(t)$：t 时刻捕食者的数量；

r_1：食饵独立生存时的增长率；

r_2：捕食者独立生存时的增长率；

λ_1：捕食者掠取食饵的能力；

λ_2：食饵对捕食者的供养能力；

e：人工捕获能力系数。

2. Volterra 模型

模型 1（不考虑人工捕获情形）：

$$\begin{cases} \dfrac{dx_1}{dt} = x_1(r_1 - \lambda_1 x_2) \\ \dfrac{dx_2}{dt} = x_2(-r_2 + \lambda_2 x_1) \end{cases}$$

对于数据 $r_1=1, \lambda_1=0.1, r_2=0.5, \lambda_2=0.02, x_1(0)=25, x_2(0)=2$，$t$ 的终值取 15（数值实验），上述模型为

$$\begin{cases} x'_1 = x_1(1 - 0.1x_2) \\ x'_2 = x_2(-0.5 + 0.02x_1) \\ x_1(0) = 25, x_2(0) = 2 \end{cases}$$

模型 2(考虑人工捕获情形):

e 表示人工捕获能力系数,相当于食饵的自然增长率由 r_1 降为 r_1-e,捕食者的死亡率由 r_2 增为 r_2+e,从而模型为

$$\begin{cases} \dfrac{\mathrm{d}x_1}{\mathrm{d}t} = x_1[(r_1-e)-\lambda_1 x_2] \\ \dfrac{\mathrm{d}x_2}{\mathrm{d}t} = x_2[-(r_2+e)+\lambda_2 x_1] \end{cases}$$

仍取(模型1) $r_1=1,\lambda_1=0.1,r_2=0.5,\lambda_2=0.02,x_1(0)=25,x_2(0)=2$,设战前捕获能力系数 $e=0.3$,战争中捕获能力系数 $e=0.1$,则战前与战争中的模型分别为

$$\begin{cases} x'_1 = x_1(0.7-0.1x_2) \\ x'_2 = x_2(-0.8+0.02x_1) \\ x_1(0)=25, x_2(0)=2 \end{cases} \quad \text{与} \quad \begin{cases} x'_1 = x_1(0.9-0.1x_2) \\ x'_2 = x_2(-0.6+0.02x_1) \\ x_1(0)=25, x_2(0)=2 \end{cases}$$

3. 实验求解

1) 模型 1 求解

建立函数文件:

function xx = fun4_12(t,x)

xx = [x(1)*(1-0.1*x(2));x(2)*(-0.5+0.02*x(1))];

命令窗口下执行:

```
>>[t,x]=ode45(@fun4_12,[0,15],[25;2]);
>>plot(t,x(:,1),'-',t,x(:,2),'*');% 见图 4-4
>>legend('x1(t)','x2(t)');
>>figure
>>plot(x(:,1),x(:,2)) % 见图 4-5
```

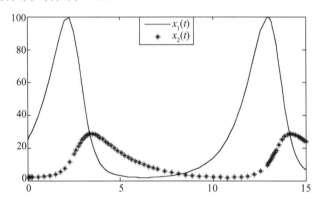

图 4-4 $x_1(t)$ 与 $x_2(t)$ 关系图

2) 模型 2 求解

建立函数文件:

function xx = fun4_12e1(t,x)

xx = [x(1)*(0.7-0.1*x(2));x(2)*(-0.8+0.02*x(1))];

function xx = fun4_12e2(t,x)

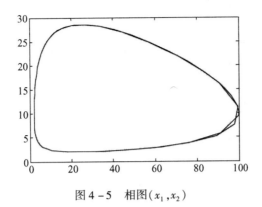

图4-5 相图(x_1, x_2)

```
xx=[x(1)*(0.9-0.1*x(2));x(2)*(-0.6+0.02*x(1))];
```
命令窗口下执行：
```
>>[t1,y]=ode45(@fun4_12e1,[0,15],[25;2]);
>>plot(t1,y(:,2)./(y(:,1)+y(:,2)),'-');
>>[t2,z]=ode45(@fun4_12e2,[0,15],[25;2]);
>>hold on
>>plot(t2,z(:,2)./(z(:,1)+z(:,2)),'*');
>>legend('战前','战争中');
>>hold off
```
程序执行结果如图4-6所示，从图中可以看出：战争中的鲨鱼比例比战前高。

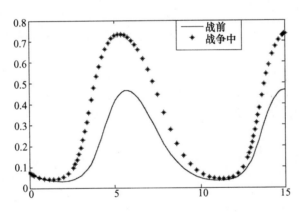

图4-6 战前与战争中的鲨鱼比例对比图

4.5 实验练习

1. 使用MATLAB求以下微分方程的通解
   (1) $y' + y\cos x = e^{-\sin x}$；   (2) $y'' - 2y' + y = xe^x$。
2. 使用MATLAB求以下微分方程的特解
   (1) $(x+y^2)y' = y, y(3) = 1$；   (2) $4y'' + 4y' + y = 0, y(0) = 6, y'(0) = 10$。

3. 使用 MATLAB 求解微分方程组

$$\begin{cases} \dfrac{dx}{dt} + 3x - y = 0 \\ \dfrac{dy}{dt} - 8x + y = 0 \end{cases}, x(0) = 1, y(0) = 4$$

4. 使用 MATLAB 求微分方程的数值解

(1) $\dfrac{dy}{dx} + \dfrac{2-3x^2}{x^3}y = 1, y(1) = 0$；

(2) $(1+x^2)y'' = 2xy', y(0) = 1, y'(0) = 3$。

5. 使用 MATLAB 求微分方程组的数值解

$$\begin{cases} \dfrac{dx}{dt} + 2x - \dfrac{dy}{dt} = 10\cos t \\ \dfrac{dx}{dt} + \dfrac{dy}{dt} + 2y = 4e^{-2t} \end{cases}, x(0) = 2, y(0) = 0$$

6. 分别使用向前欧拉法、向后欧拉法与改进欧拉法求解微分方程(编写程序)

$$\dfrac{dy}{dx} + \dfrac{y}{x} = \dfrac{\sin x}{x}, y(\pi) = 1$$

7. 使用四阶龙格—库塔法编程求解微分方程(求解范围 $0 \leqslant x \leqslant 3$)

$$y' = y - e^x \cos x, y(0) = 1$$

第 5 章 线性代数实验

5.1 实验目的

一、问题背景

在自然科学与工程技术中的很多问题常常归结于线性方程组的求解,例如电学网络问题、信号处理问题、最小二乘拟合问题、微分方程边值问题、经济运行的投入产出问题等。

对于一般的线性方程组:

$$\begin{cases} a_{11}x_1 + a_{12}x_2 + \cdots + a_{1n}x_n = b_1 \\ a_{21}x_1 + a_{22}x_2 + \cdots + a_{2n}x_n = b_2 \\ \qquad\qquad\vdots \\ a_{m1}x_1 + a_{m2}x_2 + \cdots + a_{mn}x_n = b_m \end{cases} \tag{5.1}$$

式中:$x_1, x_2, \cdots, x_n$ 为 n 个未知变量;m 为该方程组所包含的方程的个数(m 亦称为方程组的阶数);$a_{ij}(i=1,2,\cdots,m;j=1,2,\cdots,n)$ 称为方程组的系数;$b_i(i=1,2,\cdots,m)$ 称为常数项。

式(5.1)可以写成矩阵形式:

$$\boldsymbol{AX} = \boldsymbol{b} \tag{5.2}$$

式中

$$\boldsymbol{A} = \begin{bmatrix} a_{11} & a_{12} & \cdots & a_{1n} \\ a_{21} & a_{22} & \cdots & a_{2n} \\ \cdots & \cdots & \cdots & \cdots \\ a_{m1} & a_{m2} & \cdots & a_{mn} \end{bmatrix}, \boldsymbol{X} = \begin{bmatrix} x_1 \\ x_2 \\ \vdots \\ x_n \end{bmatrix}, \boldsymbol{b} = \begin{bmatrix} b_1 \\ b_2 \\ \vdots \\ b_m \end{bmatrix}$$

式(5.2)的系数矩阵大致可分为两种,一种为低阶稠密矩阵(如阶数小于100);另一种是大型稀疏矩阵(矩阵阶数高且零元素多)。关于线性方程组的解法可分为两类:①直接法,即通过矩阵初等变换得到方程的解,适用于低阶稠密矩阵方程组求解;②迭代法,即通过编程迭代计算得到方程组的解,适用于大型稀疏矩阵方程组求解。

线性代数起源于求解方程组问题,在中国古代的数学著作《九章算术——方程》中已经进行了较完整的论述,使用方法相当于对方程组的增广矩阵的行施行初等变换、消去未知量的方法。随着研究线性方程组和变量的线性变换问题的深入,行列式和矩阵在 18 ~ 19 世纪先后产生,为处理线性代数问题提供了有力的工具,线性代数的理论研究与应用领域不断扩展。当前,线性代数理论广泛的应用于数学、物理学、计算机科学、信号处理、系统控制、经济学、统计学等领域。

二、实验目的

（1）熟练使用 MATLAB 求行列式的值、逆矩阵、特征值与特征向量。
（2）熟悉 MATLAB 软件中矩阵分解函数用法。
（3）使用 MATLAB 迭代求解方程组。
（4）使用 MATLAB 求解一些方程组应用问题。

5.2 矩阵分解

在 1.2 节中，已经介绍了向量与矩阵运算。随着矩阵规模的增大，矩阵行列式值的计算、逆矩阵计算、方程组求解等问题变的越来越困难，通常需要将矩阵进行适当的分解，使得进一步处理变得更为简便。当前常用的矩阵分解方法主要有 LU 分解、Cholesky 分解、QR 分解和奇异值分解。

一、LU 分解

LU 分解：将方阵分解成一个上三角矩阵与一个下三角矩阵的乘积，即 $A = LU$，其中 A 为方阵，L 为下三角阵，U 为上三角阵。

LU 分解法又称为三角分解法，是高斯消去法的基础，在 MATLAB 中由函数 lu 实现。

例 5-1 对矩阵 $A = \begin{bmatrix} 1 & 2 & -1 \\ 3 & 4 & -2 \\ 5 & -4 & 1 \end{bmatrix}$ 进行 LU 分解。

```
>>a=[1,2,-1;3,4,-2;5,-4,1];
>>[L,U]=lu(a)
L =
    0.2000    0.4375    1.0000
    0.6000    1.0000         0
    1.0000         0         0
U =
    5.0000   -4.0000    1.0000
         0    6.4000   -2.6000
         0         0   -0.0625
>>L*U
ans =
    1.0000    2.0000   -1.0000
    3.0000    4.0000   -2.0000
    5.0000   -4.0000    1.0000
```

可以看出，分解结果中 U 的形式较好，但 L 并非三角阵，可以使用下面方式调整：
$[L,U,p] = lu(A)$，表示 $LU = pA$。

```
>>[L,U,p]=lu(a)
```

```
L =
    1.0000         0         0
    0.6000    1.0000         0
    0.2000    0.4375    1.0000
U =
    5.0000   -4.0000    1.0000
         0    6.4000   -2.6000
         0         0   -0.0625
P =
    0    0    1
    0    1    0
    1    0    0
>> L*U
ans =
    5.0000   -4.0000    1.0000
    3.0000    4.0000   -2.0000
    1.0000    2.0000   -1.0000
>> p*a
ans =
    5   -4    1
    3    4   -2
    1    2   -1
```

二、Cholesky 分解

Cholesky 分解：若 A 为对称正定阵，则存在唯一的对角元素为正的下三角阵 L（上三角阵 R），使得 $A = LL^T$（$A = R^T R$）。Cholesky 分解在 MATLAB 中由函数 chol 实现，使用方法：

R = chol(A)，表示 $A = R^T R$；
L = chol(A,'lower')，表示 $A = LL^T$。

例 5-2 对矩阵 $A = \begin{bmatrix} 16 & 4 & 8 \\ 4 & 5 & -4 \\ 8 & -4 & 22 \end{bmatrix}$ 进行 Cholesky 分解。

```
>> a=[16,4,8;4,5,-4;8,-4,22];
>> R=chol(a)
R =
    4    1    2
    0    2   -3
    0    0    3
>> R'*R
ans =
   16    4    8
    4    5   -4
```

```
                 8    -4    22
>>L = chol(a,'lower')
L =
                 4     0     0
                 1     2     0
                 2    -3     3
>>L * L'
ans =
                16     4     8
                 4     5    -4
                 8    -4    22
```

三、QR 分解

QR 分解:实满秩矩阵 A 可分解成一个正交阵与一个上三角矩阵的乘积,即 $A = QR$,其中 Q 为正交阵,R 为上三角阵。

QR 分解又称为正交分解,在 MATLAB 中由函数 qr 实现,使用格式:

$[Q,R] = qr(A)$,表示 $A = QR$;

$[Q,R,E] = qr(A)$,表示 $QR = AE$。

例 5 - 3 对矩阵 $A = \begin{bmatrix} 8 & 1 & 6 \\ 3 & 5 & 7 \\ 4 & 9 & 2 \end{bmatrix}$ 进行 QR 分解。

```
>>a = [8,1,6;3,5,7;4,9,2];
>>[Q,R] = qr(a)
Q =
           -0.8480      0.5223      0.0901
           -0.3180     -0.3655     -0.8748
           -0.4240     -0.7705      0.4760
R =
           -9.4340     -6.2540     -8.1620
                 0     -8.2394     -0.9655
                 0           0     -4.6314
>>Q * R
ans =
            8.0000      1.0000      6.0000
            3.0000      5.0000      7.0000
            4.0000      9.0000      2.0000
```

四、奇异值分解

奇异值分解:实矩阵 A 可分解成对角矩阵 S,正交矩阵 U 与 V,满足 $A = USV^T$。在 MATLAB 中由函数 svd 实现,使用格式:

$[U,S,V] = svd(A)$,表示 $A = USV^T$。

例 5-4 对矩阵 $A = \begin{bmatrix} 1 & 2 & 3 & 4 \\ 2 & 3 & 1 & 2 \\ 1 & 1 & 1 & -1 \\ 1 & 0 & -2 & -6 \end{bmatrix}$ 进行奇异值分解。

```
>>a=[1,2,3,4;2,3,1,2;1,1,1,-1;1,0,-2,-6];
>>[U,S,V]=svd(a)
U =
    -0.6222   -0.2584   -0.4694    0.5708
    -0.3630   -0.6522    0.6461   -0.1596
     0.0111   -0.4328   -0.5974   -0.6751
     0.6936   -0.5662   -0.0734    0.4393
S =
     8.5660         0         0         0
          0    4.2147         0         0
          0         0    1.3638         0
          0         0         0    0.0203
V =
    -0.0751   -0.6078    0.1114    0.7826
    -0.2711   -0.6895    0.2947   -0.6035
    -0.4209   -0.1727   -0.8892   -0.0479
    -0.8624    0.3540    0.3317    0.1449
>>U*S*V'
ans =
     1.0000    2.0000    3.0000    4.0000
     2.0000    3.0000    1.0000    2.0000
     1.0000    1.0000    1.0000   -1.0000
     1.0000   -0.0000   -2.0000   -6.0000
```

5.3 MATLAB 求解方程组

对于矩阵形式 $AX = b$：
(1) 若 $r(A) = r(A|b) = n$，则方程组有唯一解；
(2) 若 $r(A) = r(A|b) < n$，则方程组有无数解；
(3) 若 $r(A) \neq r(A|b)$，则方程组无解。

在方程组求解的过程中，牵涉到行列式计算、矩阵求逆(方阵情形)、矩阵的秩、矩阵阶梯化等问题。这些问题，都可由 MATLAB 进行处理，下面介绍具体处理方法。

一、行列式的计算

在 MATLAB 中，det(A) 可以计算行列式 $|A|$ 的值。

例 5-5 计算行列式 $\begin{vmatrix} 1 & 2 & 3 & 4 \\ -2 & 1 & -4 & 3 \\ 3 & -4 & -1 & 2 \\ 4 & 3 & -2 & -1 \end{vmatrix}$ 的值。

```
>> a = [1,2,3,4; -2,1,-4,3; 3,-4,-1,2; 4,3,-2,-1];
>> det(a)
ans =
   900
```

二、矩阵阶梯化

在 MATLAB 中,rref(A)可以求矩阵 A 的行最简阶梯形。

例 5-6 已知 $A = \begin{bmatrix} 1 & -1 & 2 & 1 & 0 \\ 2 & -2 & 4 & 2 & 0 \\ 3 & 0 & 6 & -1 & 1 \\ 0 & 3 & 0 & 0 & 1 \end{bmatrix}$,求矩阵 A 的行最简阶梯形。

```
>> a = [1,-1,2,1,0; 2,-2,4,2,0; 3,0,6,-1,1; 0,3,0,0,1];
>> format rat
>> rref(a)
ans =
    1    0    2    0    1/3
    0    1    0    0    1/3
    0    0    0    1    0
    0    0    0    0    0
```

三、矩阵的秩

在 MATLAB 中,rank(A)可以求矩阵 A 的秩。

例 5-7 求例 5-6 中矩阵 A 的秩。

```
>> a = [1,-1,2,1,0; 2,-2,4,2,0; 3,0,6,-1,1; 0,3,0,0,1];
>> rank(a)
ans =
    3
```

四、逆矩阵

在 MATLAB 中,inv(A)可以求矩阵 A 的逆。

例 5-8 已知 $A = \begin{bmatrix} 1 & 2 & -1 \\ 3 & 4 & -2 \\ 5 & -4 & 1 \end{bmatrix}$,求矩阵 A 的逆。

```
>> a = [1,2,-1; 3,4,-2; 5,-4,1];
>> inv(a)
ans =
   -2.0000    1.0000   -0.0000
```

```
    -6.5000      3.0000      -0.5000
   -16.0000      7.0000      -1.0000
```

五、方程组求解

在 MATLAB 中,null(A)可以得到系数矩阵为 A 的齐次方程组($AX=0$)的基础解系。对于非齐次方程组 $AX=b$ 求解,可以通过函数左除(\)、rank、rref、null 等实现。

例 5-9 求解方程组 $\begin{cases} x_1+x_2+x_3+x_4=5 \\ x_1+2x_2-x_3+4x_4=-2 \\ 2x_1-3x_2-x_3-5x_4=-2 \\ 3x_1+x_2+2x_3+11x_4=0 \end{cases}$

```
>> A = [1,1,1,1;1,2,-1,4;2,-3,-1,-5;3,1,2,11];
>> r1 = rank(A)
r1 =
     4
% 表明方程组有唯一解
>> b = [5,-2,-2,0]';
>> x = A\b
x =
    1.0000
    2.0000
    3.0000
   -1.0000
```

例 5-10 已知方程组 $\begin{cases} x_1-x_2+x_3-x_4=1 \\ x_1-x_2-x_3+x_4=0 \\ 2x_1-2x_2-4x_3+4x_4=-1 \end{cases}$,问方程组是否有解? 若有解,求出基础解系。

```
>> A = [1,-1,1,-1;1,-1,-1,1;2,-2,-4,4];
>> b = [1,0,-1]';
>> B = [A,b];
>> r1 = rank(A)
r1 =
     2
>> r2 = rank(B)
r2 =
     2
```

$r(A)=r(A|b)<n$,则方程组有无数解。有两种方式可以得到方程组的基础解系。

方法 1:使用 rref 函数变形后,写通解。

```
>> rref(B)
ans =
    1   -1    0    0   1/2
    0    0    1   -1   1/2
    0    0    0    0    0
```

即得到原方程组的同解方程组：
$$\begin{cases} x_1 - x_2 = \dfrac{1}{2} \\ x_3 - x_4 = \dfrac{1}{2} \end{cases}$$

取 x_2, x_4 为自由变量,即
$$\begin{cases} x_1 = \dfrac{1}{2} + x_2 \\ x_3 = \dfrac{1}{2} + x_4 \end{cases}$$

令 $\begin{bmatrix} x_2 \\ x_4 \end{bmatrix} = \begin{bmatrix} 0 \\ 0 \end{bmatrix}$,得 $\begin{bmatrix} x_1 \\ x_3 \end{bmatrix} = \begin{bmatrix} \dfrac{1}{2} \\ \dfrac{1}{2} \end{bmatrix}$;

令 $\begin{bmatrix} x_2 \\ x_4 \end{bmatrix} = \begin{bmatrix} 1 \\ 0 \end{bmatrix}, \begin{bmatrix} 0 \\ 1 \end{bmatrix}$,得 $\begin{bmatrix} x_1 \\ x_3 \end{bmatrix} = \begin{bmatrix} \dfrac{3}{2} \\ \dfrac{1}{2} \end{bmatrix}, \begin{bmatrix} \dfrac{1}{2} \\ \dfrac{3}{2} \end{bmatrix}$。

从而方程组的通解为
$$\eta = \begin{bmatrix} \dfrac{1}{2} \\ 0 \\ \dfrac{1}{2} \\ 0 \end{bmatrix} + k_1 \begin{bmatrix} \dfrac{3}{2} \\ 1 \\ \dfrac{1}{2} \\ 0 \end{bmatrix} + k_2 \begin{bmatrix} \dfrac{1}{2} \\ 0 \\ \dfrac{3}{2} \\ 1 \end{bmatrix}$$

方法 2:左除与 null 函数相结合,写出通解。

```
>> format rat
>> A\b% 得到方程组的一个特解
ans =
     0
    -1/2
     1/2
     0
>> null(A)% 得到齐次方程组的基础解系
ans =
    -1/2      1/2
    -1/2      1/2
     1/2      1/2
     1/2      1/2
```

从而方程组的通解为

$$\eta = \begin{bmatrix} 0 \\ -\frac{1}{2} \\ \frac{1}{2} \\ 0 \end{bmatrix} + k_1 \begin{bmatrix} -\frac{1}{2} \\ -\frac{1}{2} \\ -\frac{1}{2} \\ \frac{1}{2} \end{bmatrix} + k_2 \begin{bmatrix} \frac{1}{2} \\ \frac{1}{2} \\ \frac{1}{2} \\ \frac{1}{2} \end{bmatrix}$$

六、特征值与特征向量

在 MATLAB 中,函数 eig 用于求矩阵的特征值与特征向量,使用格式:

[a,b] = eig(A):表示求方阵 A 的特征值与特征向量,其中,矩阵 a 的列表示特征向量,矩阵 b 对角线上元素为与之对应的特征值。若求矩阵 A 的特征多项式,可以通过 poly(A) 来实现。

例 5-11 已知矩阵 $A = \begin{bmatrix} 1 & -2 & 2 \\ -2 & -2 & 4 \\ 2 & 4 & -2 \end{bmatrix}$,求矩阵 A 的特征多项式、特征值与特征向量。

```
>> A = [1,-2,2;-2,-2,4;2,4,-2];
>> [v,l] = eig(A)
v =
    0.3333    0.9339   -0.1293
    0.6667   -0.3304   -0.6681
   -0.6667    0.1365   -0.7327
l =
   -7.0000         0         0
         0    2.0000         0
         0         0    2.0000
>> poly(A)
ans =
    1.0000    3.0000  -24.0000   28.0000
```

上述计算结果表明,矩阵 A 有两个特征值 -7 与 2,v 的第 1 列为属于 -7 的特征向量,第 2、3 列为属于 2 的特征向量;矩阵 A 的特征多项式为 $\lambda^3 + 3\lambda^2 - 24\lambda + 28 = 0$。注意:特征多项式是在复数范围内求解的,若需找实特征值,从计算结果中可以直接取得。

七、正交矩阵与二次型

在 MATLAB 中,函数 orth 用于求正交矩阵,使用方法:

P = orth(A):表示 $P^TAP = B$,其中 B 为对角阵,矩阵 B 列向量与矩阵 A 列向量生成的线性空间等价。

例 5-12 试确定一个正交变换 $x = Py$ 将二次型

$$f(x_1,x_2,x_3) = 2x_1^2 + 4x_1x_2 - 4x_1x_3 + 5x_2^2 - 8x_2x_3 + 5x_3^2$$

化为标准型。

解:二次型 f 的矩阵为

$$A = \begin{bmatrix} 2 & 2 & -2 \\ 2 & 5 & -4 \\ -2 & -4 & 5 \end{bmatrix}$$

使用 MATLAB 求解如下:

```
>>A=[2,2,-2;2,5,-4;-2,-4,5];
>>P=orth(A)
P =
    -0.3333    0.0000    0.9428
    -0.6667    0.7071   -0.2357
     0.6667    0.7071    0.2357
>>B=P'*A*P
B =
    10.0000         0   -0.0000
    -0.0000    1.0000    0.0000
    -0.0000    0.0000    1.0000
```

即所得结果为 $f = 10y_1^2 + y_2^2 + y_3^2$。

5.4 求解线性方程组的迭代法

数值求解线性方程组的方法较多,本节主要介绍几种常用迭代法,包括雅可比迭代法、高斯—赛德尔迭代法和 SOR 迭代法。

一、雅可比迭代法

1. 方法原理

对于方程组 $AX = b$,其中 A 为 n 阶方阵且非奇异,b 为 n 维列向量,令

$$A = L + D + U \tag{5.3}$$

式中:$D = \text{diag}(A)$,L、U 分别为矩阵 A 的严格下三角与上三角部分,即 $L = \text{tril}(A, -1)$、$U = \text{triu}(A,1)$(diag、tril、triu 用法见 1.2 节),则

$$(L + D + U)X = b, DX = -(L + U)X + b$$

从而

$$X = D^{-1}[-(L + U)X + b] = BX + f \tag{5.4}$$

式中:$B = -D^{-1}(L + U)$;$f = D^{-1}b$。由式(5.4)可构造迭代公式:

$$X^{(k+1)} = BX^{(k)} + f, k = 0,1,2,\cdots \tag{5.5}$$

将式(5.5)写成矩阵方程的形式为

$$\begin{bmatrix} x_1^{(k+1)} \\ x_2^{(k+1)} \\ \vdots \\ x_n^{(k+1)} \end{bmatrix} = \begin{bmatrix} 0 & -\dfrac{a_{12}}{a_{11}} & \cdots & -\dfrac{a_{1n}}{a_{11}} \\ -\dfrac{a_{21}}{a_{22}} & 0 & \cdots & -\dfrac{a_{2n}}{a_{22}} \\ \vdots & \vdots & \ddots & \vdots \\ -\dfrac{a_{n1}}{a_{nn}} & -\dfrac{a_{n2}}{a_{nn}} & \cdots & 0 \end{bmatrix} \begin{bmatrix} x_1^{(k)} \\ x_2^{(k)} \\ \vdots \\ x_n^{(k)} \end{bmatrix} + \begin{bmatrix} \dfrac{b_1}{a_{11}} \\ \dfrac{b_2}{a_{22}} \\ \vdots \\ \dfrac{b_n}{a_{nn}} \end{bmatrix} \qquad (5.6)$$

式(5.6)的分量形式为

$$x_i^{(k+1)} = \left(b_i - \sum_{\substack{j=1 \\ j \neq i}}^{n} a_{ij} x_j^{(k)} \right) / a_{ii}, i = 1,2,\cdots,n, k = 0,1,2,\cdots \qquad (5.7)$$

2. 算法程序

1) 方法1:矩阵形式

```
function [x,number] = exam5_13a(A,b,x0,er)
% Jacobi 迭代法矩阵形式
% x 迭代向量列,x0 迭代初值,er 误差,number 迭代次数
D = diag(diag(A));
D = inv(D);
U = triu(A,1);
L = tril(A,-1);
B = -D*(L+U);
f = D*b;
number = 0;
x = B*x0+f;
number = number+1;
while norm(x-x0)>er
    x0 = x;
    x = B*x0+f;
    number = number+1;
end
```

2) 方法2:分量形式

```
function [x,number] = exam5_13b(A,b,x0,er)
% Jacobi 迭代法分量形式
% x 迭代向量列,x0 迭代初值,er 误差,number 迭代次数
[m,n] = size(A);
x = ones(m,1);
number = 0;
x = fun5_13(A,b,x0,er);  %  fun5_13 为子函数
number = number+1;
while norm(x-x0)>er
    x0 = x;
    x = fun5_13(A,b,x0,er);
```

```
        number = number + 1;
    end
```
% fun5_13 子函数程序如下
```
function x = fun5_13(A,b,x0,er)
[m,n] = size(A);
x = ones(m,1);
for k = 1:n
    if k = =1
        ss = 0;
        for j = 2:n
            ss = ss + A(k,j) * x0(j);
        end
        x(k) = (b(k) - ss)/A(k,k);
    elseif k = =n
        ss = 0;
        for j = 1:n - 1
            ss = ss + A(k,j) * x0(j);
        end
        x(k) = (b(k) - ss)/A(k,k);
    else
        ss = 0;
        for j = 1:(k - 1)
            ss = ss + A(k,j) * x0(j);
        end
        for j = (k + 1):n
            ss = ss + A(k,j) * x0(j);
        end
        x(k) = (b(k) - ss)/A(k,k);
    end
end
```

3. 示例

例 5 – 13 使用雅可比迭代法求解方程组

$$\begin{cases} 10x_1 + 3x_2 + x_3 = 7 \\ 2x_1 + 10x_2 + 3x_3 = -9 \\ x_1 + 3x_2 + 10x_3 = 25 \end{cases}$$

```
>> a = [10,3,1;2,10,3;1,3,10];
>> b = [7, -9,25]';
>> er = 1e - 5;
>> [x,n] = exam5_13a(a,b,[1,1,1]',er)
x =
    1.0000
   -2.0000
```

```
      3.0000
n =
      16
>> [x,n] = exam5_13b(a,b,[1,1,1]',er)
x =
      1.0000
    - 2.0000
      3.0000
n =
      16
```

二、高斯—赛德尔迭代法

1. 方法原理

由式(5.2)和式(5.3),得

$$(L + D)X = - UX + b$$

从而

$$X = (D + L)^{-1}[- UX + b] = BX + f \tag{5.8}$$

由式(5.8)可构造迭代公式:

$$X^{(k+1)} = BX^{(k)} + f, k = 0,1,2,\cdots \tag{5.9}$$

式中: $B = - (D + L)^{-1}U; f = (D + L)^{-1}b$。

式(5.9)的分量形式为

$$x_i^{(k+1)} = \left(b_i - \sum_{j=1}^{i-1} a_{ij}x_j^{(k+1)} - \sum_{j=i+1}^{n} a_{ij}x_j^{(k)}\right)/a_{ii}, i = 1,2,\cdots,n, k = 0,1,2,\cdots \tag{5.10}$$

2. 算法程序

1) 方法1:矩阵形式

```
function [x,number] = exam5_14a(A,b,x0,er)
% 高斯—赛德尔迭代法矩阵形式
% x 迭代向量列,x0 迭代初值,er 误差,number 迭代次数
D = diag(diag(A));
U = triu(A,1);
L = tril(A,-1);
D = inv(D+L);
B = -D*U;
f = D*b;
number = 0;
x = B*x0 + f;
number = number + 1;
while norm(x - x0) > er
    x0 = x;
    x = B*x0 + f;
```

```
        number = number + 1;
end
```

2) 方法 2:分量形式

```
function [x,number] = exam5_14b(A,b,x0,er)
% 高斯—赛德尔迭代法分量形式
% x 迭代向量列,x0 迭代初值,er 误差,number 迭代次数
[m,n] = size(A);
x = ones(m,1);
number = 0;
x = fun5_14(A,b,x0,er);
number = number + 1;
while norm(x - x0) > er
    x0 = x;
    x = fun5_14(A,b,x0,er);
    number = number + 1;
end
% 子函数 fun5_14
function x = fun5_14(A,b,x0,er)
[m,n] = size(A);
x = ones(m,1);
for k = 1:n
    if k = =1
        ss = 0;
        for j = 2:n
            ss = ss + A(k,j) * x0(j);
        end
        x(k) = (b(k) - ss)/A(k,k);
    elseif k = =n
        ss = 0;
        for j = 1:n - 1
            ss = ss + A(k,j) * x(j);
        end
        x(k) = (b(k) - ss)/A(k,k);
    else
        ss = 0;
        for j = 1:(k - 1)
            ss = ss + A(k,j) * x(j);
        end
        for j = (k + 1):n
            ss = ss + A(k,j) * x0(j);
        end
        x(k) = (b(k) - ss)/A(k,k);
    end
```

end

3. 示例

例 5 – 14 使用高斯—赛德尔迭代法求解方程组

$$\begin{cases} 5x_1 + x_2 - x_3 - 2x_4 = -2 \\ x_1 + 8x_2 + x_3 + 3x_4 = -6 \\ x_1 - 2x_2 - 4x_3 - x_4 = 6 \\ -x_1 + 3x_2 + 2x_3 + 7x_4 = 12 \end{cases}$$

```
>> a = [5 1 -1 -2;2 8 1 3;1 -2 -4 -1;-1 3 2 7];
>> b = [-2; -6;6;12];
>> er = 1e-5;
>> format long
>> [x,n] = exam5_14a(a,b,[0,0,0,0]',er)
x =
     0.999996637507769
    -1.999997506074542
    -1.000001276738721
     2.999998815601262
n =
    14
>> [x,n] = exam5_14b(a,b,[0,0,0,0]',er)
x =
     0.999996637507769
    -1.999997506074542
    -1.000001276738721
     2.999998815601262
n =
    14
```

三、SOR 迭代法

1. 方法原理

考察线性方程 $AX = b$,令 $A = E - B$,则方程可变形为

$$X = BX + b \tag{5.11}$$

由式(5.11),可得迭代公式:

$$X^{(k+1)} = BX^{(k)} + b \tag{5.12}$$

由于第 k 次近似解 $X^{(k)}$ 并不是 $AX = b$ 的精确解,故可认为 $b - AX^{(k)} \ne 0$。令

$$r^{(k)} = b - AX^{(k)} \tag{5.13}$$

结合式(5.11) ~ 式(5.13),得

$$X^{(k+1)} = (E - A)X^{(k)} + b = EX^{(k)} + (b - AX^{(k)}) = X^{(k)} + r^{(k)} \tag{5.14}$$

式中: $r^{(k)}$ 称为剩余向量。式(5.14)说明第 $k+1$ 步数值可由第 k 步数值加上剩余向量

$r^{(k)}$得到。为了加速收敛,可对$r^{(k)}$项引入松弛因子ω,从而可得一个加速迭代公式:

$$X^{(k+1)} = X^{(k)} + \omega(b - AX^{(k)}) \tag{5.15}$$

式(5.15)的分量形式为

$$x_i^{(k+1)} = x_i^{(k)} + \omega\left(b_i - \sum_{j=1}^{n} a_{ij}x_j^{(k)}\right), i = 1,2,\cdots,n, k = 0,1,2,\cdots \tag{5.16}$$

考虑到高斯—赛德尔迭代法充分利用了最新计算出来的分量信息,结合高斯—赛德尔迭代法思想,由式(5.16)可得到逐次松弛迭代公式:

$$x_i^{(k+1)} = x_i^{(k)} + \frac{\omega}{a_{ii}}\left(b_i - \sum_{j=1}^{i-1} a_{ij}x_j^{(k+1)} - \sum_{j=i}^{n} a_{ij}x_j^{(k)}\right), i = 1,2,\cdots,n, k = 0,1,2,\cdots$$

(5.17)

当$0<\omega<1$时,式(5.17)称为低松弛迭代法(简称SUR方法);当$\omega>1$时,式(5.17)称为超松弛迭代法(简称SOR方法);当$\omega=1$时,式(5.17)即为高斯—赛德尔迭代法。在实际问题求解时,ω最佳数值不易求出,通常ω的数值根据经验选取(一般取$1\leq\omega\leq2$)。

2. 算法程序

```
function [x,number] = exam5_15(A,b,x0,er,w)
% SOR 方法
% x 迭代向量列,x0 迭代初值,er 误差,number 迭代次数,w 松弛因子
[m,n] = size(A);
x = ones(m,1);
number = 0;
x = fun5_15(A,b,x0,er,w);
number = number + 1;
while norm(x - x0) > er
    x0 = x;
    x = fun5_15(A,b,x0,er,w);
    number = number + 1;
end
function x = fun5_15(A,b,x0,er,w)
[m,n] = size(A);
x = ones(m,1);
for k = 1:n
    if k = = 1
        ss = 0;
        for j = k:n
            ss = ss + A(k,j) * x0(j);
        end
        x(k) = x0(k) + w * (b(k) - ss)/A(k,k);
    else
        ss = 0;
        for j = 1:(k - 1)
            ss = ss + A(k,j) * x(j);
```

```
            end
            for j = k:n
                ss = ss + A(k,j) * x0(j);
            end
            x(k) = x0(k) + w * (b(k) - ss)/A(k,k);
        end
    end
```

3. 示例

例 5-15 使用 SOR 迭代法($\omega = 1.12$)求解例 5-14 中方程组,并比较三种方法(雅可比迭代法、高斯—赛德尔迭代法、SOR 迭代法)的收敛速度。

```
>> a = [5 1 -1 -2;2 8 1 3;1 -2 -4 -1;-1 3 2 7];
>> b = [-2;-6;6;12];
>> er = 1e-5;
>> [x,n] = exam5_15(a,b,[0,0,0,0]',er,1.12)
x =
     1.000001144923298
    -2.000000756378072
    -0.999999831441810
     3.000000357237627
n =
     8
>> [x,n] = exam5_13b(a,b,[0,0,0,0]',er)
x =
     0.999994029863877
    -1.999994687009413
    -1.000004187432132
     2.999999031752016
n =
    24
>> [x,n] = exam5_14b(a,b,[0,0,0,0]',er)
x =
     0.999996637507769
    -1.999997506074542
    -1.000001276738721
     2.999998815601262
n =
    14
```

数值结果表明,在相同的精度要求下(10^{-5}),雅可比迭代法需要 24 步计算,高斯—赛德尔迭代法需要 14 步计算,SOR 迭代法需要只 8 步计算。通过对比可以看出 SOR 迭代法的收敛速度较快。

5.5 应用性实验

例 5-16 （市场占有率问题）现有 A、B、C 三家公司经营同类产品,相互竞争。每年 A 公司有 $\frac{1}{2}$ 的顾客保留下来,分别有 $\frac{1}{4}$ 的客户转向 B、C 公司;B 公司有 $\frac{1}{2}$ 的顾客保留下来,有 $\frac{1}{3}$ 的客户转向 A 公司,有 $\frac{1}{6}$ 的客户转向 C 公司;C 公司有 $\frac{2}{5}$ 的顾客保留下来,有 $\frac{2}{5}$ 的客户转向 A 公司,有 $\frac{1}{5}$ 的客户转向 B 公司。当产品开始制造时,A、B、C 三公司的市场份额分别为 $\frac{2}{15}$、$\frac{6}{15}$、$\frac{7}{15}$。试问,两年后三家公司的市场份额各为多少？五年后又如何？十年后是什么结果？

解：令 $X^{(k)} = (x_1^{(k)}, x_2^{(k)}, x_3^{(k)})^T$,其中 $x_1^{(k)}$、$x_2^{(k)}$、$x_3^{(k)}$ 分别表示 k 年后 A、B、C 公司产品所占市场份额,则

$$\begin{cases} x_1^{(k+1)} = \frac{1}{2}x_1^{(k)} + \frac{1}{3}x_2^{(k)} + \frac{2}{5}x_3^{(k)} \\ x_2^{(k+1)} = \frac{1}{4}x_1^{(k)} + \frac{1}{2}x_2^{(k)} + \frac{1}{5}x_3^{(k)} \\ x_3^{(k+1)} = \frac{1}{4}x_1^{(k)} + \frac{1}{6}x_2^{(k)} + \frac{2}{5}x_3^{(k)} \end{cases}$$

上式的矩阵方程形式为

$$X^{(k+1)} = HX^{(k)}, k = 0, 1, 2, \cdots$$

式中

$$H = \begin{bmatrix} \frac{1}{2} & \frac{1}{3} & \frac{2}{5} \\ \frac{1}{4} & \frac{1}{2} & \frac{1}{5} \\ \frac{1}{4} & \frac{1}{6} & \frac{2}{5} \end{bmatrix}$$

则两年后、五年后、十年后三家公司产品的市场份额情况分别为 $H^2X^{(0)}$、$H^5X^{(0)}$、$H^{10}X^{(0)}$,其中 $X^{(0)} = \left(\frac{2}{15}, \frac{6}{15}, \frac{7}{15}\right)^T$。

对上述过程,使用 MATLAB 求解如下：

编写程序：

```
function X = exam5_16(n)
A = [1/2,1/3,2/5;1/4,1/2,1/5;1/4,1/6,2/5];
X = [2/15;6/15;7/15];
for k = 1:n
    X = A * X;
end
```

命令窗口下执行:

```
>> x = exam5_16(2)
x =
    0.4169
    0.3173
    0.2658
>> x = exam5_16(5)
x =
    0.4210
    0.3158
    0.2632
>> x = exam5_16(10)
x =
    0.4211
    0.3158
    0.2632
```

例 5-17 (小行星轨道问题)某天文学家要确定一颗小行星绕太阳运行的轨道,他在轨道平面内建立以太阳为原点的直角坐标系,在两坐标轴上取天文测量单位(一天文单位为地球到太阳的平均距离,即 1.496×10^{11} m)。在 5 个不同的时间点对小行星作了观察,得到轨道上 5 个点的坐标数据(表 5-1)。由开普勒第一定律知,小行星的轨道为一椭圆,其方程为

$$a_1 x^2 + 2a_2 xy + a_3 y^2 + 2a_4 x + 2a_5 y + 1 = 0$$

试确定椭圆的方程,并在轨道的平面内以太阳为原点绘出椭圆曲线。

表 5-1

x	4.5596	5.0816	5.5546	5.9636	6.2756
y	0.8145	1.3686	1.9895	2.6925	3.5265

解:设天文学家测的轨道上 5 个点的坐标 (x_i, y_i) $(i = 1, 2, \cdots, 5)$,将各个点的坐标代入条件方程,得

$$\begin{cases} a_1 x_1^2 + 2a_2 x_1 y_1 + a_3 y_1^2 + 2a_4 x_1 + 2a_5 y_1 + 1 = 0 \\ a_1 x_2^2 + 2a_2 x_2 y_2 + a_3 y_2^2 + 2a_4 x_2 + 2a_5 y_2 + 1 = 0 \\ a_1 x_3^2 + 2a_2 x_3 y_3 + a_3 y_3^2 + 2a_4 x_3 + 2a_5 y_3 + 1 = 0 \\ a_1 x_4^2 + 2a_2 x_4 y_4 + a_3 y_4^2 + 2a_4 x_4 + 2a_5 y_4 + 1 = 0 \\ a_1 x_5^2 + 2a_2 x_5 y_5 + a_3 y_5^2 + 2a_4 x_5 + 2a_5 y_5 + 1 = 0 \end{cases}$$

从而有

$$\begin{bmatrix} x_1^2 & 2x_1 y_1 & y_1^2 & 2x_1 & 2y_1 \\ x_2^2 & 2x_2 y_2 & y_2^2 & 2x_2 & 2y_2 \\ x_3^2 & 2x_3 y_3 & y_3^2 & 2x_3 & 2y_3 \\ x_4^2 & 2x_4 y_4 & y_4^2 & 2x_4 & 2y_4 \\ x_5^2 & 2x_5 y_5 & y_5^2 & 2x_5 & 2y_5 \end{bmatrix} \begin{bmatrix} a_1 \\ a_2 \\ a_3 \\ a_4 \\ a_5 \end{bmatrix} = \begin{bmatrix} -1 \\ -1 \\ -1 \\ -1 \\ -1 \end{bmatrix}$$

使用 MATLAB 求解上述方程组，过程如下：

```
>>x=[4.5596  5.0816  5.5546  5.9636  6.2756]';
>>y=[0.8145  1.3686  1.9895  2.6925  3.5265]';
>>c1=x.^2;c2=2*x.*y;c3=y.^2;c4=2*x;c5=2*y;
>>A=[c1,c2,c3,c4,c5];
>>b=-ones(5,1);
>>pa=A\b
pa =
    -0.2841
     0.1587
    -0.3270
     0.3658
     0.3742
>>ezplot('-0.2841*x^2+0.3175*x*y-0.3270*y^2+0.7316*x+0.7484*y+1',[-1.3,7,-1,6])
>>grid on
```

由上述计算结果可知小行星轨道方程：

$$-0.2841x^2 + 0.3175xy - 0.3270y^2 + 0.7316x + 0.7484y + 1 = 0$$

轨道方程的图形表示见图 5-1。

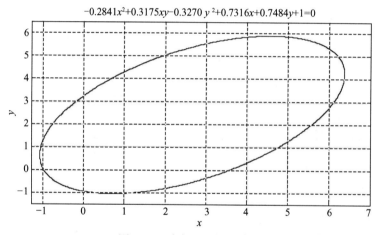

图 5-1 小行星的轨道曲线

5.6 实验练习

1. 对矩阵 $A = \begin{bmatrix} 1 & 2 & 3 & -4 \\ -3 & -4 & -12 & 13 \\ 2 & 10 & 0 & -3 \\ 4 & 14 & 9 & -13 \end{bmatrix}$ 进行 LU 分解。

2. 对矩阵 $A = \begin{bmatrix} 1 & 2 & 1 \\ 2 & 8 & 4 \\ 1 & 4 & 6 \end{bmatrix}$ 进行 Cholesky 分解。

3. 对矩阵 $A = \begin{bmatrix} 1 & -3 & 1 \\ -3 & 1 & -1 \\ 1 & -1 & 5 \end{bmatrix}$ 进行 QR 分解。

4. 对矩阵 $A = \begin{bmatrix} 1 & 1 & 1 & 1 \\ 1 & 2 & 3 & 4 \\ 1 & 3 & 6 & 10 \\ 1 & 4 & 10 & 20 \end{bmatrix}$ 进行奇异值分解。

5. 已知 $A = \begin{bmatrix} 3 & -1 & 0 \\ -2 & 1 & 1 \\ 2 & -1 & 4 \end{bmatrix}$,求矩阵 A 的逆。

6. 计算行列式 $\begin{vmatrix} 3 & 1 & -1 & 2 \\ -5 & 1 & 3 & -4 \\ 2 & 0 & 1 & -1 \\ 1 & -5 & 3 & -3 \end{vmatrix}$ 的值。

7. 已知 $A = \begin{bmatrix} 1 & 2 & 0 & 2 & 5 \\ -2 & -5 & 1 & -1 & -8 \\ 0 & -3 & 3 & 4 & 1 \\ 3 & 6 & 0 & -7 & 2 \end{bmatrix}$,求矩阵 A 的行最简阶梯形。

8. 已知方程组 $\begin{cases} x_1 + 5x_2 - x_3 - x_4 = -1 \\ x_1 - 2x_2 + x_3 + 3x_4 = 3 \\ 3x_1 + 8x_2 - x_3 + x_4 = 1 \\ x_1 - 9x_2 + 3x_3 + 7x_4 = 7 \end{cases}$,问方程组是否有解?若有解,求出基础解系。

9. 已知矩阵 $A = \begin{bmatrix} -2 & 1 & 1 \\ 0 & 2 & 0 \\ -4 & 1 & 3 \end{bmatrix}$,求矩阵 A 的特征多项式、特征值与特征向量。

10. 试确定一个正交变换 $x = Py$ 将二次型

$$f(x_1, x_2, x_3, x_4) = 2x_1x_2 + 2x_1x_3 - 2x_1x_4 - 2x_2x_3 + 2x_2x_4 + 2x_3x_4$$

化为标准型。

11. 使用雅可比迭代法编程求解方程组

$$\begin{cases} 10x_1 - x_2 = 9 \\ -x_1 + 10x_2 - 2x_3 = 7 \\ -2x_2 + 10x_3 = 6 \end{cases}$$

12. 使用高斯—赛德尔迭代法编程求解方程组

$$\begin{cases} 8x_1 - 3x_2 + 2x_3 = 20 \\ 4x_1 + 11x_2 - x_3 = 33 \\ 6x_1 + 3x_2 + 12x_3 = 36 \end{cases}$$

第6章 数据统计实验

6.1 实验目的

一、问题背景

人们生活实际中的现象分为两类:一类是确定性现象;另一类是非确定现象(随机现象)。对于确定性现象,当已知条件是充分的,其实验结果也是确定的,即每次实验前,可以预见其唯一的实验结果。对于非确定现象,当实验条件确定,而实验结果不确定,即每次实验前,不能唯一确定其实验结果。随机现象在实践中大量存在的,虽然无法由条件预测结果,但当大量重复实验时,实验结果呈现一定的规律性。

人们在研究随机问题时,经常进行数据统计分析,具体过程:先根据实验或观察得到数据,然后分析数据的规律性,再对规律性进行合理的估计与判断。

通常把研究对象的某一个或几个数量指标的全体称为总体,而组成总体的每个单元称为个体,总体中所包含个体的个数称为总体容量。任何一个总体都可以用随机变量来描述,总体的概率分布即为该随机变量的概率分布。为对总体的分布规律进行研究,就需要对总体进行抽样观测,根据观测结果来推断总体的性质。

从一个总体 X 中,随机地抽取 n 个个体 $X_1, X_2, \cdots, X_n$ 称为总体 X 的一个样本,n 为样本容量。样本$(X_1, X_2, \cdots, X_n)$是一个 n 维随机变量,其具体数值$(x_1, x_2, \cdots, x_n)$称为样本的一个观测值,简称样本观测值。从总体中抽取样本,一般应满足以下两个条件:

(1) 随机性,即每次抽样时,每个个体以等可能的机会被抽取。

(2) 独立性,即每次抽取的结果相互无影响。

这种随机的、独立的抽样方法称为简单随机抽样,由此得到的样本称为简单随机样本。

数据统计的任务是由样本推断总体,但是若对总体一无所知时,推断就很困难。大多数情况下,可以根据某种理由或经验假定总体所服从特定的概率分布,而对总体概率分布的若干参数进行参数估计与假设检验;也有一些问题需要对总体的分布类型进行判定,例如某样本数据是否服从特定分布类型、两个总体分布类型是否一致等。

二、实验目的

(1) 理解抽样原理,熟悉 MATLAB 软件中常用分布及相应概率密度函数。

(2) 理解参数估计原理,会使用 MATLAB 软件解决参数估计问题。

(3) 理解假设检验原理,会使用 MATLAB 软件解决假设检验问题。

6.2 常用分布

一、分布类型

1. 两点分布的分布律
$$P\{X = k\} = p^k(1-p)^{1-k}, k = 0,1, 0 < p < 1 \tag{6.1}$$

2. 二项分布的分布律
$$P\{X = k\} = C_n^k p^k q^{n-k}, k = 0,1,\cdots,n \tag{6.2}$$

式中：$0 < p < 1; p + q = 1$。

3. 几何分布的分布律
$$P\{X = k\} = q^{k-1}p, k = 1,2,3\cdots \tag{6.3}$$

式中：$0 < p < 1; p + q = 1$。

4. 超几何分布的分布律
$$P\{X = k\} = \frac{C_N^k C_{M-N}^{n-k}}{C_M^n}, k = 0,1,\cdots,n \tag{6.4}$$

5. 泊松分布的分布律
$$P\{X = k\} = \frac{\lambda^k}{k!}e^{-\lambda}, k = 0,1,2,3\cdots \tag{6.5}$$

6. 均匀分布的密度函数
$$f(x) = \begin{cases} \dfrac{1}{b-a}, & a \leq x \leq b \\ 0, & \text{其他} \end{cases} \tag{6.6}$$

7. 指数分布的密度函数
$$f(x) = \begin{cases} \lambda e^{-\lambda x}, & x \geq 0 \\ 0, & x < 0 \end{cases} \tag{6.7}$$

8. 正态分布的密度函数
$$f(x) = \frac{1}{\sqrt{2\pi}\sigma}e^{-\frac{(x-\mu)^2}{2\sigma^2}}, -\infty < x < +\infty \tag{6.8}$$

9. β 分布的密度函数
$$f(x,\alpha,\beta) = \begin{cases} \dfrac{1}{B(\alpha,\beta)}x^{\alpha-1}(1-x)^{\beta-1}, & 0 < x < 1 \\ 0, & \text{其他} \end{cases} \tag{6.9}$$

式中
$$B(\alpha,\beta) = \int_0^1 x^{\alpha-1}(1-x)^{\beta-1}\mathrm{d}x \tag{6.10}$$

10. Γ 分布的密度函数

$$f(x) = \begin{cases} \dfrac{\lambda^{\alpha} x^{\alpha-1}}{\Gamma(\alpha)} e^{-\lambda x}, & x \geq 0 \\ 0, & x < 0 \end{cases} \tag{6.11}$$

式中

$$\Gamma(\alpha) = \int_0^{+\infty} x^{\alpha-1} e^{-x} dx \tag{6.12}$$

11. χ^2 分布的密度函数

$$f(x) = \begin{cases} \dfrac{1}{2^{n/2} \Gamma(n/2)} x^{\frac{n}{2}-1} e^{-\frac{x}{2}}, & x \geq 0 \\ 0, & x < 0 \end{cases} \tag{6.13}$$

式中:n 为 χ^2 分布的自由度。

12. t 分布的密度函数

$$f(x) = \begin{cases} \dfrac{\Gamma\left(\dfrac{n+1}{2}\right)}{\sqrt{n\pi}\,\Gamma\left(\dfrac{n}{2}\right)} \left(1 + \dfrac{x^2}{n}\right)^{-\frac{n+1}{2}}, & x \geq 0 \\ 0, & x < 0 \end{cases} \tag{6.14}$$

式中:n 为 t 分布的自由度。

13. F 分布的密度函数

$$f(x) = \begin{cases} \dfrac{\Gamma\left(\dfrac{m+n}{2}\right)}{\Gamma\left(\dfrac{m}{2}\right)\Gamma\left(\dfrac{n}{2}\right)} m^{\frac{m}{2}} n^{\frac{n}{2}} x^{\frac{m}{2}-1} (mx+n)^{-\frac{m+n}{2}}, & x \geq 0 \\ 0, & x < 0 \end{cases} \tag{6.15}$$

式中:m、n 分别为 F 分布的第一、第二自由度。

14. Rayleigh 分布的密度函数

$$f(x) = \begin{cases} \dfrac{x}{\sigma^2} e^{-\frac{x^2}{2\sigma^2}}, & x \geq 0 \\ 0, & x < 0 \end{cases} \tag{6.16}$$

二、概率密度函数的计算

1. 通用函数计算概率密度

在 MATLAB 中有一个通用的概率密度(分布律)计算函数 pdf,通过此函数可以计算已知分布的概率密度,调用格式:

`Y = pdf('name',X,A)`
`Y = pdf('name',X,A,B)`
`Y = pdf('name',X,A,B,C)`

表示在 X 处返回以 nawe 为分布类型,以 A、B、C 为分布参数的概率密度(分布律)。表 6-1 给出常用分布类型名称表。

表 6-1

name 取值	说明	name 取值	说明
beta	Beta 分布	hyge	超几何分布
bino	二项分布	norm	正态分布
chi2	卡方分布	poiss	泊松分布
exp	指数分布	rayl	Rayleigh 分布
f 或 F	F 分布	t 或 T	t 分布
gam	Γ 分布	unif	均匀分布
geo	几何分布	unid	离散均匀分布

例 6-1 使用函数 pdf 计算以下分布的概率密度值：
（1）参数 $\lambda = 1$ 的指数分布在 $x = 2.3$ 处的值；
（2）正态分布 $N(3, 2^2)$ 在点 $x = 4.5$ 处的值。

```
>> y1 = pdf('exp',2.3,1)
y1 =
    0.1003
>> y2 = pdf('norm',4.5,3,2)
y2 =
    0.1506
```

2. 专用函数计算概率密度

MATLAB 提供了专用函数计算已知分布的概率密度（分布律），表 6-2 给出了常用分布的概率密度（分布律）计算函数名称及使用说明。

表 6-2

函数名称	调用格式	使用说明
betapdf	betapdf(x,a,b)	参数为 a、b 的 β 分布在 x 处的概率密度函数值
binopdf	binopdf(x,n,p)	参数为 n、p 的二项分布在 x 处的概率密度函数值
chi2pdf	chi2pdf(x,n)	自由度 n 的卡方分布在 x 处的概率密度函数值
exppdf	exppdf(x,λ)	参数为 1/λ 的指数分布在 x 处的概率密度函数值
fpdf	fpdf(x,m,n)	自由度为 m、n 的 F 分布在 x 处的概率密度函数值
gampdf	gampdf(x,α,λ)	参数为 α、1/λ 的 Γ 分布在 x 处的概率密度函数值
geopdf	geopdf(x,p)	参数为 p 的几何分布在 x 处的概率密度函数值
hygepdf	hygepdf(x,M,k,N)	参数为 M、k、N 的超几何分布在 x 处的概率密度函数值
normpdf	normpdf(x,μ,σ)	参数为 μ、σ 的正态分布在 x 处的概率密度函数值
poisspdf	poisspdf(x,λ)	参数为 λ 的泊松分布在 x 处的概率密度函数值
raylpdf	raylpdf(x,σ)	参数为 σ 的 Rayleigh 分布在 x 处的概率密度函数值
tpdf	tpdf(x,n)	自由度为 n 的 t 分布在 x 处的概率密度函数值
unifpdf	unifpdf(x,a,b)	[a,b] 上均匀分布在 x 处的概率密度函数值
unidpdf	unidpdf(x,n)	离散均匀分布（n 次实验）在 x 处的概率密度函数值

例 6-2 使用专用函数计算以下分布的概率密度值：

(1) 参数 $\lambda = 3$ 的泊松分布在 $x = 2$ 处的值；

(2) β 分布 $\alpha = 2, \beta = 3$ 在点 $x = 0.45$ 处的值。

```
>> y1 = poisspdf(2,3)
y1 =
    0.2240
>> y2 = betapdf(0.45,2,3)
y2 =
    1.6335
```

三、分布函数的计算

1. 通用函数计算分布函数

对事件 $X \leq x(-\infty < x < +\infty)$ 的概率，称为随机变量 X 的分布函数，记为

$$F(x) = P(X \leq x) \tag{6.17}$$

对于离散型随机变量：

$$F(x) = \sum_{\substack{k \\ x_k \leq x}} P(X = x_k) \tag{6.18}$$

对于连续型随机变量：

$$F(x) = \int_{-\infty}^{x} f(x) \, dx \tag{6.19}$$

式中：$f(x)$ 为随机变量 X 的概率密度。在 MATLAB 中有一个通用函数 cdf 用来计算已知分布的分布函数，调用格式：

Y = cdf('name',X,A)

Y = cdf('name',X,A,B)

Y = cdf('name',X,A,B,C)

表示在 X 处返回以 name 为分布类型，以 A、B、C 为分布参数的分布函数。常用分布函数名称表示方法同表 6-1。

例 6-3 已知 $X \sim N(3,4^2)$，使用函数 cdf 计算以下问题：

(1) $P(2 < X < 7)$；

(2) $P(|X| > 2.5)$。

```
>> a1 = cdf('norm',7,3,4)
a1 =
    0.8413
>> a2 = cdf('norm',2,3,4)
a2 =
    0.4013
>> y1 = a1 - a2
y1 =
    0.4401
>> b1 = cdf('norm',2.5,3,4);
>> b2 = cdf('norm',-2.5,3,4);
```

```
>> y2 = (1 - b1) + b2;
y2 =
    0.6343
```

2. 专用函数计算分布函数

MATLAB 提供了专用函数计算已知分布的分布函数,常用分布的专有计算函数见表 6-3。

表 6-3

函数名称	调用格式	使用说明
betacdf	betacdf (x,a,b)	参数为 a、b 的 β 分布的分布函数值
binocdf	binocdf (x,n,p)	参数为 n、p 的二项分布的分布函数值
chi2cdf	chi2cdf (x,n)	自由度为 n 的卡方分布的分布函数值
expcdf	expcdf (x,λ)	参数为 $1/\lambda$ 的指数分布的分布函数值
fcdf	fcdf (x,m,n)	自由度为 m、n 的 F 分布的分布函数值
gamcdf	gamcdf (x,a,b)	参数为 a、$1/b$ 的 Γ 分布的分布函数值
geocdf	geocdf (x,p)	参数为 p 的几何分布的分布函数值
hygecdf	hygecdf (x,M,k,N)	参数为 M、k、N 的超几何分布的分布函数值
normcdf	normcdf (x,μ,σ)	参数为 μ、σ 的正态分布的分布函数值
poisscdf	poisscdf (x,λ)	参数为 λ 的泊松分布的分布函数值
raylcdf	raylcdf (x,σ)	参数为 σ 的 Rayleigh 分布的分布函数值
tcdf	tcdf (x,n)	自由度为 n 的 t 分布的分布函数值
unifcdf	unifcdf (x,a,b)	$[a,b]$ 上均匀分布的分布函数值
unidcdf	unidcdf (x,n)	离散均匀分布的分布函数值

例 6-4 已知随机变量 X 服从参数 $\lambda = 2$ 的泊松分布,求 $P(X \geq 4)$。

解:$P(X \geq 4) = 1 - P(X < 4) = 1 - P(X \leq 3)$,从而执行:

```
>> 1 - poisscdf(3,2)
ans =
    0.1429
```

四、样本数字特征的计算

设 $(X_1, X_2, \cdots, X_n)$ 是来自总体的一个样本,$(x_1, x_2, \cdots, x_n)$ 为样本观测值。

1. 数学期望

$$E(X) = \frac{1}{n} \sum_{i=1}^{n} x_i \qquad (6.20)$$

在 MATLAB 中,函数 mean 用于求数学期望,调用格式:

Y = mean(X):表示求 X 的数学期望,若 X 为向量,则得到向量 X 的数学期望 Y,若 X 为矩阵,则得到一行向量 Y,其每个分量为原矩阵 X 列向量的数学期望;

Y = mean(X,DIM):表示按矩阵 X 的第 DIM 维方向求数学期望,若 $DIM = 1$,为按列操作,若 $DIM = 2$,为按行操作。

2. 中位数

对于排序后的样本观测值$(x_1,x_2,\cdots,x_n)$(满足$x_1\leqslant x_2\leqslant\cdots\leqslant x_n$),则中位数为

$$\mathrm{Med}(X) = \begin{cases} x_{\frac{n+1}{2}}, & n\text{ 为奇数} \\ \dfrac{1}{2}(x_{\frac{n}{2}}+x_{\frac{n}{2}+1}), & n\text{ 为偶数} \end{cases} \quad (6.21)$$

在 MATLAB 中,函数 median 用于求中位数,调用格式:

Y = median (X):表示求随机变量 X 的中位数,对 X 类型说明同 mean 函数。

在具体计算过程中,有时需要对数据求最大、最小、排序、求和等操作,MATLAB 也提供了具体函数。常用数据操作函数见表 6-4。

表 6-4

函数名称	使用说明	函数名称	使用说明
max	求最大值元素	nanmax	忽略 NAN 求最大值元素
min	求最小值元素	nanmin	忽略 NAN 求最小值元素
mean	求数学期望	nanmean	忽略 NAN 求数学期望
median	求中位数	nanmedian	忽略 NAN 求中位数
mad	求绝对差分平均值	sort	排序
sum	求和	range	求随机变量的范围

3. 方差与标准差

方差:

$$D(X) = E(X - E(X))^2 \quad (6.22)$$

标准差:

$$\sigma(X) = \sqrt{D(X)} \quad (6.23)$$

样本方差:

$$S^2 = \frac{1}{n-1}\sum_{i=1}^{n}(x_i - \bar{x})^2 \quad (6.24)$$

样本标准差:

$$S = \sqrt{\frac{1}{n-1}\sum_{i=1}^{n}(x_i - \bar{x})^2} \quad (6.25)$$

在 MATLAB 中,函数 var、std 分别实现样本方差与标准差的计算,使用格式:

var(X):若 X 为向量则返回向量的样本方差值(即前置因子为 $1/(n-1)$),若 x 为矩阵则返回矩阵列向量的方差行向量;

var(X,1):函数返回 X(X 的说明同上)的简单方差(即前置因子为 $1/n$);

var(X,w):函数返回 X(X 的说明同上)的以 w 为权系数的方差;

std(X):函数返回 X(X 的说明同上)的样本标准差(即置前因子 $1/(n-1)$);

std(X,1):函数返回 X(X 的说明同上)的样本标准差(即置前因子 $1/n$)。

4. 偏斜度与峰度

偏斜度：

$$V_1 = E\left(\frac{X-E(X)}{\sqrt{D(X)}}\right)^3 \tag{6.26}$$

峰度：

$$V_2 = E\left(\frac{X-E(X)}{\sqrt{D(X)}}\right)^4 \tag{6.27}$$

在 MATLAB 中，函数 skewness、kurtosis 分别实现偏斜度与峰度的计算，调用格式：

skewness(X)：表示求 X 的偏斜度，若 X 为向量，则得到向量 X 的偏斜度，若 X 为矩阵，则得到一行向量，其每个分量为原矩阵 X 列向量的偏斜度；

kurtosis(X)：表示求 X 的峰度，若 X 为向量，则得到向量 X 的峰度，若 X 为矩阵，则得到一行向量，其每个分量为原矩阵 X 列向量的峰度。

例 6-5 某工厂生成某种金属丝，从中抽取 15 根做折断力实验，测得结果如下（kg）：578,583,571,568,572,570,572,596,584,575,573,566,577,573,576。使用 MATLAB 计算样本均值、方差、标准差、偏斜度与峰度。

```
>> x=[578,583,571,568,572,570,572,596,584,575,573,566,577,573,576];
>> y1=mean(x)
y1 =
   575.6000
>> y2=var(x)
y2 =
   56.5429
>> y3=std(x)
y3 =
   7.5195
>> y4=skewness(x)
y4 =
   1.3527
>> y5=kurtosis(x)
y5 =
   4.6652
```

5. 协方差与相关系数

协方差：

$$\text{cov}(X,Y) = E\{[X-E(X)][Y-E(Y)]\} \tag{6.28}$$

相关系数：

$$\rho_{XY} = \frac{\text{cov}(X,Y)}{\sqrt{D(X)}\sqrt{D(Y)}} \tag{6.29}$$

在 MATLAB 中，函数 cov、corrcoef 分别实现协方差与相关系数的计算，调用格式：

cov(X,Y)：函数返回向量 X、Y 的斜方差矩阵，且 X、Y 的维数必须相同；

cov(X):若 X 为向量则返回向量的方差,若 X 为矩阵,则返回矩阵列向量的斜方差矩阵;

corrcoef(X,Y):函数返回向量 X、Y 的相关系数矩阵;

corrcoef(X):若 X 为向量则返回 1(与自身的相关系数),若 X 为矩阵,则返回矩阵列向量的相关系数矩阵。

6．常用分布的期望与方差

MATLAB 提供了专用函数计算常用分布的数学期望与方差,具体用法见表 6-5(M 表示数学期望,V 表示方差)。

表 6-5

函数名称	调用格式	使用说明
betastat	[M,V] = betastat(a,b)	计算参数为 a、b 的 β 分布的数学期望与方差
binostat	[M,V] = binostat(n,p)	计算参数为 n、p 的二项分布的数学期望与方差
chi2stat	[M,V] = chi2stat(n)	计算自由度为 n 的卡方分布的数学期望与方差
expstat	[M,V] = expstat(λ)	计算参数为 $1/\lambda$ 的指数分布的数学期望与方差
fstat	[M,V] = fstat(m,n)	计算自由度为 m、n 的 F 分布的数学期望与方差
gamstat	[M,V] = gamstat(a,b)	计算参数为 a、$1/b$ 的 Γ 分布的数学期望与方差
geostat	[M,V] = geostat(p)	计算参数为 p 的几何分布的数学期望与方差
hygestat	[M,V] = hygestat(M,k,N)	计算参数为 M、k、N 的超几何分布的数学期望与方差
normstat	[M,V] = normstat(μ,σ)	计算参数为 μ、σ 的正态分布的数学期望与方差
poisstat	[M,V] = poisstat(λ)	计算参数为 λ 的泊松分布的数学期望与方差
raylstat	[M,V] = raylstat(σ)	计算参数为 σ 的 Rayleigh 分布的数学期望与方差
tstat	[M,V] = tstat(n)	计算自由度为 n 的 t 分布的数学期望与方差
unifstat	[M,V] = unifstat(a,b)	计算 $[a,b]$ 上均匀分布的数学期望与方差

五、分位数的计算

若 X 为随机变量(X 分布类型已知,设为 W),对于给定的实数 $\alpha(0<\alpha<1)$,满足

$$P(X > Z_\alpha) = \alpha \tag{6.30}$$

称 Z_α 为 W 分布的 α 分位数(分位点)。例如,图 6-1 给出了正态分布的 α 分位数 Z_α。

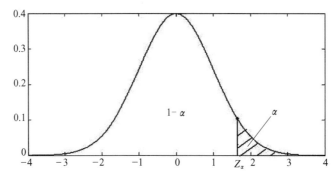

图 6-1　正态分布的 α 分位数 Z_α

对于分位数的计算，MATLAB 提供了专用函数计算已知分布类型的分位数。常用分布类型的分位数计算函数见表 6-6。

表 6-6

函数名称	调用格式	使用说明
betainv	betainv(1-α,a,b)	参数为 a、b 的 β 分布的 α 分位数
binoinv	binoinv(1-α,n,p)	参数为 n、p 的二项分布的 α 分位数
chi2inv	chi2inv(1-α,n)	自由度为 n 的卡方分布的 α 分位数
expinv	expinv(1-α,λ)	参数为 $1/\lambda$ 的指数分布的 α 分位数
finv	finv(1-α,m,n)	自由度为 m、n 的 F 分布的 α 分位数
gaminv	gaminv(1-α,a,b)	参数为 a、$1/b$ 的 Γ 分布的 α 分位数
geoinv	geoinv(1-α,p)	参数为 p 的几何分布的 α 分位数
hygeinv	hygeinv(1-α,M,k,N)	参数为 M、k、N 的超几何分布的 α 分位数
norminv	norminv(1-α,μ,σ)	参数为 μ、σ 的正态分布的 α 分位数
poissinv	poissinv(1-α,λ)	参数为 λ 的泊松分布的 α 分位数
raylinv	raylinv(1-α,σ)	参数为 σ 的 Rayleigh 分布的 α 分位数
tinv	tinv(1-α,n)	自由度为 n 的 t 分布的 α 分位数
unifinv	unifinv(1-α,a,b)	$[a,b]$ 上均匀分布的 α 分位数

例 6-6 计算以下分布的分位数：

（1）正态分布 $Z_{0.025}$；　　（2）t 分布 $t_{0.05}(9)$；

（3）卡方分布 $\chi^2_{0.05}(12)$；　　（4）F 分布 $F_{0.025}(10,8)$。

```
>> y1 = norminv(0.975)
y1 =
    1.9600
>> y2 = tinv(0.95,9)
y2 =
    1.8331
>> y3 = chi2inv(0.95,12)
y3 =
    21.0261
>> y4 = finv(0.975,10,8)
y4 =
    4.2951
```

六、随机数的生成

MATLAB 提供了专用函数生成特定类型的随机数。常用分布类型的随机数生成函数见表6-7。

表6-7

函数名称	调用格式	使用说明
betarnd	betarnd（a,b,[s,t]）	生成参数为 a、b 的 β 分布的 $s \times t$ 阶随机阵
binornd	binornd（n,p,[s,t]）	生成参数为 n、p 的二项分布的 $s \times t$ 阶随机阵
chi2rnd	chi2rnd（n,[s,t]）	生成自由度为 n 的卡方分布的 $s \times t$ 阶随机阵
exprnd	exprnd（λ,[s,t]）	生成参数为 $1/\lambda$ 的指数分布的 $s \times t$ 阶随机阵
frnd	frnd（m,n,[s,t]）	生成自由度为 m、n 的 F 分布的 $s \times t$ 阶随机阵
gamrnd	gamrnd（a,b,[s,t]）	生成参数为 a、$1/b$ 的 Γ 分布的 $s \times t$ 阶随机阵
geornd	geornd（p,[s,t]）	生成参数为 p 的几何分布的 $s \times t$ 阶随机阵
hygernd	hygernd（M,k,N,[s,t]）	生成参数为 M、k、N 的超几何分布的 $s \times t$ 阶随机阵
normrnd	normrnd（μ,σ,[s,t]）	生成参数为 μ、σ 的正态分布的 $s \times t$ 阶随机阵
poissrnd	poissrnd（λ,[s,t]）	生成参数为 λ 的泊松分布的 $s \times t$ 阶随机阵
raylrnd	raylrnd（σ,[s,t]）	生成参数为 σ 的 Rayleigh 分布的 $s \times t$ 阶随机阵
trnd	trnd（n,[s,t]）	生成自由度为 n 的 t 分布的 $s \times t$ 阶随机阵
unifrnd	unifrnd（a,b,[s,t]）	生成 $[a,b]$ 上均匀分布的 $s \times t$ 阶随机阵
unidrnd	unidrnd（a,[s,t]）	生成离散均匀分布（$[0,a]$）的 $s \times t$ 阶随机阵

例6-7 生成以下分布的随机阵：

（1）二项分布的 3×5 阶随机阵（$n=100, p=0.48$）；

（2）泊松分布的 3×4 阶随机阵（$\lambda = 3$）。

```
>> binornd(100,0.48,[3,5])
ans =
    45    42    50    49    43
    38    49    39    51    47
    45    48    50    40    48
>> poissrnd(3,[3,4])
ans =
     4     2     4     2
     4     4     5     5
     3     1     2     1
```

七、其他分布

除了已介绍的分布类型之外，在数据统计中还会用到一些其他类型分布，例如非中心 t 分布、韦伯分布等，表6-8给出了其他分布类型名称表。对于具体使用，读者可以参照已经介绍的方法，例如，对于非中心 F 分布：密度函数为 ncfpdf；分布函数 ncfcdf；期望与方差函数 ncfstat；分位数函数 ncfinv；随机数函数 ncfrnd。

表6-8

name 取值	说明	name 取值	说明
logn	对数正态分布	nct	非中心 t 分布
nbin	负二项式分布	ncx2	非中心卡方分布
ncf	非中心 F 分布	weib	韦伯分布

6.3 参数估计

一、矩估计法与 MATLAB 求解

1. 方法原理

假设总体 X 的分布函数中含有 r 个未知参数 $\theta_1,\theta_2,\cdots\theta_r$，即 $F(x;\theta_1,\theta_2,\cdots,\theta_r)$，总体 X 的前 r 阶矩 $\mu_k = E(X^k)(k=1,2,\cdots,r)$ 存在，且为 $\theta_1,\theta_2,\cdots\theta_r$ 的函数，记为 $\mu_k(\theta_1,\theta_2,\cdots,\theta_r)$。设 $(X_1,X_2,\cdots,X_n)$ 是来自总体的一个样本，样本 k 阶矩 $A_k = \sum_{i=1}^{n} X_i^k (k=1,2,\cdots,r)$，则可得方程组

$$\begin{cases} \mu_1(\theta_1,\theta_2,\cdots,\theta_r) = A_1 \\ \mu_2(\theta_1,\theta_2,\cdots,\theta_r) = A_2 \\ \vdots \\ \mu_r(\theta_1,\theta_2,\cdots,\theta_r) = A_r \end{cases} \tag{6.31}$$

使用 MATLAB 求解式(6.31)，可得 $\hat{\theta}_k = \hat{\theta}_k(A_1,A_2,\cdots,A_r)(k=1,2,\cdots,r)$ 即为 $\theta_k(k=1,2,\cdots,r)$ 的矩估计量。

2. 求解示例

例 6 – 8 已知 $X \sim \Gamma(\alpha,\beta)$，试求 α 与 β 的矩估计量。

解：由 $X \sim \Gamma(\alpha,\beta)$ 知 $E(X) = \dfrac{\beta}{\alpha}, D(X) = \dfrac{\beta}{\alpha^2}$。从而

$$\mu_1 = E(X) = \frac{\beta}{\alpha}$$

$$\mu_2 = E(X^2) = D(X) + E^2(X) = \frac{\beta}{\alpha^2} + \frac{\beta^2}{\alpha^2}$$

从而得

$$\begin{cases} \dfrac{\beta}{\alpha} = A_1 \\ \dfrac{\beta}{\alpha^2} + \dfrac{\beta^2}{\alpha^2} = A_2 \end{cases}$$

使用 MATLAB 求解上述方程组：

```
>> syms x y A1 A2
>> f1 = y/x - A1;
>> f2 = y/x^2 + y^2/x^2 - A2;
>> [alfa,beta] = solve(f1,f2,'x','y')
alfa =
-A1/(A1^2 - A2)
```

```
beta =
-A1^2/(A1^2-A2)
```

由上述结果可知 α 与 β 的矩估计量分别为

$$\hat{\alpha} = -\frac{A_1}{A_1^2 - A_2} = \frac{A_1}{A_2 - A_1^2} = \frac{\overline{X}}{\frac{1}{n}\sum_{i=1}^{n}(X_i - \overline{X})^2}$$

$$\hat{\beta} = -\frac{A_1^2}{A_1^2 - A_2} = \frac{A_1^2}{A_2 - A_1^2} = \frac{(\overline{X})^2}{\frac{1}{n}\sum_{i=1}^{n}(X_i - \overline{X})^2}$$

二、极大似然估计法与 MATLAB 求解

1. 方法原理

假设总体 X 的分布函数中含有 r 个未知参数 $\theta_1, \theta_2, \cdots, \theta_r$,即 $F(x;\theta_1,\theta_2,\cdots,\theta_r)$,总体 X 的概率密度为 $f(x;\theta_1,\theta_2,\cdots,\theta_r)$。$(X_1, X_2, \cdots, X_n)$ 是来自总体的一个样本,$(x_1, x_2, \cdots, x_n)$ 为样本观测值,似然函数

$$L(x_1, x_2, \cdots, x_n; \theta_1, \theta_2, \cdots, \theta_r) = \prod_{i=1}^{n} f(x_i; \theta_1, \theta_2, \cdots, \theta_r) \tag{6.32}$$

若存在 $\hat{\theta}_1, \hat{\theta}_2, \cdots, \hat{\theta}_r$ 满足

$$L(x_1, x_2, \cdots, x_n; \hat{\theta}_1, \hat{\theta}_2, \cdots, \hat{\theta}_r) = \max L \tag{6.33}$$

则称 $\hat{\theta}_k (k=1,2,\cdots,r)$ 是参数 $\theta_k(k=1,2,\cdots,r)$ 的极大似然估计值。

当似然函数可导时,求极大似然估计量常常转化为求极值问题,即通过求解方程组

$$\begin{cases} \dfrac{\mathrm{d}L}{\mathrm{d}\theta_1} = 0 \\ \dfrac{\mathrm{d}L}{\mathrm{d}\theta_2} = 0 \\ \vdots \\ \dfrac{\mathrm{d}L}{\mathrm{d}\theta_r} = 0 \end{cases} \tag{6.34}$$

多数情况下,直接求解式(6.34)较为复杂。由于 L 与 $\ln L$ 同时取得极值,故式(6.34)转化为

$$\begin{cases} \dfrac{\mathrm{d}\ln L}{\mathrm{d}\theta_1} = 0 \\ \dfrac{\mathrm{d}\ln L}{\mathrm{d}\theta_2} = 0 \\ \vdots \\ \dfrac{\mathrm{d}\ln L}{\mathrm{d}\theta_r} = 0 \end{cases} \tag{6.35}$$

使用 MATLAB 求解式(6.35),可得 $\hat{\theta}_k = \hat{\theta}_k(x_1, x_2, \cdots, x_n)$ ($k = 1, 2, \cdots, r$) 即为 θ_k ($k = 1, 2, \cdots, r$) 的极大似然估计值。

2. 求解示例

例 6-9 设总体 X 服从参数为 λ 的指数分布,其概率密度为

$$f(x; \lambda) = \begin{cases} \lambda e^{-\lambda x}, & x \geq 0 \\ 0, & x < 0 \end{cases}$$

试求参数 $\lambda (\lambda > 0)$ 的极大似然估计值。

解:设 $(X_1, X_2, \cdots, X_n)$ 是来自总体的一个样本,$(x_1, x_2, \cdots, x_n)$ 为样本观测值,似然函数

$$L(x_1, x_2, \cdots, x_n; \lambda) = \prod_{i=1}^{n} f(x_i; \lambda) = \prod_{i=1}^{n} (\lambda e^{-\lambda x_i}) = \lambda^n e^{-\lambda \left(\sum_{i=1}^{n} x_i\right)} = \lambda^n e^{-\lambda a}$$

式中:$a = \sum_{i=1}^{n} x_i$。使用 MATLAB 求解上述方程:

```
>> syms x a n
>> fx = (x^n)*exp(-x*a);
>> lnf = log(fx);
>> dlnf = diff(lnf,x);
>> solve(dlnf,x)
ans =
n/a
```

由上述过程可知参数 λ 的极大似然估计值:

$$\hat{\lambda} = \frac{n}{\sum_{i=1}^{n} x_i}$$

三、区间估计原理与常用统计量

1. 原理

设总体 X 的分布函数为 $F(x, \theta)$,θ 为未知参数。对于给定的 $\alpha (0 < \alpha < 1)$,若由样本 $X_1, X_2, \cdots, X_n$ 确定两个统计量 $\theta_1 = \theta_1(X_1, X_2, \cdots, X_n)$ 与 $\theta_2 = \theta_2(X_1, X_2, \cdots, X_n)$ 满足

$$P(\theta_1 < \theta < \theta_2) = 1 - \alpha \tag{6.36}$$

则称 $1 - \alpha$ 为置信度,(θ_1, θ_2) 为 θ 的置信度为 $1 - \alpha$ 的置信区间。θ_1 与 θ_2 分别称为置信度为 $1 - \alpha$ 的置信下限与置信上限。当 θ_1 取 $-\infty$(或 θ_2 取 $+\infty$)时,(θ_1, θ_2) 为 θ 的置信度为 $1 - \alpha$ 的单侧置信区间。

2. 常用统计量

1) 单个正态总体

设总体 $X \sim N(\mu, \sigma^2)$,$(X_1, X_2, \cdots, X_n)$ 为一样本,$\overline{X}$ 为均值,S 为标准差,则

$$\frac{\overline{X} - \mu}{\frac{\sigma}{\sqrt{n}}} \sim N(0, 1) \tag{6.37}$$

$$\frac{\overline{X} - \mu}{\frac{S}{\sqrt{n}}} \sim t(n-1) \tag{6.38}$$

$$\frac{\sum_{i=1}^{n}(X_i - \mu)^2}{\sigma^2} \sim \chi^2(n) \tag{6.39}$$

$$\frac{\sum_{i=1}^{n}(X_i - \overline{X})^2}{\sigma^2} \sim \chi^2(n-1) \tag{6.40}$$

2) 两个正态总体

分别从总体 X 和总体 Y 中抽取容量为 n_1 与 n_2 样本,记为 $(X_1, X_2, \cdots, X_{n_1})$ 与 $(Y_1, Y_2, \cdots, Y_{n_2})$。设 $X \sim N(\mu_1, \sigma_1^2)$, $Y \sim N(\mu_2, \sigma_2^2)$, X、Y 的样本均值分别为 $\overline{X}$ 与 $\overline{Y}$, 样本方差分别为 S_1^2 与 S_2^2, 则

$$\frac{(\overline{X} - \overline{Y}) - (\mu_1 - \mu_2)}{\sqrt{\frac{\sigma_1^2}{n_1} + \frac{\sigma_2^2}{n_2}}} \sim N(0,1) \tag{6.41}$$

$$\frac{(\overline{X} - \overline{Y}) - (\mu_1 - \mu_2)}{S\sqrt{\frac{1}{n_1} + \frac{1}{n_2}}} \sim t(n_1 + n_2 - 2) \tag{6.42}$$

式中

$$S = \sqrt{\frac{(n_1-1)S_1^2 + (n_2-1)S_2^2}{n_1 + n_2 - 2}}$$

$$\frac{S_1^2/\sigma_1^2}{S_2^2/\sigma_2^2} \sim F(n_1 - 1, n_2 - 1) \tag{6.43}$$

例 6 - 10 某种布匹的重量服从正态分布,现从产品中抽得容量为 16 的样本,质量如下:4.8,4.7,5.0,5.2,4.7,4.9,5.0,5.0,4.6,4.7,5.0,5.1,4.7,4.5,4.9,4.9。求布匹平均重量的置信度为 0.95 的置信区间。

解:由于 σ 未知,由 6.38 知,平均质量 μ 的置信度为 $1 - \alpha$ 置信区间为

$$\left(\overline{X} - \frac{S}{\sqrt{n}}t_{\alpha/2}, \overline{X} + \frac{S}{\sqrt{n}}t_{\alpha/2}\right)$$

MATLAB 求解如下:

```
>> x=[4.8 4.7 5.0 5.2 4.7 4.9 5.0 5.0 4.6 4.7 5.0 5.1 4.7 4.5 4.9 4.9];
>> mx=mean(x);
>> sx=std(x);
>> lx=mx-sx/sqrt(16)*tinv(0.975,15)
lx =
    4.7533
```

```
> > ux = mx + sx/sqrt(16) * tinv(0.975,15)
ux =
  4.9592
```

上述结果表明所求的置信区间为(4.7533,4.9592)。

例 6-11 现用两种不同的方法生产轮胎,现测定其抗压性能,对这两种方法抽取的容量分别为 11、13 的样本,数据如下:

A:2411　　2415　　2356　　2418　　2436　　2446　　2502　　2412　　2461　　2470　　2477

B:2381　　2465　　2467　　2379　　2398　　2526　　2441　　2477　　2456　　2406　　2411　　2481　　2384

试求两总体方差比 σ_1^2/σ_2^2 的置信度为 0.90 的置信区间。

解:由式(6.43)和式(6.36)知

$$P(F_{1-\alpha/2}(n_1,n_2) < \frac{S_1^2/\sigma_1^2}{S_2^2/\sigma_2^2} < F_{\alpha/2}(n_1,n_2)) = 1 - \alpha$$

从而

$$P\left(\frac{S_1^2}{S_2^2}\frac{1}{F_{\alpha/2}(n_1,n_2)} < \frac{\sigma_1^2}{\sigma_2^2} < \frac{S_1^2}{S_2^2}\frac{1}{F_{1-\alpha/2}(n_1,n_2)}\right) = 1 - \alpha$$

MATLAB 求解如下:

```
> > A = [2411,2415,2356,2418,2436,2446,2502,2412,2461,2470,2477];
> > B = [2381,2465,2467,2379,2398,2526,2441,2477,2456,2406,2411,2481,2384];
> > SA2 = var(A);
> > SB2 = var(B);
> > lc = SA2/SB2 * (1/finv(0.95,10,12))
lc =
    0.2731
> > uc = SA2/SB2 * (1/finv(0.05,10,12))
uc =
    2.1903
```

上述结果表明所求的置信区间为(0.2731,2.1903)。

四、MATLAB 参数估计函数

MATLAB 提供了一系列函数用于进行参数估计,表 6-9 给出参数估计函数名称及使用说明(表中 PHAT、PCI 表示相关参数的点估计值、置信区间;α 分别表示置信水平当,α 省略时,系统默认 α = 0.05)。

表 6-9

函数名称	调用格式	分布类型说明
betafit	[PHAT, PCI] = betafit(X,α)	β 分布(X 向量数据)
binofit	[PHAT, PCI] = binofit(X,N,α)	二项分布(X 发生次数,N 实验次数)
expfit	[PHAT, PCI] = expfit(X,α)	指数分布

(续)

函数名称	调用格式	分布类型说明
gamfit	[PHAT,PCI] = gamfit(X,α)	Γ分布
lognfit	[PHAT,PCI] = lognfit(X,α)	对数正态分布
mle	[PHAT,PCI] = mle('name',X,α)	函数名称为为 name(表6-1)分布二项分布时 [PHAT,PCI] = mle('name',X,α,N),N实验次数
normfit	[MUHAT,SIGMAHAT,MUCI,SIGMACI] = normfit(X,α)	正态分布 MUHAT、SIGMAHAT 表示点估计值 MUCI、SIGMACI 表示置信区间
poissfit	[PHAT,PCI] = poissfit(X,α)	泊松分布
raylfit	[PHAT,PCI] = raylfit(X,α)	Rayleigh 分布
unifit	[AHAT,BHAT,ACI,BCI] = unifit(X,α)	均匀分布 AHAT、BHAT 表示点估计值 ACI,BCI 表示置信区间
wblfit	[PHAT,PCI] = wblfit(X,α)	韦伯分布

例 6-12 根据给出的分布类型随机生成 100 个数据,求极大似然估计值及相应的置信区间:

(1) β 分布,其中 $a=3, b=5, \alpha=0.1$;

(2) 泊松分布,其中 $\lambda=3, \alpha=0.05$;

(3) 正态分布,其中 $\mu=1, \sigma=2, \alpha=0.05$;

(4) Rayleigh 分布,其中 $\theta=2, \alpha=0.01$。

```
>>X1 = betarnd(3,5,[1,100]);
>>[a,b] = betafit(X1,0.1)
a =
    3.0201    5.4855
b =
    2.3163    4.1345
    3.7239    6.8365
>>X2 = poissrnd(3,[1,100]);
>>[a,b] = poissfit(X2)
a =
    3.0100
b =
    2.6700
    3.3500
>>X3 = normrnd(1,2,[1,100]);
>>[a,b,c,d] = normfit(X3)
a =
    0.9932
b =
    1.7187
c =
```

```
       0.6522
       1.3342
d =
       1.5090
       1.9965
>> X4 = raylrnd(2,[1,100]);
>> [a,b] = raylfit(X4,0.01)
a =
       1.9129
b =
       1.6932
       2.1925
```

上述求解过程表明：

(1) $a=3$ 的点估计值 3.0201，a 的置信度为 0.90 的置信区间为 [2.3123, 3.7239]，
   $b=5$ 的点估计值 5.4855，b 的置信度为 0.90 的置信区间为 [4.1345, 6.8365]；

(2) $\lambda=3$ 的点估计值 3.0100，a 的置信度为 0.95 的置信区间为 [2.6700, 3.3500]；

(3) $\mu=1$ 的点估计值 0.9932，μ 的置信度为 0.95 的置信区间为 [0.6522, 1.3342]，
   $\sigma=2$ 的点估计值 1.7187，σ 的置信度为 0.95 的置信区间为 [1.5090, 1.9965]；

(4) $\theta=2$ 的点估计值 1.929，θ 的置信度为 0.99 的置信区间为 [1.6932, 2.1925]。

对例 6–12 的求解，亦可通过通用 mle 函数实现，过程如下：

```
>> [a,b] = mle('beta',X1,0.1)
a =
       3.0201    5.4855
b =
       2.3163    4.1345
       3.7239    6.8365
>> [a,b] = mle('poiss',X2)
a =
       3.0100
b =
       2.6700
       3.3500
>> [a,b] = mle('norm',X3)
a =
       0.9932    1.7101
b =
       0.6522    1.5090
       1.3342    1.9965
>> [a,b] = mle('rayl',X4,0.01)
a =
       1.9129
b =
```

1.6932
2.1925

6.4 假设检验

一、假设检验相关理论

1. 参数检验与非参数检验

在实际问题中,往往出现总体分布未知或知道分布类型但含有未知参数情形,为推断总体的某些性质,需要提出某些关于总体的假设,假设检验就是通过样本的观测结果对总体类型或类型中未知参数的预先假设进行验证,从而决定接受或拒绝原来假设的结论。

如果总体的分布类型已知,具体参数未知,这时构造出来的统计量依赖于总体分布函数,需要对总体的未知参数的性质进行假设验证,这类检验称为参数检验。如果总体的分布类型未知,需要对分布总体类型进行假设验证,这类检验称为非参数检验。

2. 原假设与备设假设

在假设检验的开始,首选提出一个假设,就称作原假设,记为 H_0;与之对应的假设称作备设假设,记为 H_1。例如对正态分布参数 μ 的检验:

$$H_0: \mu = \mu_0; H_1: \mu \neq \mu_0$$

3. 检验统计量

提出原假设后,需要根据样本数据对其进行检验。对样本数据进行加工并用来判断是否接受原假设的统计量称为检验统计量。检验统计量的构造与参数估计统计量构造方法类似,常用参数检验的统计量见 6.3 节。例如,σ 已知时,可根据式(6.37)构造:

$$Z = \frac{\overline{X} - \mu}{\frac{\sigma}{\sqrt{n}}}$$

4. 两类错误

假设检验是根据小概率事件不发生原理来确定的,因而可能犯错,并且两类错误无法避免。第一类错误是 H_0 为真,拒绝 H_0,记为

$$P(拒绝 H_0 | H_0 为真) = \alpha \tag{6.44}$$

第二类错误是 H_0 为假,接受 H_0,记为

$$P(接受 H_0 | H_0 为假) = \beta \tag{6.45}$$

当样本容量一定时,α 与 β 不能同时无限小(海森堡测不准原理),通常的假设检验只规定第一类错误 α 而不考虑第二类错误 β,称这样的检验为显著性检验,α 称为显著性水平。

5. 拒绝域

假设检验根据检验统计量的数值结果来判别是否接受 H_0,因而将取值划分为两个部分,一部分是原假设为真,接受原假设,称为接受域;另一部分是超出了一定的界限,当原假设为真时只有很小的概率出现,根据小概率事件不发生原理而拒绝原假设,这一区域称

6. 单侧检验与双侧检验

假设检验根据实际的需要可以分为双侧检验和单侧检验,单侧检验又分为左侧检验与右侧检验。例如对正态分布参数 μ 的检验:

双侧检验 $H_0:\mu=\mu_0$;$H_1:\mu\neq\mu_0$

右侧检验 $H_0:\mu\leq\mu_0$;$H_1:\mu>\mu_0$

左侧检验 $H_0:\mu\geq\mu_0$;$H_1:\mu<\mu_0$

7. 假设检验步骤

(1) 根据实际问题提出原假设 H_0 及备设假设 H_1。

(2) 选择适当的统计量。

(3) 根据显著性水平 α,确定拒绝域。

(4) 根据样本数据计算统计量的值,观察该数值是否落入拒绝域,从而对原假设 H_0 作出判断。

例 6 – 13 某种电子元件的寿命 $X(\text{h})$ 服从正态分布,现测得数据如下:

159 280 101 212 224 379 179 264 222 362 168 250 149 260 485 170

问是否有理由认为元件的平均寿命大于 225(h)($\alpha=0.05$)?

解:原假设 $H_0:\mu\leq\mu_0=225$

备设假设 $H_1:\mu>225$

由于 σ 未知,选择检验统计量(式(式 6.38))

$$T = \frac{\overline{X}-\mu}{\frac{S}{\sqrt{n}}} \sim t(n-1)$$

拒绝域 $W=\{T|T>t_\alpha\}$。使用 MATLAB 计算如下:

```
>> X=[159 280 101 212 224 379 179 264 222 362 168 250 149 260 485 170];
>> n=length(X)
n =
    16
>> mx=mean(X);
>> sx=std(X);
>> (mx-225)/(sx/sqrt(n))
ans =
    0.6685
>> talfa=tinv(0.95,15)
talfa =
    1.7531
```

从上述数值结果可看出,检验统计量的数值未落入拒绝域,从而接受 H_0,即认为元器件的寿命不大于 225h。

例 6 – 14 对两种不同热处理方法加工的金属材料做抗拉强度试验,测得试验数据如下:

方法1:31 32 34 35 32 27 27 33 30 34 28 33
方法2:32 31 27 29 31 25 28 27 33 35 32 28 31 29 27 31

设两种不同热处理加工的金属材料抗拉强度服从正态分布,且方差相同 $\sigma = 3$。问两种方法所得的金属材料的平均抗拉强度有无显著性差异($\alpha = 0.05$)?

解:设方法 1 正态总体 $X \sim N(\mu_1, \sigma_1^2)$,方法 1 正态总体 $Y \sim N(\mu_2, \sigma_2^2)$,$\sigma_1 = \sigma_2 = 3$。

原假设 $H_0: \mu_1 - \mu_2 = 0 (\mu_1 = \mu_2)$

备设假设 $H_1: \mu_1 - \mu_2 \neq 0 (\mu_1 \neq \mu_2)$

由 $\sigma_1 = \sigma_2 = \sigma = 3$,根据式(6.41),确定检验统计量:

$$Z = \frac{(\bar{X} - \bar{Y})}{\sigma\sqrt{\frac{1}{n_1} + \frac{1}{n_2}}} \sim N(0,1)$$

拒绝域 $W = \{Z \mid |Z| > z_{\alpha/2}\}$。使用 MATLAB 计算如下:

```
>> X = [31,32,34,35,32,27,27,33,30,34,28,33];
>> Y = [32,31,27,29,31,25,28,27,33,35,32,28,31,29,27,31];
>> n1 = length(X);
>> n2 = length(Y);
>> mx = mean(X);
>> my = mean(Y);
>> z = (mx - my)/(3 * sqrt(1/n1 + 1/n2))
z =
    1.3820
>> zalfa = norminv(0.975)
zalfa =
    1.9600
```

从上述计算结果可知,检验统计量的数值未落入拒绝域,从而接受 H_0,即认为两种方法所得的金属材料的平均抗拉强度无显著性差异。

二、MATLAB 假设检验函数

1. ztest

函数 ztest 用于处理单个正态总体 σ 已知时均值 μ 的检验问题,调用格式:

$[h, p, ci] = \text{ztest}(X, m, \text{sigma}, \text{alpha}, \text{tail})$:输入值 X 为实际数据向量,m 为检验参数值,sigma 为已知方差,alpha 为显著性水平,tail 的取值决定检验类型(0 或 'both' 为双侧检验;1 或 'right' 为右侧检验;-1 或 'left' 为左侧检验);返回值 h 决定是否接受原假设($h = 0$ 表示接受 H_0,$h = 1$ 表示拒绝 H_0),p 为假设成立的概率(p 很小时 H_0 值得怀疑),ci 表示均值的 $1 - \text{alpha}$ 置信区间。

例 6-15 设某地区男中学生的身高服从正态分布($\mu = 168, \sigma = 5$),现从某中学随机调查了 15 个男同学,得到数据如下(cm):

162,165,167,157,160,169,155,159,167,177,157,170,159,162,160

问该中学男生身高状况是否正常?($\alpha = 0.1$)

```
>>[h,p,ci]=ztest(X,168,5,0.1,0)
h =
    1
P =
    1.3273e-004
ci =
    160.9432 165.1902
```

由 $h=1$ 知,需拒绝原假设,即认为该中学男生身高状况不正常。

2. ttest

函数 ttest 用于处理单个正态总体 σ 未知时均值 μ 的检验问题,调用格式:

[h,p,ci] = ttest(X,m,alpha,tail),各参数说明同 ztest。

对例 6-13 可以用函数 ttest 处理如下:

```
>>X=[159 280 101 212 224 379 179 264 222 362 168 250 149 260 485 170];
>>[h,p,ci]=ttest(X,225,0.05,1)
h =
    0
P =
    0.2570
ci =
    198.2321     Inf
```

3. ttest2

函数 ttest2 用于处理两个正态总体均值差 $(\mu_1 - \mu_2)$ 的检验问题,调用格式:

[h,p,ci] = ttest2(X,Y,alpha,tail):X、Y 分别取自两个正态总体样本的向量数据,其他各参数说明同 ztest。

对例 6-14 可以用函数 ttest2 处理如下:

```
>>X=[31,32,34,35,32,27,27,33,30,34,28,33];
>>Y=[32,31,27,29,31,25,28,27,33,35,32,28,31,29,27,31];
>>[h,p,ci]=ttest2(X,Y,0.05,0)
h =
    0
P =
    0.1388
ci =
    -0.5479 3.7146
```

4. ranksum

函数 ranksum 用于处理两个总体均值是否相等的检验(总体分布类型未知),使用的检验方法称为秩和检验法,调用格式:

[p,h,stats] = ranksum(X,Y,alpha):输入值 X、Y 为两个总体样本的向量数据,alpha 为显著性水平;返回值 p 为假设成立的概率(p 很小时,可对原假设提出质疑),h 决定两总体差别是否显著($h=0$ 表示不显著,$h=1$ 表示显著),stats 中包括秩和统计量的值以及 zval(zval 为过去计算 p 的正态统计量的值)。

例 6-16 某蛋糕厂向 A、B 禽业公司进购鸡蛋,以蛋重作为质量指标。某日分别从两公司供货的鸡蛋中随机抽取,得到下列两组数据(g):

A:68,65,41,55,62,46,56,55,62,51,59,54,47,55,54

B:61,61,48,75,77,63,57,66,60,65,46,81,67,71,80,43,57,66

问该日两公司的鸡蛋质量有无显著性差异($\alpha = 0.05$)?

```
>> X=[68,65,41,55,62,46,56,55,62,51,59,54,47,55,54];
>> Y=[61,61,48,75,77,63,57,66,60,65,46,81,67,71,80,43,57,66];
>> [p,h,stats]=ranksum(X,Y,0.05)
P =
    0.0161
h =
    1
stats =
    zval: -2.4065
    ranksum: 188
```

从计算结果中可以看出 A、B 公司的蛋重有显著性差异。

5. signrank

函数 signrank 用于处理两个总体中位数相等的假设检验问题(总体分布类型未知),使用的检验方法称为符号秩检验法,调用格式:

[p,h,stats] = signrank(X,Y,alpha):输入值 X、Y 为两个总体样本的向量数据(X、Y 维数相同),alpha 为显著性水平;返回值 p 为假设成立的概率(p 很小时,可对原假设提出质疑),h 决定两总体中位数之差是否显著($h = 0$ 表示不显著,$h = 1$ 表示显著),stats 中包括符号秩统计量的值以及 zval(zval 为过去计算 p 的正态统计量的值)。

6. signtest

函数 signtest 用于处理两个总体中位数相等的假设检验问题(总体分布类型未知),使用的检验方法称为符号检验法,调用格式:

[p,h,stats] = signtest(X,Y,alpha):输入值 X、Y 为两个总体样本的向量数据(X、Y 维数相同),alpha 为显著性水平;返回值 p 为假设成立的概率(p 很小时,可对原假设提出质疑),h 决定两总体中位数之差是否显著($h = 0$ 表示不显著,$h = 1$ 表示显著),stats 中包括符号统计量 sign 的值。

7. jbtest

函数 jbtest 用于实现正态分布的拟合优度测试(Jarque – Bera 检验),调用格式:

[h,p,jbstat,cv] = signtest(X,alpha):输入值 X 为样本数据,alpha 为显著性水平($0.001 \leqslant$ alpha $\leqslant 0.5$);返回值 h 为测试结果($h = 0$ 表示服从正态分布,$h = 1$ 表示不服从正态分布),p 为接受假设的概率值(p 很小时,可对原假设提出质疑),jbstat 为测试统计量的值,cv 为是否拒绝原假设的临界值。

8. lillietest

函数 lillietest 用于实现正态分布的拟合优度测试(Lliefors 检验),调用格式:

[h,p,lsstat,cv] = lillietest(X,alpha):输入值 X 为样本数据,alpha 为显著性水平($0.001 \leqslant$ alpha $\leqslant 0.5$);返回值 h 为测试结果($h = 0$ 表示服从正态分布,$h = 1$ 表示不服从

正态分布),p 为接受假设的概率值(p 很小时,可对原假设提出质疑),lsstat 为测试统计量的值,cv 为是否拒绝原假设的临界值。

9. kstest

函数 kstest 用于实现单个样本分布的 Kolmogorov – Smirnov 检验,调用格式:

[h,p,ksstat,cv] = kstest(X,cdf,alpha,tail):输入值 X 为样本列向量数据,cdf 为指定类型的分布函数(cdf = [ ]时表示标准正态分布),alpha 为显著性水平(0 < alpha < 1),tail 的取值决定测试类型(0、1、–1 或'unequal'、'larger'、'smaller',缺省时为 0);返回值 h 为测试结果(h = 0 表示服从指定类型分布,h = 1 表示不服从指定类型分布),p 为接受假设的概率值(p 很小时,可对原假设提出质疑),ksstat 为测试统计量的值,cv 为是否拒绝原假设的临界值。

例 6 – 17 随机产生 100 个 Rayleigh 分布随机数($\sigma = 3$),测试是否服从以下类型分布:

(1) Rayleigh 分布 $\sigma = 3$;
(2) 标准正态分布;
(3) 泊松分布 $\lambda = 2$。

```
>> X = raylrnd(3,[100,1]);
>> [h,p,ksstat,cv] = kstest(X,[X,raylcdf(X,3)],0.05)
h =
    0
P =
    0.0751
ksstat =
    0.1264
cv =
    0.1340
>> [h,p,ksstat,cv] = kstest(X,[],0.05)
h =
    1
P =
    2.3233e - 060
ksstat =
    0.8210
cv =
    0.1340
>> [h,p,ksstat,cv] = kstest(X,[X,poisscdf(X,2)],0.05)
h =
    1
P =
    1.1498e - 020
ksstat =
    0.4771
```

```
cv =
   0.1340
```
从测试结果看:(1)符合,(2)、(3)不符合。

10. kstest2

函数 kstest2 用于实现检验两个样本是否具有相同的连续分布,调用格式:

[h,p,ksstat] = kstest2(X,Y,alpha,tail):输入值 X、Y 为样本列向量数据,alpha 为显著性水平($0 < $ alpha $ < 1$),tail 的取值决定测试类型($0$、$1$、$-1$ 或 $'$unequal$'$、$'$larger$'$、$'$smaller$'$,默认时为 0);返回值 h 为测试结果($h = 0$ 表示服从分布类型相同,$h = 1$ 表示分布类型不同),p 为接受假设的概率值(p 很小时,可对原假设提出质疑),ksstat 为测试统计量的值。

6.5 实验练习

1. 计算以下分布的概率密度值:

(1) 参数 $\lambda = 2$ 的指数分布在 $x = 3$ 处的值;

(2) F 分布 F(11,7) 在点 $x = 1.58$ 处的值。

2. 已知随机变量 $X \sim N(5,3^2)$,求 $P(|X| \geq 6)$。

3. 计算以下分布的分位数

(1) 正态分布 $Z_{0.05}$;   (2) t 分布 $t_{0.975}(17)$;

(3) 卡方分布 $\chi^2_{0.025}(15)$;   (4) F 分布 $F_{0.05}(7,11)$。

4. 设总体 $X \sim N(\mu,\sigma^2)$,试求参数 μ、σ^2 的矩估计值。

5. 设总体 X 服从参数为 λ 的泊松分布,试求参数 λ($\lambda > 0$)的极大似然估计值(解方程方法)。

6. 根据给出的分布类型随机生成 100 个数据,求极大似然估计值及相应的置信区间:

(1) 均匀分布,其中 $a = 2, b = 7, \alpha = 0.1$;

(2) 泊松分布,其中 $\lambda = 2, \alpha = 0.05$;

(3) 正态分布,其中 $\mu = 2, \sigma = 5, \alpha = 0.1$;

(4) 二项分布,其中 $N = 100, p = 0.55, \alpha = 0.01$。

7. 随机的从 A 批导线中抽取 4,从 B 批导线中抽取 5 根,测得其电阻如下(Ω):

A 0.143   0.142   0.143   0.137

B 0.140   0.142   0.136   0.138   0.140

设 A 批导线的电阻值服从 $N(\mu_1,\sigma^2)$,设 B 批导线的电阻值服从 $N(\mu_2,\sigma^2)$,并且两个样本相互独立,求 $\mu_1 - \mu_2$ 的置信度为 0.95 的置信区间。

8. 化肥厂使用自动包装机包装花费,每袋额定质量是 50kg,某日开工后随机抽查了 12 袋,质量如下(kg):

50.2 49.5 49.9 50.1 50.2 50.0 49.2 49.8 50.1 49.6 49.7 50.2

设每袋质量服从正态分布,问包装机工作是否正常($\alpha = 0.05$)?

9. 某学院学生在高等数学考试后,随机调查了 15 个女生与 18 个男生,得到成绩如下：

女生　91　77　79　77　57　82　68　93　71　84　81　70　53　95　69

男生　80　78　99　80　55　76　48　68　67　68　62　90　31　77　86　83　88　69

问是否可认为：

（1）男生与女生成绩相当（$\alpha=0.05$）；

（2）女生成绩优于男生（$\alpha=0.05$）。

10. 现有某款产品质量指标数据如下：

4177　4069　3244　3123　3204　2025　3266　3618　3815　4944　3149　4123　4299　4441　2508　3712　3738　2492　2758　4582

问该产品的质量指标是否服从正态分布（$\alpha=0.05$）？

11. 对两个总体抽取样本数据（A、B）如下：

A　111　92　94　108　87　96　85　88　108　112　100　107　108　99　85　108　109　97　91　107

B　40　125　106　160　56　130　95　137　146　86　99　119　230　153　69　42　124　132　137　95

问 A、B 两样本对应的总体分布类型是否一致（$\alpha=0.05$）？

第7章 最优化方法实验

7.1 实验目的

一、问题背景

在生产实践中,研究某个具体问题,往往会提出多个可行方案。如何从众多可行方案中选择最好的或最优的方案,数学上把这类问题称为最优化问题。最优化问题遍布人们生活的方方面面,例如:安排生产计划时,如何利用现有资源(人力、物力)安排生产,使得产品总产值最高;安排物资调运方案时,如何组织运输使得运输总费用最小;制定进货计划时,在保证一定的生产或销售前提下,如何进货使得平均费用最小;制定项目资金分配方案时,如何分配资金使得单位资金平均利润最大化。目前,最优化方法在工业生产、运输调度、库存管理、经济规划、自动控制等领域发挥重要作用,取得了显著的经济和社会效益。

建立一个优化问题的数学模型,应明确三个基本要素:

(1) 决策变量 $x=(x_1,x_2,\cdots,x_n)$。

(2) 约束条件 $g_i(x)(i=1,2,\cdots,m)$。

(3) 目标函数 $f(x)$。

最优化问题的求解就是:在约束条件下,找出目标函数达到最大值或最小值时决策变量的取值。一般的优化模型可表示为

$$\min_x \quad z = f(x) \tag{7.1}$$

$$\text{s.t.} \quad g_i(x) \leqslant 0 (i=1,2,\cdots,m) \tag{7.2}$$

由式(7.1)、式(7.2)组成的模型称为约束优化,仅由式(7.1)组成的模型称为无约束优化。在约束优化中,若目标函数 $f(x)$ 与约束条件 $g_i(x)(i=1,2,\cdots,m)$ 都是线性函数,该模型称为线性规划,否则称为非线性规划。对于非线性规划,若目标函数 $f(x)$ 为二次函数,约束条件 $g_i(x)(i=1,2,\cdots,m)$ 是线性函数,该模型称为二次规划。

二、实验目的

(1) 理解线性规划模型,会使用 MATLAB 求解线性规划问题。

(2) 理解非线性规划模型,会使用 MATLAB 求解非线性规划问题。

(3) 熟悉 MATLAB 无约束优化函数及用法。

(4) 能够使用 MATLAB 解决一些最优化方法应用问题。

7.2 线性规划

一、线性规划模型与 MATLAB 求解

1. 标准模型

$$\min \quad z = c^{\mathrm{T}}x \qquad (7.3)$$
$$\mathrm{s.\,t.} \quad Ax \leq b \qquad (7.4)$$
$$Aeq \cdot x = beq \qquad (7.5)$$
$$lb \leq x \leq ub \qquad (7.6)$$

式中:c、x、b、beq、lb、ub 均为列向量;A、Aeq 为矩阵。

2. MATLAB 函数

在 MATLAB 软件中,函数 linprog 用于求解线性规划问题,调用格式:

x = linprog(c,A,b):表示求式(7.3)、式(7.4)两者的最优解;

x = linprog(c,A,b,Aeq,beq):表示求式(7.3)~式(7.5)三者的最优解;

x = linprog(c,A,b,Aeq,beq,lb,ub):表示求标准模型的最优解,若无等式约束条件,Aeq = [ ],beq = [ ];

x = linprog(c,A,b,Aeq,beq,lb,ub,x0):表示设置初值 x0 求解标准模型;

x = linprog(c,A,b,Aeq,beq,lb,ub,x0,options):表示使用 options 指定的参数最小化;

[x,fval] = linprog(…):fval 表示返回目标函数值;

[x,fval,exitflag] = linprog(…):exitflag 表示返回函数计算退出条件(若为正值,表示目标函数收敛于解 x 处,若为负值,表示目标函数不收敛;若为零值,表示已经达到函数评价或迭代的最大次数);

[x,fval,exitflag,output] = linprog(…):output 表示返回优化信息输出变量;

[x,fval,exitflag,output,lambda] = linprog(…):lambda 表示返回拉格朗日乘子。

例 7 - 1 求解线性规划

$$\max \quad z = 10x_1 + 15x_2$$
$$\mathrm{s.\,t.} \begin{cases} 5x_1 + 2x_2 \leq 200 \\ 2x_1 + 3x_2 \leq 100 \\ x_1 + 5x_2 \leq 150 \\ x_1, x_2 \geq 0 \end{cases}$$

解:这是目标函数最大化的线性规划,先把目标函数改为

$$\min \quad f = -10x_1 - 15x_2$$

编写函数:

```
function exam7_1
c = [ -10, -15];
a = [5,2;2,3;1,5];
b = [200,100,150]';
```

```
lb = [0;0];
ub = [];
[x,z] = linprog(c,a,b,[],[],lb,ub)
```
命令窗口下执行 exam7_1
```
>> exam7_1
Optimization terminated.
x =
    25.1973
    16.5351
z =
    -500.0000
```
表示当 $x_1 = 25.1973, x_2 = 16.5351$ 时目标函数取得最大值500。

二、应用性问题举例

例 7-2 (下料问题)现要做100套钢架,每套用长为2.9m、2.1m和1.5m的元钢各一根。已知原料长7.4m,每根原料套裁方案有5种(表7-1,),问应如何下料,才能达到原材料用料最省。

表 7-1

套裁/根		方案1	方案2	方案3	方案4	方案5
	2.9m	1	2	0	1	0
	2.1m	0	0	2	2	1
	1.5m	3	1	2	0	3
使用合计		7.4	7.3	7.2	7.1	6.6
余料		0	0.1	0.2	0.3	0.8

解:设 $x_i (i=1,2,3,4,5)$ 分别为第 i 种方案下料的原材料根数,则目标函数(余料最少)与约束条件:

$$\min \quad f = 0x_1 + 0.1x_2 + 0.2x_3 + 0.3x_4 + 0.8x_5$$

$$\begin{cases} x_1 + 2x_2 + x_4 = 100 \\ 2x_3 + 2x_4 + x_5 = 100 \\ 3x_1 + x_2 + 2x_3 + 3x_5 = 100 \\ x_1, x_2, x_3, x_4, x_5 \geq 0 \end{cases}$$

编写函数:
```
function exam7_2
c = [0,0.1,0.2,0.3,0.8];
aeq = [1,2,0,1,0;0,0,2,2,1;3,1,2,0,3];
beq = [100,100,100]';
lb = zeros(5,1);
ub = [];
```

```
[x,z] = linprog(c,[],[],aeq,beq,lb,ub)
```
命令窗口下执行 exam7_2
```
>> exam7_2
Optimization terminated.
x =
   12.4070
   27.5930
   17.5930
   32.4070
    0.0000
z =
   16.0000
```
由于所求问题要得到整数解,适当调整结果数值,取 $x_1=12$、$x_2=28$、$x_3=18$、$x_4=32$、$x_5=0$ 即为一组最优解。

例 7-3 (投资问题)某公司拟将 8000 万元的资金用于国债、地方债权及基金三种类型证券投资,每类各有两种。每种债权的评级、到期年限及每年税后收益见表 7-2。决策者希望:国债投资额不少于 2000 万元,平均到期年限不超过 5 年,平均评级不超过 2。问每种证券投资各多少使总收益最大?

表 7-2

序号	证券类型	评级	到期年限	每年税后收益率/%
1	国债1	1	8	5.2
2	国债2	1	10	5.8
3	地方债1	2	4	6.0
4	地方债2	3	6	6.5
5	基金1	4	3	6.2
6	基金2	5	4	7.0

解:设 $x_i(i=1,2,3,4,5,6)$ 分别为第 i 种债权投资额,则收益函数:
$$z=(8\times5.2x_1+10\times5.8x_2+4\times6.0x_3+6\times6.5x_4+6.2\times3x_5+7.0\times4x_6)/100$$
资金约束:
$$x_1+x_2+x_3+x_4+x_5+x_6\leqslant 8000$$
国债投资额约束:
$$x_1+x_2\geqslant 2000$$
平均评级约束:
$$\frac{x_1+x_2+2x_3+3x_4+4x_5+5x_6}{x_1+x_2+x_3+x_4+x_5+x_6}\leqslant 2$$
平均年限约束:
$$\frac{8x_1+10x_2+4x_3+6x_4+3x_5+4x_6}{x_1+x_2+x_3+x_4+x_5+x_6}\leqslant 5$$
整理后,得到线性规划模型:
$$\max z=0.416x_1+0.58x_2+0.24x_3+0.39x_4+0.186x_5+0.28x_6$$

$$\begin{cases} x_1 + x_2 + x_3 + x_4 + x_5 + x_6 \leq 8000 \\ x_1 + x_2 \geq 2000 \\ -x_1 - x_2 + x_4 + 2x_5 + 3x_6 \leq 0 \\ 3x_1 + 5x_2 - x_3 + x_4 - 2x_5 - x_6 \leq 0 \\ x_1, x_2, x_3, x_4, x_5, x_6 \geq 0 \end{cases}$$

将上述模型转化成标准形式：

$$\min z = -0.416x_1 - 0.58x_2 - 0.24x_3 - 0.39x_4 - 0.186x_5 - 0.28x_6$$

$$\begin{cases} x_1 + x_2 + x_3 + x_4 + x_5 + x_6 \leq 8000 \\ -x_1 - x_2 \leq -2000 \\ -x_1 - x_2 + x_4 + 2x_5 + 3x_6 \leq 0 \\ 3x_1 + 5x_2 - x_3 + x_4 - 2x_5 - x_6 \leq 0 \\ x_1, x_2, x_3, x_4, x_5, x_6 \geq 0 \end{cases}$$

编写函数：

```
function exam7_3
c=[-0.416,-0.58,-0.24,-0.39,-0.186,-0.28];
A=[1,1,1,1,1,1;-1,-1,0,0,0,0;-1,-1,0,1,2,3;3,5,-1,1,-2,-1];
b=[8000,-2000,0,0]';
lb=zeros(6,1);
ub=[];
[x,z]=linprog(c,A,b,[],[],lb,ub)
```

命令窗口下执行 exam7_3

```
>> exam7_3
Optimization terminated.
x =
   1.0e+003 *
    1.5000
    0.5000
    5.0000
    0.0000
    1.0000
    0.0000
z =
   -2.3000e+003
```

上述计算结果表明：$x_1 = 1500$、$x_2 = 500$、$x_3 = 5000$、$x_4 = 0$、$x_5 = 1000$、$x_6 = 0$（单位万元）时，能够达到最优值，收益函数 $z = 2300$ 万元。

7.3 二次规划

一、二次规划模型与 MATLAB 求解

1. 标准模型

$$\min z = \frac{1}{2}\boldsymbol{x}^\mathrm{T}\boldsymbol{H}\boldsymbol{x} + \boldsymbol{f}^\mathrm{T}\boldsymbol{x} \tag{7.7}$$

$$\text{s.t.} \quad Ax \leq b \tag{7.8}$$
$$Aeq \cdot x = beq \tag{7.9}$$
$$lb \leq x \leq ub \tag{7.10}$$

式中:f、x、b、beq、lb、ub 均为列向量;A、Aeq 为矩阵;H 为二次型(对称正定矩阵)。

2. MATLAB 函数

在 MATLAB 软件中,函数 quadprog 用于求解二次规划问题,调用格式:

x = quadprog(H,f,A,b):表示求式(7.7)、式(7.8)两者的最优解;

x = quadprog(H,f,A,b,Aeq,beq):表示求式(7.7)~式(7.9)三者的最优解;

x = quadprog(H,f,A,b,Aeq,beq,lb,ub):表示求标准模型的最优解,若无等式约束条件,Aeq = [ ],beq = [ ];

x = quadprog(H,f,A,b,Aeq,beq,lb,ub,x0):表示设置初值 x0 求解标准模型;

x = quadprog(H,f,A,b,Aeq,beq,lb,ub,x0,options):表示使用 options 指定的参数最小化;

[x,fval] = quadprog(…):fval 表示返回目标函数值;

[x,fval,exitflag] = quadprog(…):exitflag 表示返回函数计算退出条件;

[x,fval,exitflag,output] = quadprog(…):output 表示返回优化信息输出变量;

[x,fval,exitflag,output,lambda] = quadprog(…):lambda 表示返回拉格朗日乘子。

例 7-4 求解二次规划问题

$$\min \quad f(x) = 2x_1^2 + x_2^2 - x_1 x_2 - 3x_1 - 5x_2 + 4$$
$$\text{s.t.} \begin{cases} x_1 + x_2 \leq 5 \\ x_1 - 2x_2 \geq -4 \\ x_1, x_2 \geq 0 \end{cases}$$

解:将二次规划转化为标准形式:

$$\min \quad f(x) = \frac{1}{2}(x_1, x_2)\begin{pmatrix} 4 & -1 \\ -1 & 2 \end{pmatrix}\begin{pmatrix} x_1 \\ x_2 \end{pmatrix} + (-3, -5)\begin{pmatrix} x_1 \\ x_2 \end{pmatrix}$$
$$\text{s.t.} \begin{cases} x_1 + x_2 \leq 5 \\ -x_1 + 2x_2 \leq 4 \\ 0 \leq x_1, x_2 \end{cases}$$

编写文件:

```
function exam7_4
H=[4,-1;-1,2];
c=[-3,-5];
A=[1,1;-1,2];
b=[5;4];
lb=[0;0];
ub=[];
[x,z]=quadprog(H,c,A,b,[],[],lb,ub)
```

命令窗口下执行 exam7_4,执行结果为:

x =
    1.5714
    2.7857
z =
    -10.3214

表示 $x_1 = 1.5714$、$x_2 = 2.7857$ 时,标准形式目标函数取得最优值 -10.3214,从而原问题的最优值为 -6.3214。

二、应用性问题举例

例 7-5 (进货策略问题)按照合同约定甲公司需要向乙公司订购 22 万元原料,甲公司需要原料的种类有 A、B、C(3 种),三种原料的定价分别为 5、4、7(万元/吨)。设甲公司订购三种原料的数量分别为 x_1、x_2、x_3(吨),预估三种原料的利润函数为

$$5x_1 + 3x_2 + 6x_3 - x_1^2 - x_2^2 - x_3^2 - x_1x_2 - x_1x_3$$

问甲公司如何制定进货策略使得利润最大?

解:该问题的二次规划模型为

$$\max 5x_1 + 3x_2 + 6x_3 - x_1^2 - x_2^2 - x_3^2 - x_1x_2 - x_1x_3$$
$$\text{s.t.} \begin{cases} 5x_1 + 4x_2 + 7x_3 = 22 \\ 0 \leq x_1, x_2, x_3 \end{cases}$$

将该模型转化为标准形式:

$$\min \frac{1}{2}(x_1, x_2, x_3)\begin{pmatrix} 2 & 1 & 1 \\ 1 & 2 & 0 \\ 1 & 0 & 2 \end{pmatrix}\begin{pmatrix} x_1 \\ x_2 \\ x_3 \end{pmatrix} + (-5, -3, -6)\begin{pmatrix} x_1 \\ x_2 \\ x_3 \end{pmatrix}$$
$$\text{s.t.} \begin{cases} 5x_1 + 4x_2 + 7x_3 = 22 \\ 0 \leq x_1, x_2, x_3 \end{cases}$$

编写文件:

```
function exam7_5
H=[2,1,1;1,2,0;1,0,2];
c=[-5,-3,-6];
Aeq=[5,4,7];
beq=22;
lb=[0;0;0];
ub=[];
[x,z]=quadprog(H,c,[],[],Aeq,beq,lb,ub)
```

命令窗口下执行 exam7_5

\>\> exam7_5

x =
    0.5725
    0.9237
    2.2061

z =
    -11.0305

数值结果表明 $x_1 = 0.5725$、$x_2 = 0.9637$、$x_3 = 2.2061$ 时,目标函数能够达到最大值 $z = 11.0305$。

7.4 非线性规划

一、非线性规划模型与 MATLAB 求解

1. 标准模型

$$\min \quad z = \min F(x) \tag{7.11}$$
$$\text{s.t.} \quad Ax \leq b \tag{7.12}$$
$$Aeq \cdot x = beq \tag{7.13}$$
$$C(x) \leq 0 \tag{7.14}$$
$$Ceq(x) = 0 \tag{7.15}$$
$$lb \leq x \leq ub \tag{7.16}$$

式中:$F(x)$ 为目标函数;x、b、beq、lb、ub 均为列向量;A、Aeq 为矩阵;$C(x)$、$Ceq(x)$ 为非线性向量函数。

2. MATLAB 函数

在 MATLAB 软件中,函数 fmincon 用于求解非线性规划问题,调用格式:

x = fmincon ('fun',x0,A,b):表示求式(7.11)、式(7.12)两者的最优解,其中 fun 为目标函数,x0 为迭代初值;

x = fmincon ('fun',x0,A,b,Aeq,beq):表示求式(7.11)~式(7.13)三者的最优解;

x = fmincon ('fun',x0,A,b,Aeq,beq,lb,ub):表示求式(7.11)、式(7.12)、式(7.13)、式(7.16)的最优解,若无等式约束条件,Aeq = [ ],beq = [ ];

x = fmincon ('fun',x0,A,b,Aeq,beq,lb,ub,nonlcon):表示求解标准模型,其中 nonlcon 用于表示非线性约束条件(式(7.14)、式(7.15));

x = fmincon ('fun',x0,A,b,Aeq,beq,lb,ub,nonlcon,options):表示使用 options 指定的参数最小化;

[x,fval] = fmincon (…):fval 表示返回目标函数值;

[x,fval,exitflag] = fmincon (…):exitflag 表示返回函数计算退出条件;

[x,fval,exitflag,output] = fmincon (…):output 表示返回优化信息输出变量;

[x,fval,exitflag,output,lambda] = fmincon (…):lambda 表示返回拉格朗日乘子;

[x,fval,exitflag,output,lambda,grad] = fmincon (…):grad 表示返回在 x 处 fun 函数的梯度。

例 7-6 求解非线性规划问题

$$\min f(x) = e^{x_1}(x_1^2 + 2x_2^2 + 3x_1x_2 + 5x_1 + 4x_2 + 2)$$

$$\text{s. t.} \begin{cases} x_1 + 2x_2 = 0 \\ 3 + x_1 x_2 - x_1 - x_2 \leq 0 \\ -x_1 x_2 - 12 \leq 0 \end{cases}$$

编写目标函数(fun7_6a):
```
function f = fun7_6a(x)
f = exp(x(1))*(x(1)^2+2*x(2)^2+3*x(1)*x(2)+5*x(1)+4*x(2)+2);
```
编写非线性约束条件函数(fun7_6b):
```
function [c,ceq] = fun7_6b(x)
c = [3+x(1)*x(2)-x(1)-x(2);-x(1)*x(2)-12];
ceq = [];
```
编写主程序文件:
```
function exam7_6
x0 = [-1,1]';
Aeq = [1,2];
beq = 0;
[x,z] = fmincon(@fun7_6a,x0,[],[],Aeq,beq,[],[],@fun7_6b)
```
命令窗口下执行 exam7_6
```
>> exam7_6
x =
    -3.0000    1.5000
z =
    -0.3485
```

二、应用性问题举例

例 7-7 (储能飞轮的设计)下面的表达式用于设计储能用的飞轮,准则是储藏的能量最大,约束条件限定了直径、转速和厚度,这一问题可以表达为

$$\max U = \frac{0.201 x_1^4 x_2 x_3^2}{10^7}$$

$$\text{s. t.} \begin{cases} 675 - x_1^2 x_2 \geq 0 \\ 0.419 - \dfrac{x_1^2 x_3^2}{10^7} \geq 0 \\ 0 \leq x_1 \leq 36 \\ 0 \leq x_2 \leq 5 \\ 0 \leq x_3 \leq 125 \end{cases}$$

式中:x_1、x_2、x_3 分别是飞轮的直径、厚度与转速,试计算最优解。

解:将问题模型转化为标准形式:

$$\min z = -\frac{0.201 x_1^4 x_2 x_3^2}{10^7}$$

$$\text{s.t.} \begin{cases} x_1^2 x_2 - 675 \leq 0 \\ \dfrac{x_1^2 x_3^2}{10^7} - 0.419 \leq 0 \\ 0 \leq x_1 \leq 36 \\ 0 \leq x_2 \leq 5 \\ 0 \leq x_3 \leq 125 \end{cases}$$

编写目标函数(*fun7_7a*)：

function f = fun7_7a(x)
f = -0.201*x(1)^4*x(2)*x(3)^2/10^7;

编写非线性约束条件函数(fun7_7b)：

function [c,ceq] = fun7_7b(x)
c = [x(1)^2*x(2)-675;x(1)^2*x(3)^2/10^7-0.419];
ceq = [];

编写主程序文件：

function exam7_7
x0 = [4,5,50]';
lb = [0;0;0];
ub = [36;5;125];
[x,z] = fmincon(@fun7_7a,x0,[],[],[],[],lb,ub,@fun7_7b)

命令窗口下执行 exam7_7，计算结果为：

x =
    18.6109
     1.9488
   109.9863
z =
   -56.8478

备注：fmincon 求解优化问题，最优解不一定唯一；选择不同的迭代初值 x0，可能得到不同的局部最优解(局部最优解不一定为全局最优解)，读者可以尝试。

例 7-8 （最佳水槽断面问题）用宽 100cm 的长方形铁板折成以下特殊断面的水槽：

（1）断面为对称梯形；

（2）断面为对称五边形。

问怎样折法可使水槽的面积达到最大？

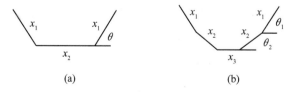

图 7-1 水槽截面图

(a) 对称梯形；(b) 对称五边形。

解:(1)截面为对称梯形(图 7-1(a)),则该问题的非线性规划模型为

$$\max S(x_1,x_2,\theta) = \frac{1}{2}(2x_2 + 2x_1\cos\theta)x_1\sin\theta$$

$$\text{s.t.} \begin{cases} 2x_1 + x_2 = 100 \\ 0 \leq x_1, x_2 \leq 100 \\ 0 \leq \theta \leq \dfrac{\pi}{2} \end{cases}$$

简化目标函数并转化为标准形式:

$$\min z = -(x_2 + x_1\cos\theta)x_1\sin\theta$$

$$\text{s.t.} \begin{cases} 2x_1 + x_2 = 100 \\ 0 \leq x_1, x_2 \leq 100 \\ 0 \leq \theta \leq \dfrac{\pi}{2} \end{cases}$$

编写目标函数(fun7_8a):

```
function f = fun7_8a(x)
f = -(x(2)+x(1)*cos(x(3)))*x(1)*sin(x(3));
```

编写主程序文件:

```
function exam7_8a
Aeq = [2,1,0];
beq = 100;
lb = [0;0;0];
ub = [100,100,pi/2];
x0 = [25,20,1]';
[x,z] = fmincon(@fun7_8a,x0,[],[],Aeq,beq,lb,ub)
```

命令窗口下执行 exam7_8a,计算结果为:

```
x =
    33.3333
    33.3334
    1.0472
z =
    -1.4434e+003
```

计算结果表明 $x_1 = x_2 = 100/3$、$\theta = 1.0472$ 时,有最大截面积 1443.4cm^2。

(2)截面为对称五边形(图 7-1(b)),则该问题的非线性规划模型为

$$\max S(x_1,x_2,x_3,\theta_1,\theta_2) = \frac{1}{2}(2x_3 + 2x_2\cos\theta_2)x_2\sin\theta_2 + \frac{1}{2}(2x_3 + 4x_2\cos\theta_2 + 2x_1\cos\theta_1)x_1\sin\theta_1$$

$$\text{s.t.} \begin{cases} 2x_1 + 2x_2 + x_3 = 100 \\ 0 \leq x_1, x_2, x_3 \leq 100 \\ 0 \leq \theta_1, \theta_2 \leq \dfrac{\pi}{2} \end{cases}$$

简化目标函数并转化为标准形式:

$$\min z = -(x_3 + x_2\cos\theta_2)x_2\sin\theta_2 - (x_3 + 2x_2\cos\theta_2 + x_1\cos\theta_1)x_1\sin\theta_1$$

$$\text{s.t.} \begin{cases} 2x_1 + 2x_2 + x_3 = 100 \\ 0 \leq x_1, x_2, x_3 \leq 100 \\ 0 \leq \theta_1, \theta_2 \leq \dfrac{\pi}{2} \end{cases}$$

编写目标函数(fun7_8a):

```
function f = fun7_8b(x)
f = -(x(3)+x(2)*cos(x(5)))*x(2)*sin(x(5))-(x(3)
+2*x(2)*cos(x(5))+x(1)*cos(x(4)))*x(1)*sin(x(4));
```

编写主程序文件:

```
function exam7_8b
Aeq = [2,2,1,0,0];
beq = [100];
lb = [0;0;0;0;0];
ub = [100,100,100,pi/2,pi/2];
x0 = [10,10,10,1/2,1/2]';
[x,z] = fmincon(@fun7_8b,x0,[],[],Aeq,beq,lb,ub)
```

命令窗口下执行 exam7_8b,计算结果为:

```
20.0001
20.0001
19.9996
 1.2566
 0.6283
z =
 -1.5388e+003
```

计算结果表明 $x_1 = x_2 = x_3 = 20$、$\theta_1 = 1.2566$、$\theta_2 = 0.6283$ 时,有最大截面积 1538.8cm^2。

7.5 无约束优化

一、无约束一元函数最优解

1. 标准模型

$$\min_x f(x), x \in [a,b] \tag{7.17}$$

2. fminbnd 函数

fminbnd 函数用于求一元函数的最小值(式(7.17)),使用格式:

x = fminbnd('fun',x1,x2):表示求目标函数 fun 在 x1 < x < x2 内的最小值,x 为最优解;

x = fminbnd('fun',x1,x2,options):表示求式(7.17)最优解,options 为指定最小化参数;

[x,fval] = fminbnd(…):表示求式(7.17)最优解,fval 为最优值;

[x,fval,exitflag] = fminbnd(…):exitflag 表示返回函数计算退出条件;

[x,fval,exitflag,output] = fminbnd(…):output 表示返回优化信息输出变量。

例 7-9 求 $f(x) = 3x^2 - 10x + 1$ 在 $(1,5)$ 的最小值。

```
>> format rat
>> [x,z] = fminbnd('3*x^2-10*x+1',1,5)
x =
     5/3
z =
     -22/3
```

例 7-10 求 $f(x) = \dfrac{x^3 + \cos x + x\ln x}{e^x}$ 在 $(0,2)$ 的最小值。

```
>> [x,z] = fminbnd('(x^3+cos(x)+x*log(x))/exp(x)',0,2)
x =
     0.5223
z =
     0.3974
```

对于目标函数的调用,可以先编写程序文件后调用:

```
function f = fun7_10(x)
f = (x^3+cos(x)+x*log(x))/exp(x);
>> [x,z] = fminbnd(@fun7_10,0,2)
x =
     0.5223
z =
     0.3974
```

二、无约束多元函数最优解

1. 标准模型

$$\min_x f(x), x = (x_1, x_2, \cdots, x_n) \tag{7.18}$$

2. fminunc 函数

fminunc 函数可用于求无约束多元函数最优解问题,使用格式:

x = fminunc ('fun',x0):fun 表示求目标函数,x0 为迭代初值,x 为最优解;

x = fminunc ('fun',x0,options):options 为指定最小化化参数;

[x,fval] = fminunc ('fun',x0,options):fval 为最优值。

[x,fval] = fminunc (…):表示求式(7.18)最优解,fval 为最优值;

[x,fval,exitflag] = fminunc (…):exitflag 表示返回函数计算退出条件;

[x,fval,exitflag,output] = fminunc (…):output 表示返回优化信息输出变量;

[x,fval,exitflag,output,grad] = fminunc (…):grad 表示目标函数梯度参数;

[x,fval,exitflag,output,grad,hessian] = fminunc (…):hessian 表示目标函数 Hessian 参数。

例 7-11 求 $f(x,y) = x^3 + y^3 - 3xy$ 的最小值。

编写函数文件：

```
function f = fun7_11(x)
f = x(1)^3 + x(2)^3 - 3 * x(1) * x(2);
```

命令窗口下执行：

```
>> [x,z] = fminunc(@fun7_11,[0.5,3])
x =
    1.0000    1.0000
z =
   -1.0000
```

3. fminsearch 函数

fminsearch 函数可用于求无约束多元函数最优解问题，使用格式：

x = fminsearch('fun',x0)：fun 表示求目标函数，x0 为迭代初值，x 为最优解；

x = fminsearch('fun',x0,options)：options 为指定最小化化参数；

[x,fval] = fminsearch('fun',x0,options)：fval 为最优值。

[x,fval] = fminsearch(…)：fval 为最优值；

[x,fval,exitflag] = fminsearch(…)：exitflag 表示返回函数计算退出条件；

[x,fval,exitflag,output] = fminsearch(…)：output 表示返回优化信息输出变量。

说明：当目标函数阶数大于 2 时，fminunc 函数比 fminsearch 函数更有效；当目标函数高度不连续时，fminsearch 函数更具稳健性。

例 7 - 12 求 Rosebrock 函数 $f(x_1,x_2) = 100(x_2 - x_1^2)^2 + (1 - x_1)^2$ 的最小值（迭代初值 $x_0 = (-1,3)$）。

编写函数文件：

```
function f = fun7_12(x);
f = 100 * (x(2) - x(1)^2)^2 + (1 - x(1))^2;
```

命令窗口下执行：

```
>> [x,z] = fminsearch(@fun7_12,[-1,3])
x =
    1.0000    1.0000
z =
    1.4253e-010
```

三、应用性问题

例 7 - 13（选址问题）某镇为推进新农村建设，准备引入两个环保项目：

① 筹建天然气输送中心，通过管道由输送中心直接向各村输送天然气（此处只考虑各管道相互独立情形，若管道不相互独立，可用图与网络方法）；② 筹建垃圾处理站，集中处理各村清扫的垃圾。

该镇有 9 个自然村，各村坐标如下(km)：(1.8,2.3)，(2.1,8.5)，(3.2,4.5)，(3.8,1.6)，(4.2,5.5)，(5.3,4.0)，(6.8,0.7)，(7.8,9)，(9.2,3)；各村平均每天产生的垃圾车数为 6,7,2,9,5,3,6,5,6。

求解以下问题：

(1) 对于天然气输送中心,如何选址使所需管道总长度最短?所需管道总长度为多少?

(2) 对于垃圾处理站,如何选址使得垃圾车运输总路程最短?垃圾车运输总路程为多少?

解:(1) 设各村坐标为$(x_i, y_i)(i=1,2,\cdots,9)$,天然气输送中心的坐标为$(x,y)$,则目标函数为

$$\min z = \sum_{i=1}^{9} \sqrt{(x-x_i)^2 + (y-y_i)^2}$$

编写函数文件:

```
function f = fun7_13a(x)
xi = [1.8 2.1 3.2 3.8 4.2 5.3 6.8 7.8 9.2];
yi = [2.3 8.5 4.5 1.6 5.5 4.0 0.7 9.0 3.0];
f = sum(sqrt((x(1)-xi).^2+(x(2)-yi).^2));
```

命令窗口下执行:

```
>>[x,z] = fminsearch(@fun7_13a,[5,3])
x =
    4.6846    4.1682
z =
    29.2493
```

计算结果表明:天然气输送中心应选址在(4.6846, 4.1682)处(图7-2),所需管道总长度为29.2493km。

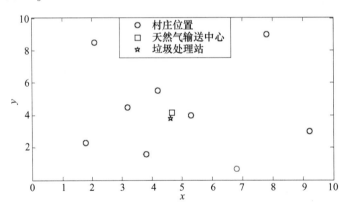

图7-2 选址问题坐标图

(2) 设各村坐标为$(x_i, y_i)(i=1,2,\cdots,9)$,垃圾处理站的坐标为$(x,y)$,$d_i(i=1,2,\cdots,9)$表示各村平均每天产生的垃圾车数,则目标函数为

$$\min z = \sum_{i=1}^{9} d_i \sqrt{(x-x_i)^2 + (y-y_i)^2}$$

编写函数文件:

```
function f = fun7_13b(x)
xi = [1.8 2.1 3.2 3.8 4.2 5.3 6.8 7.8 9.2];
```

```
yi =[2.3 8.5 4.5 1.6 5.5 4.0 0.7 9.0 3.0];
d =[6 7 2 9 5 3 6 5 6];
f = sum(d.*sqrt((x(1)-xi).^2+(x(2)-yi).^2));
```
命令窗口下执行：
```
>>[x,z]=fminsearch(@fun7_13b,[5,3])
x =
    4.6293    3.7825
z =
    172.7834
```
计算结果表明：垃圾处理站应选址在(4.6293,3.7825)处(图7-2)，垃圾车运输总路程为173km。

7.6 实验练习

1. 求解线性规划

$$\max \quad z = 2x_1 + 3x_2 + 4x_3$$

$$\text{s.t.} \begin{cases} x_1 - 2x_2 + 3x_3 \leq 3 \\ 2x_1 + 5x_2 - 3x_3 \leq 6 \\ -2x_1 + x_2 + x_3 \leq 7 \\ x_1, x_2, x_3 \geq 0 \end{cases}$$

2. 求解二次规划

$$\min f(x) = \frac{1}{2}x_1^2 + x_2^2 - x_1 x_2 - 2x_1 - 5x_2 + 7$$

$$\text{s.t.} \begin{cases} 2x_1 + 3x_2 \leq 8 \\ x_1 + 4x_2 \leq 7 \\ x_1, x_2 \geq 0 \end{cases}$$

3. 求解非线性规划(初始值(1,1))

$$\min f(x) = x_1^2 + 2x_2^2 - x_1 x_2 + 5x_1 + 4x_2 + 2$$

$$\text{s.t.} \begin{cases} -(x_1-1)^2 + x_2 \geq 0 \\ 2x_1 - 3x_2 + 8 \geq 0 \end{cases}$$

4. 求 $f(x,y) = 2x^3 + 2xy^3 - 8xy + 2y^2$ 的极小值。

5. 某医院规定：护士每连续工作5天后连续休息两天，轮流休息。根据统计，医院每天需要的护士人数见表7-3，问医院如何安排每天护士上班人数，使得需求护士的总人数最少？

表7-3

星期	一	二	三	四	五	六	日
需求人数	500	480	420	400	450	350	350

6. 某啤酒厂希望使用原料掺水的办法生产一种复合标准的低成本啤酒,其标准要求为:酒精含量为 3.1%;发酵前平均相对密度在 1.034 ~ 1.040 之间;颜色在 8 ~ 10EBC 单位之间;每升混合物中,蛇麻子的含量在 20 ~ 25mg 之间。对于不同原料的成分见表 7 – 4,试给出最优配方(成本最低)。

表 7 – 4

指标值	水	原料1	原料2	原料3	原料4
酒精含量/%	0	2.5	3.7	4.5	5.8
发酵前相对密度	1	1.030	1.043	1.050	1.064
颜色/EBC 单位	0	11	9	8	7
蛇麻子含量/(mg/L)	0	30	20	28	30
成本货币单位	0	44	50	64	90

第8章 随机模拟实验

8.1 实验目的

一、问题背景

在生活实际中,大量问题包含着随机性因素。有些问题很难用数学模型来表示,也有些问题虽建立了数学模型,但其中的随机性因素较难处理,很难得到解析解,这时使用计算机进行随机模拟是一种比较有效的方式。

随机模拟方法是一种应用随机数来进行模拟实验的方法,也称为蒙特卡罗(Monte Carlo)方法。这种方法名称来源于世界著名的赌城——摩纳哥的蒙特卡罗,由第二次世界大战时期美国物理学家 Metropolis 执行曼哈顿计划的过程中提出。随机模拟方法以概率统计理论为基础,通过对研究的问题或系统进行随机抽样,然后对样本值进行统计分析,进而得到所研究问题或系统的某些具体参数、统计量等。

随着计算机技术的迅猛发展,蒙特卡罗方法越来越受到人们的重视。目前,该方法已经广泛应用于物理、生物、数学、金融、经济等领域。

二、实验目的

(1) 理解蒙特卡罗方法原理,并利用计算机进行随机模拟。
(2) 能够使用蒙特卡罗方法解决一些应用性问题。

8.2 随机模拟

一、古典概率的计算

例 8-1 (生日问题)设某团体有 n 个人组成,试确定在一年中该团体至少有两个人相同的概率。

随机模拟实验算法设计:设置一个生日向量(维数为 1×365)表示一年 365 天中的任一天,向量分量的数值表示该天过生日的人数,在每次实验中,随机生成 1~365 的 n 个随机数分别表示 n 个人的生日,并改变相应生日向量分量的值。当生日向量中分量值 $\geqslant 2$ 时,表示实验成功,不断进行实验,并记录实验成功次数与实验总次数,然后计算成功概率。

MATLAB 实验程序如下:

```
function pp = exam8_1(m,n)
% 生日问题,m 表示实验总次数,n 表示团体人数,pp 表示成功概率
```

```
p = 0;
for t = 1:m
    a = zeros(1,365);% a 表示一年的 365 天
    b = ceil(rand(1,n)*365);% b 表示随机生成 n 个生日的具体日期
    k = 1;
    con = 1;
    while k < = n&con = = 1
        u = b(k);
        a(u) = a(u) +1;
        if a(u) > = 2
            con = 0;% 表示找到有两人生日为同一天
        end
        k = k +1;
    end
    if con = = 0
        p = p +1;
    end
end
pp = p/m;
```

理论分析:设 Ω = "n 个人的生日",则 Ω 中有 365^n 种可能情况;A = "n 个人中,至少有两个人的生日相同",B = "n 个人的生日互不相同",则 A 与 B 互逆,又 B 中具有 P_{365}^n 种情形,故 $P(B) = \dfrac{P_{365}^n}{365^n}$,从而 $P(A) = 1 - P(B) = 1 - \dfrac{P_{365}^n}{365^n}$。

选取 $n = 30$,可以得到理论分析结为 0.7063;若执行实验程序 exam8_1(100000,30) 5 次,可分别得实验结果 0.7080、0.7061、0.7045、0.7069、0.7078,实验结果与理论分析结果趋于一致。表 8 - 1 给出了九组不同团体人数随机实验模拟($m = 100000$)与理论分析计算结果。

表 8 - 1

人数 n	15	20	25	30	35	40	50	60	80
实验	0.2532	0.4126	0.5679	0.7068	0.8140	0.8913	0.9702	0.9940	0.9999
理论	0.2529	0.4114	0.5687	0.7063	0.8144	0.8912	0.9704	0.9941	0.9999

例 8 - 2 (巴拿赫火柴问题)某人有两盒火柴,每盒有 n 根,每次使用时,任取一盒然后取一根,问他发现一盒空时,另一盒恰有 r 根的概率。

随机模拟实验设计:设置两个变量表示两个火柴盒的数目,每次随机的选取一盒,以变量数值减少 1 作为该盒火柴被取走一根,变量值为 - 1 作为发现盒空,并结束该次实验,若另一盒的变量值为 k,表示另一盒还剩 k 根,认为是实验成功,不断进行实验,并记录实验成功次数与总实验次数,然后计算成功概率。

MATLAB 实验程序如下:
```
function pp = exam8_2(m,n,k)
```

```
% 巴拿赫火柴问题,m 表示实验总次数,n 表示最初每盒数
% k 表示一盒空时另一盒火柴数,pp 表示成功概率
t = 0;
p = 0;
while t < m
    a = n;
    b = n;
    con = 1;
    while con = = 1
        ra = rand;
        if ra < 0.5
            a = a - 1;
            if a = = -1
                con = 0;
                t = t + 1;
            end
        else
            b = b - 1;
            if b = = -1
                con = 0;
                t = t + 1;
            end
        end
        if ( a = = -1&b = = k ) |( b = = -1&a = = k )
            p = p + 1;
        end
    end
end
pp = p/m;
```

理论分析:将两盒火柴分别记为 A、B 盒,两盒火柴有一盒用完时,有两种情形,A 盒空或者 B 盒空;对于第 $2n-r+1$ 次取到 A 盒的概率为 $\frac{1}{2}$;若他发现 A 盒被取空,B 盒恰有 r 根,也就是前面已经进行了 $2n-r$ 次,其中有 n 次取得 A 盒,根据伯努利原理,其对应概率为 $C_{2n-r}^{n}\left(\frac{1}{2}\right)^{n}\left(\frac{1}{2}\right)^{n-r}$。综上情况知所求问题的概率为 $C_2^1 C_{2n-r}^{n}\left(\frac{1}{2}\right)^{n}\left(\frac{1}{2}\right)^{n-r}\frac{1}{2}$,即 $C_{2n-r}^{n}\left(\frac{1}{2}\right)^{2n-r}$。

选取 $n=10, r=5$,计算可以得到理论分析结果 0.0916;若随机执行实验程序 exam8_2 (1000000,10,5) 5 次,可分别得实验结果 0.0910、0.0915、0.0919、0.0918、0.0915,仿真实验结果与理论分析结果趋于一致。

例 8 - 3 (抓阄问题)某单位有 n 个职工,现有一公司赠送该单位 $a(a<n)$ 份礼品,采用抓阄的办法进行礼品分配:箱子中装有 n 个纸条球,其中有 a 个做了红色标记,每人

摸取一个纸条球(无放回),取得红色标记的纸条球发放礼品一份。问第 $r(1 \leq r \leq n)$ 个人获得礼品的概率为多大?

随机模拟实验算法设计:设置一个抓阄向量(维数为 $1 \times n$),向量分量的数值表示该纸条是否获得礼品,在每次实验中,使用随机数的办法分配 k 份奖品出现的位置,并改变相应抓阄向量分量的值,当抓阄向量中分量值等于 1 时,表示实验成功,不断进行实验,并记录实验成功次数与实验总次数,然后计算成功概率。

MATLAB 实验程序如下:

```
function pp = exam8_3(m,n,k)
% 抓阄问题,m 表示实验总次数,n 表示单位人数,k 表示礼品数
% pp 表示成功概率向量,第 r 个分量为第 r 个人取得礼品的概率
p = zeros(1,n);
for t = 1:m
    a = zeros(1,n);
    b = ceil(rand(1,k)*n);
    s = 1;
    while s < = k
        u = b(k);
        if a(u) = = 0
            a(u) = 1;
        else
            con = 1;% 位置被占据时特殊处理
            while con = = 1
                u = ceil(rand(1,1)*n);
                if a(u) = = 0
                    a(u) = 1;
                    con = 0;
                end
            end
        end
        s = s + 1;
    end
    for i = 1:n
        if a(i) = = 1
            p(i) = p(i) + 1;
        end
    end
end
pp = p/m;
```

命令窗口下执行:

```
> > exam8_3(100000,10,3)
ans =
    0.2999    0.2991    0.2989    0.3025    0.2987    0.3004    0.3018    0.2971    0.3014
```

0.3002

理论分析:把 n 个纸条认为相互可识别的,将 n 个纸条摆放在 n 个位置上,共有 $n!$ 种方法;$A=$ "第 r 个人获得礼品",若将第 r 个位置摆放做红色标记纸条,共有 a 种方法,其余纸条摆放在剩余 $n-1$ 个位置上,共有 $(n-1)!$ 种方法,从而 $P(A)=\dfrac{a(n-1)!}{n!}=\dfrac{a}{n}$。

当 $n=10,a=3$ 时 $P(A)=\dfrac{3}{10}$,通过命令执行结果可以看出,随机模拟结果与理论分析结果相吻合。

例 8-4 (赌资分配问题)甲、乙两个赌徒水平相当,某日两人共下了 a 元赌资,按照一定规则赌了起来,规定 n 局 k 胜制($k=(n+1)/2$)。已经进行了 $r+t$ 局($r<k,t<k$),其中甲胜 r 局,乙胜 t 局,赌博因故中止,问甲乙如何分配 a 元赌资?

赌资分配方法:赌徒分得的赌资比例等于甲乙量赌徒获胜概率(假若赌博未中止,两赌徒继续赌下去,直到其中一人获胜)。

随机模拟实验设计:设置两个变量表示甲乙两个赌徒的获胜的局数,每次产生一个随机数,其数值大小用以控制该局甲胜或者乙胜,并将记录甲或乙的获胜局数变量值增加 1,变量值为 k 作为相对应的赌徒获胜,并结束该次实验。不断进行实验,在此过程中,记录甲、乙获胜次数与总实验次数,然后计算甲、乙获胜的概率及相应的赌资分配。

MATLAB 实验程序如下:

```
function ss = exam8_4(m,a,p,n,r,t)
% 赌资分配问题,m 表示实验总次数,a 表示赌资,p 表示单局比赛甲获胜概率
% n 表示每次实验最多进行局数,r、t 分别表示赌博中止前甲乙获胜局数
% ss 表示赌资分配向量,其两个分量分别表示甲乙获得的赌资
k = (n + 1)/2;
s1 = 0;% 记录甲获胜次数
s2 = 0;% 记录乙获胜次数
for i = 1:m
    u = r;
    v = t;
    con = 1;
    while con = = 1
        w = rand;
        if w < = p
            u = u + 1;
            if u = = k
                s1 = s1 + 1;
                con = 0;
            end
        else
            v = v + 1;
            if v = = k
                s2 = s2 + 1;
                con = 0;
```

```
                end
            end
        end
end
ss = a * [s1,s2]/m;
```

命令窗口下执行：

```
>> exam8_4(1000000,10000,0.5,7,2,1)
ans =
       6872        3128
```

理论分析：由于实行 n 局 k 胜制，则甲获胜，比赛最少需要 $k-r$ 局，最多需要 $n-(s+t)$ 局；设比赛进行了 w 局以甲获胜结束，则在前面 $w-1$ 局中甲有 $k-r-1$ 局获胜，第 w 局甲获胜，从而甲获胜概率 $P = \sum_{w=k-r}^{n-(s+t)} C_{w-1}^{k-r-1} p^{k-r-1} q^{(w-1)-(k-r-1)} p = \sum_{w=k-r}^{n-(s+t)} C_{w-1}^{k-r-1} p^{k-r} q^{w-(k-r)}$。

当 $p=0.5$、$a=10000$、$n=7$、$r=2$、$t=1$ 时 $P(A)=0.6875$，通过命令执行结果可以看出，随机模拟结果与理论分析结果相吻合。

二、几何概率的计算

例 8-5 （会面问题）两人约定于 0 到 T 时在某地相见，先到者等 $t(t \leq T)$ 时离去，试求两人能够相见的概率。

随机模拟实验设计：在 $[0,T] \times [0,T]$ 区域内随机产生数据点 $(x_i, y_i)(i=1,2,\cdots,m)$，当 $|x_i - y_i| \leq t$ 时表示两人能够会面，并记为实验成功，设 m 次实验中成功次数为 k，则所求的概率为 k/m。

MATLAB 实验程序如下：

```
function p = exam8_5(m,t,T)
% 会面问题,m表示实验总次数,t表示等待时间,T表示时段,p表示成功概率
x = rand(m,2) * T;
k = 0;
for i = 1:m
    if abs(x(i,1) - x(i,2)) <= t
        k = k + 1;
    end
end
p = k/m;
```

命令窗口下执行：

```
>> exam8_5(1000000,15,60)
ans =
    0.4374
```

理论分析：设 x,y 分别表示两人到达会面地点的时刻，Ω 为样本空间，则 $\Omega = \{(x,y) | 0 \leq x, y \leq T\}$；令 $A=$ "两人能够会面"，则 $A = \{(x,y) | 0 \leq x, y \leq T \text{ 且 } |x-y| \leq t\}$（图 8-1），从而

$$P(A) = \frac{\text{区域 } A \text{ 的面积}}{\text{区域 } \Omega \text{ 的面积}}$$

$$= \frac{T^2 - (T-t)^2}{T^2} = 1 - \left(1 - \frac{t}{T}\right)^2$$

取 $T=60, t=15$,则 $P(A) = \frac{7}{16} = 0.4375$,与实验执行结果对比可知,随机模拟结果逼近于 0.4375。

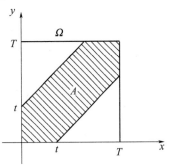

图 8-1 会面问题

例 8-6 (圆周率的计算)使用随机模拟方法,计算圆周率 π 的值。

1) 方法 1 (蒲丰投针方法)

理论分析:在平面上画出等距离为 d 的平行线,向平面上投长度为 $l(l<d)$ 的针,设 x 为针的中点与最近一条平行线的距离,α 表示针与平行线的夹角(图 8-2),则针与平行线相交的充要条件是 $x \leq \frac{l}{2} \sin\alpha$,令 $\Omega = \{(x,\alpha) | 0 \leq x \leq \frac{d}{2}, 0 \leq \alpha \leq \pi\}$,$A$ = "针与平行线相交",则 $A = \{(x,\alpha) | x \leq \frac{l}{2} \sin\alpha\}$,从而 $P(A) = \frac{A \text{ 的面积}}{\Omega \text{ 的面积}} = \frac{\int_0^\pi \frac{l}{2}\sin\alpha \, d\alpha}{\frac{d}{2}\pi} = \frac{2l}{\pi d}$。

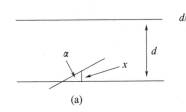
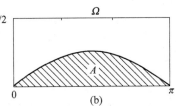

图 8-2 蒲丰投针方法
(a) 示意图;(b) 关系图。

随机模拟实验设计:设定针的长度 l 与平行线间的距离 d,产生随机数 $(x_i, \alpha_i)(i=1,2,\cdots,m)$,其中 $0 \leq x_i \leq \frac{d}{2}, 0 \leq \alpha_i \leq \pi$,在每次实验中若 $x_i \leq \frac{l}{2}\sin\alpha_i$,记为实验成功,统计实验成功次数 k 与实验总次数 m,则 $\pi \approx \frac{2lm}{kd}$。

MATLAB 实验程序如下:

```
function pai = exam8_6a(m,l,d)
% 圆周率的随机模拟----投针方法
% m 表示实验总次数,l 表示投针长度,d 表示平行线距离,pai 表示圆周率近似值
x = rand(m,2);
k = 0;
for i = 1:m
```

```
        a = x(i,1) * d/2;
        b = x(i,2) * pi;
        if a < = l/2 * sin(b)
            k = k + 1;
        end
    end
pai = 2 * l * m/(k * d);
```
命令窗口下执行：
```
>> exam8_6a(1000000,1,4)
ans =
    3.1362
```

2）方法2（单位圆方法）

随机模拟实验设计：产生随机数$(x_i, y_i)(i=1,2,\cdots,m)$，其中$0 \leq x_i \leq 1, 0 \leq y_i \leq 1$（图8-3中正方形，记为$\Omega$），当$\sqrt{x_i^2+y_i^2} \leq 1$时表示落入单位圆的第一象限部分（图8-3中扇形，记为A），此时记为实验成功，统计实验成功次数k与实验总次数m，则$\pi \approx \dfrac{4k}{m}$。

MATLAB 实验程序如下：
```
function pai = exam8_6b(m)
% 圆周率的随机模拟-----单位圆方法
% m 表示实验总次数，pai 表示圆周率近似值
x = rand(m,2);
k = 0;
for i = 1:m
    a = x(i,1);
    b = x(i,2);
    if a^2 + b^2 < = 1
        k = k + 1;
    end
end
pai = 4 * k/m;
```
命令窗口下执行：
```
>> exam8_6b(1000000)
ans =
    3.1431
```

例8-7 （$\sqrt{2}$的计算）使用蒙特卡罗方法计算$\sqrt{2}$的值。

随机模拟实验设计：产生随机数$(x_i, y_i)(i=1,2,\cdots,m)$，其中$0 \leq x_i \leq 1, 0 \leq y_i \leq 1$（图8-4中正方形，记为$\Omega$），当$x_i^2 \leq y_i \leq 1-x_i^2$时表示点落入阴影部分（图8-4），此时记为实验成功，统计实验成功次数k与实验总次数m，则$\sqrt{2} \approx \dfrac{3k}{m}$。

MATLAB 实验程序如下：
```
function z = exam8_7(m)
```

```
% sqrt(2)的计算,m表示实验总次数,z表示sqrt(2)近似值
x = rand(m,2);
k = 0;
for i = 1:m
    a = x(i,1);
    b = x(i,2);
    if a^2 < = b&1 - a^2 > = b
        k = k + 1;
    end
end
z = 3 * k/m;
```
命令窗口下执行:
```
>> exam8_7(1000000)
ans =
    1.4128
```

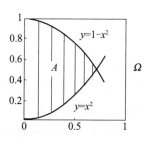

图 8-3 单位圆方法　　　　　　图 8-4 例 8-7 图形

三、数学期望的计算

例 8-8 (矿工脱险问题)一个矿工在有三个门的矿井中迷了路,第一个门通到一坑道走 3h 可使他到达安全地点,第二个门通向使他走 5h 又回到原地点的坑道,第三个门通向使他走 7h 又回到原地点的坑道。如果他在任何时刻都等可能的选中其中一个门,问他到达安全地点平均需要花多少时间?

随机模拟实验设计:设置一个变量表示该矿工走到安全地点所花时间,以随机取数的方式表示该矿工选择的坑道,若选择坑道能够到达安全地点,结束该次实验,并记录变量数值;若回到出发点,记录变量数值,再进行随机取数选择坑道,重复以上过程,直到该矿工到达安全地点结束该次实验。不断重复实验,在此过程中记录所走过总时间和与总实验次数,最后计算出平均花费时间。

MATLAB 实验程序如下:
```
function ss = exam8_8(m)
% 矿工脱险问题,m表示实验总次数,ss表示平均花费时间
y = 0;
for i = 1:m
    con = 1;
```

```
        ss = 0;
        while con = =1
            ra = rand;
            if ra <1/3
                ss = ss +3;
                con = 0;
            elseif ra <2/3
                ss = ss +5;
            else
                ss = ss +7;
            end
        end
        y = y + ss;
    end
    ss = y/m;
```

命令窗口下执行:

```
> > exam8_8(1000000)
ans =
    15.0153
```

计算结果表明,该矿工到达安全地点平均需要15h。

例 8 – 9 (赌徒输光问题)一赌徒携带 a 元赌资进入赌场参与某款胜负赌游戏,该款游戏规定下注 b 元,胜者获得 $2b$ 元(获利 b 元),若该赌徒每局获胜概率为 $p(0<p<0.5)$,问该赌徒平均能够参与多少局游戏?

随机模拟实验设计:设置一个变量表示该赌徒的全部赌资,以随机取数的方式表示该赌徒的每局胜负,若获胜则赌资加 b,若失败则赌资减 b,若赌资小于 b 时表示赌徒输光(当 a 为 b 的整数倍时,赌资为 0 时表示赌徒输光),结束该次实验,并记录该次试验中赌徒参与的局数。不断进行实验,记录获胜总局数与总实验次数,得出赌徒平均参与局数。

MATLAB 实验程序如下:

```
function ss = exam8_9(m,p,a,b)
% 赌徒输光问题,m 表示实验总次数
% a 表示赌徒赌资,b 表示每局赌注,p 表示赌徒每局获胜概率,ss 表示平均参与局数
ss = 0;
for i =1:m
    sa = a;
    k = 0;
    while sa > = b
        ra = rand;
        if ra < p
            sa = sa + b;
        else
            sa = sa - b;
        end
```

```
        k = k + 1;
    end
    ss = ss + k;
end
ss = ss/m;
```
命令窗口下执行：
```
>> exam8_9(100000,0.3,1000,100)
ans =
    24.9830
```

当 $a=1000, b=100, p=0.3$ 时，从程序结果可以看出该赌徒平均能够参与 25 局游戏。

四、分布类型的验证

例 8-10 （高尔顿钉板问题）高尔顿(Galton)钉板实验是由英国生物统计学家高尔顿设计的。在一板上有 n 排钉子，从上到下每排分别有 k 个钉子($k=1,2,\cdots,n$)，它们间的距离均相等，上一层的每一颗的水平位置恰好位于下一层的两颗正中间(图 8-5, $n=10$，圆圈处表示钉子)。在钉子的下方分别有 $n+1$ 个格子，编号分别为 $1,2,\cdots,n$。在钉子的上方放一小球任其下落，从左边或右边落下的机会相等，碰到下一排钉子时又是如此，最后落入底板中的某一格子中(图 8-5, 折线表示某小球下落轨迹)。分别重复实验多次，判别小球落入底板格子的频率是否逼近于二项分布的各点的概率？

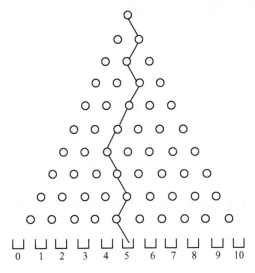

图 8-5 高尔顿钉板($n=10$)

随机模拟实验设计：设置一个格子向量，其分量数值表示底板上各个格子中小球的数目。每次实验时，当小球滚落向下一排时，通过随机取数的方法控制下落方向(随机数小于 0.5 向左，否则向右)，当小球从最后一排落下时，落入相应格子的球数增加一个。不断进行实验，记录各个格子中的球数，最后计算各格子中落入球的频率与二项分布的分布律。

MATLAB 实验程序如下:

```
function [p_box,p_bino] = exam8_10(n,m,p)
% 高尔顿钉板问题,n 表示钉子的排数,m 表示实验总次数,p 表示向左落下的概率,
% p_box 随机模拟底板各格子落入频率,p_bino 二项分布各格子落入小球概率。
box = zeros(1,n+1);% 初始格子中球的数目
for i = 1:m
    aa = n/2;% 最初小球的位置(平行底板方向)
    for j = 1:n
        rr = rand;
        if rr < p
            aa = aa - 0.5;
        else
            aa = aa + 0.5;
        end
    end
    k = round(aa) + 1;
    box(k) = box(k) + 1;
end
p_box = box/m;
p_bino = zeros(1,n+1);
for i = 0:n
    p_bino(i+1) = binopdf(i,n,1-p);
end
```

命令窗口下执行:

```
>> [p1,p2] = exam8_10(10,1000000,0.5)
p1 =
    0.0009  0.0099  0.0438  0.1168  0.2066  0.2452  0.2050  0.1173  0.0437  0.0097  0.0009
p2 =
    0.0010  0.0098  0.0439  0.1172  0.2051  0.2461  0.2051  0.1172  0.0439  0.0098  0.0010
```

取 $n=10, m=1000000, p=0.5$,从程序结果可看出小球落入底板格子的频率逼近于二项分布中对应各点的概率。

例 8-11 (中心极限定理验证)将一枚硬币抛 79 次,问出现正面在 31~49 次之间的概率。

随机模拟实验设计:设置一个变量记录正面出现次数,每次实验抛 79 次,当变量值介于 31 与 49 之间时,表示实验成功,不断进行实验,并记录实验成功次数与实验总次数,然后计算成功概率。

MATLAB 实验程序如下:

```
function pp = exam8_11(m,n,a,b)
% 中心极限定理验证/硬币正面出现次数,m 表示实验总次数
% n 表示每次实验中抛硬币次数,a 表示下界值,b 表示上界值,pp 表示发生概率
```

```
ss = 0;
for i = 1:m
    k = 0;
    for j = 1:n
        rr = rand;
        if rr < 1/2
            k = k + 1;
        end
    end
    if a < = k&k < = b
        ss = ss + 1;
    end
end
pp = ss/m;
```
命令窗口下执行:
```
>> exam8_11(100000,79,31,49)
ans =
    0.9667
```
理论分析:设 X = "正面出现次数",由中心极限定理

$$P\{31 \leq X \leq 49\} \approx \Phi\left(\frac{49 - 79 \times \frac{1}{2}}{\sqrt{79 \times \frac{1}{2} \times \frac{1}{2}}}\right) - \Phi\left(\frac{31 - 79 \times \frac{1}{2}}{\sqrt{79 \times \frac{1}{2} \times \frac{1}{2}}}\right)$$

$$= \Phi(2.1377) - \Phi(-1.9126) \approx 0.9558$$

通过数值比较可知:随机模拟结果与理论分析结果相吻合。

8.3 应用性实验

一、报童的策略

例 8-12 报童每天清晨从报社购进报纸零售,晚上将没有卖掉的报纸退回。每份报纸的购进价为 b 元,零售价为 a 元,退回价为 c 元,满足 $a > b > c$。报童卖出报纸的份数服从 $N(\mu, \sigma^2)$ 的正态分布。对以下三种情形,试问报童每天应购进报纸多少份可以使得收益最大?

(1) $a = 0.5, b = 0.3, c = 0.15, \mu = 100, \sigma = 20$;

(2) $a = 0.8, b = 0.45, c = 0.2, \mu = 100, \sigma = 20$;

(3) $a = 1.0, b = 0.55, c = 0.21, \mu = 200, \sigma = 30$。

随机模拟实验设计:根据报童卖出报纸份数的分布类型生成随机向量,向量中的分量表示报童每天卖报份数(即需求量),取不同数值表示报童每天购进份数(数值大小介于 $\mu - 3\sigma$ 与 $\mu + 3\sigma$ 之间),根据已经生成随机向量,计算出平均收益,通过比较,找出最优数值。

MATLAB 实验程序如下：

```
function [number,val] = exam8_12(a,b,c,mu,sigma,n)
% 报童问题,a 售出价格,b 进购价格,c 退回价格
% mu、sigma 分别表示正态分布的期望与根方差,n 表示生成随机向量维数
% number 为最优值,val 为平均收益
v1 = round(normrnd(mu,sigma,[1,n]));
v2 = (mu - 3 * sigma):(mu + 3 * sigma);
m = length(v2);
v3 = zeros(1,m);
for i = 1:m
    x = v2(i);
    ss = 0;
    for j = 1:n
        y = v1(j);
        if x < = y
            ss = ss + (a - b) * x;
        else
            ss = ss + y * (a - b) - (x - y) * (b - c);
        end
    end
    v3(i) = ss;
end
v3 = v3 /n;
test = v3(1);
tt = 1;
for i = 2:m
    if test < v3(i)
        test = v3(i);
        tt = i;
    end
end
number = v2(tt);
val = test;
```

命令窗口下执行：

```
>> [x1,x2] = exam8_12(0.5,0.3,0.15,100,20,100000)
x1 =
    104
x2 =
    17.2464
>> [y1,y2] = exam8_12(0.8,0.45,0.25,100,20,100000)
y1 =
    107
y2 =
```

```
    30.8852
>>[z1,z2]=exam8_12(1.0,0.55,0.21,200,30,100000)
z1 =
    205
z2 =
    80.6461
```

上述计算结果表明:对于第一种情况,报童最优进购 104 份,平均获益 17.2 元;对于第二种情况,报童最优进购 107 份,平均获益 30.9 元;第三种情况,报童最优进购 205 份,平均获益 80.6 元。

二、排队服务系统

例 8-13 某电信营业厅有一个服务员,顾客陆续到来,服务员逐个地接待顾客。当到来的顾客不止一个时,一部分顾客需排队等候,被接待后的顾客便离开营业厅。设:①顾客到来间隔时间 λ 服从参数为 0.1 的指数分布;②对顾客服务时间 η 服从 $[5,12]$ 上的均匀分布;③排队按照先到先服务规则,队长无限制。假定时间以分钟为单位,服务员的工作时间为 8h。试求该服务员每日平均完成服务的次数及每日顾客的平均等待时间。

随机模拟实验设计:设置向量 a、b、c(a、b、c 中第 i 个分量分别用于记录第 i 个顾客到达时刻、开始服务时刻、服务结束时刻),对每个顾客使用指数分布随机数的方法表示到达时刻与均匀分布随机数的方法表示服务时间,顾客按照到先到先接受服务的方式排队接受服务,实验过程中不断改变相对应向量 a、b、c 分量的值,并记录已服务人数与等待时间,当某个顾客开始服务时间超过 480min 时,结束实验(表示当日服务结束)。重复实验有限次,记录总服务人数与总等待时间,最后计算每日服务人数与平均等待时间。

MATLAB 实验程序如下:

```
function [k,w] = exam8_13(n)
% 单队服务系统,k 表示平均每日人数,w 表示平均等待时间,n 表示模拟天数
w = 0;
k = 0;
for j = 1:n
    a = zeros(1,100);b = zeros(1,100);c = zeros(1,100);
    rr = exprnd(10);
    a(1) = rr;
    b(1) = rr;
    i = 1;
    while b(i) <= 480
        tt = unifrnd(5,12);
        c(i) = b(i) + tt;
        w = w + b(i) - a(i);
        i = i + 1;
        k = k + 1;
        rr = exprnd(10);
        a(i) = a(i-1) + rr;
```

```
            b(i) = max(a(i),c(i-1));
        end
    end
w = w/k;
k = k/n;
```
命令窗口下执行:
```
>> [k,w] = exam8_13(1000)
k =
    45.8680
w =
    16.6225
```
上述计算结果表明:该服务员平均每日服务 46 人,顾客平均等待时间为 17min。

8.4 实验练习

1. n 个人参加圆桌会议,求甲乙相邻的概率(使用随机模拟方法计算并与理论解相对比)。

2. 某箱中有 28 个红球与 49 个黑球,从中任取 5 球,问取得 2 红 3 黑的概率为多大?(使用随机模拟方法计算并与理论解相对比)

3. 袋中有 a 个红球与 b 个黑球,甲乙两人轮流在口袋中摸球,每次摸得一球且不放回,对以下情形计算甲先取得红球的概率:
(1) $a=10, b=10$;
(2) $a=6, b=8$。

4. 使用随机模拟方法计算圆周率 π 的值。

5. 使用随机模拟方法计算 $\sqrt{3}$ 的值。

6. 对高尔顿钉板问题,设计几种不同的方法,在不同盒子中装入不同奖品分别使得返奖率为 50%、60%、80%,并使用随机模拟的方法进行实验验证。

7. 假如某保险公司有 100000 个人同阶层参加某种人寿保险,每人每年付 100 元保险费,一年内一个人死亡的概率为 0.005,死亡时其家属可以向保险公司领取 1 万元。试问:保险公司亏本的概率有多大?保险公司每年利润大于 50 万元的概率为多大?

8. 某超市通过进购协议每天清晨从某农业公司进购某种青菜零售,下午 5 点将没有卖掉的该青菜低价处理。每斤青菜的购进价为 2.2 元/斤,零售价为 3.5 元/斤,处理价为 1.2 元/斤。若每天卖出青菜斤数服从 $N(320,28^2)$ 的正态分布,试问超市每天应购进多少斤该青菜可以使得收益最大?

9. 某品牌手机客服中心有一服务员,顾客陆续到来,服务员逐个地接待顾客。当到来的顾客不止一个时,一部分顾客需排队等候,被接待后的顾客便离开营业厅。设:①顾客到来间隔时间 λ 服从参数为 0.05 的指数分布;②对顾客服务时间 η 服从 $[5,30]$ 上的均匀分布;③排队按照先到先服务规则,队长无限制。假定时间以分钟为单位,服务员的工作时间为 8h。试求该服务员每日平均完成服务的次数及每日顾客的平均等待时间。

第9章 插值与拟合实验

9.1 实验目的

一、问题背景

在工程技术与科学研究中,常遇到考察两个变量间的相互关系问题。两个变量间的关系可以通过函数表示,若 x 为自变量,y 为因变量,则函数关系可描述为 $y=f(x)$。大多数问题中,函数关系式 $y=f(x)$ 未知,人们通常采用逼近的方法处理:取得一组数据点 $(x_i, y_i)(i=0,1,2,\cdots,n)$,数据点可由不同方式取得(例如,可根据工程设计要求得到,也可通过采样或实验取得),然后构造一个简单函数 $P(x)$ 作为函数 $y=f(x)$ 的近似表达式,即

$$y = f(x) \approx P(x) \tag{9.1}$$

对式(9.1),若满足

$$P(x_i) = f(x_i) = y_i, i = 0,1,2,\cdots,n \tag{9.2}$$

这类问题称为插值问题。

式(9.2)要求所求的函数曲线通过已知的数据点,若不要求 $P(x)$ 通过所有数据点 $(x_i, y_i)(i=0,1,2,\cdots,n)$,而是要求曲线在某种准则下整体与所给的数据点尽量接近,例如 $\min \sum_{i=0}^{n} [P(x_i) - y_i]^2$,而得到 $P(x)$,此类问题称为拟合问题。

二、实验目的

(1) 理解插值原理,会使用 MATLAB 进行数据插值。
(2) 理解拟合原理,会使用 MATLAB 进行数据拟合。
(3) 能够使用 MATLAB 解决一些关于数据差值与拟合的应用问题。

9.2 数据插值

一、一维插值

1. interp1 函数

在 MATLAB 软件中,函数 interp1 用来实现一维插值,调用格式:

yi = interp1(x,y,xi,'method'):x、y 分别表示给定数据点的横坐标与纵坐标向量,xi 为待插值点横坐标向量,yi 为待插值点纵坐标向量(由插值方法得到的插值结果),method 为字符串变量,用来设置插值方法。

MATLAB 提供了以下几种插值方法:nearest 表示最近邻点插值;linear 表示线性插值

(method 选项缺省时,系统默认方式);spline 表示三次样条函数插值;cubic 表示三次函数插值(立方插值)。

例9-1 某城市一天从 0 时到 24 时,每隔 2h 测得温度如下(℃):22,21,19,18,20,24,27,32,31,28,26,23,22。使用三次样条插值方法绘制此城市该日的温度变化曲线,并估测午时三刻(12:45)时的温度值。

使用 MATLAB 求解如下:

```
>> x = 0:2:24;
>> y = [22,21,19,18,20,24,27,32,31,28,26,23,22];
>> xi = 0:0.1:24;
>> yi = interp1(x,y,xi,'spline');
>> plot(xi,yi,'k',x,y,'o');
>> axis tight
>> x0 = 12.75;
>> y0 = interp1(x,y,x0,'spline')
y0 =
    29.0157
```

通过计算,午时三刻的温度值约为 29℃,该日温度变化曲线图见图 9-1。

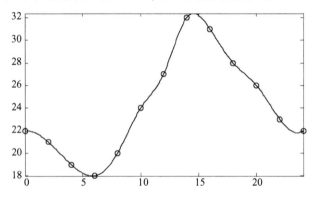

图 9-1 温度变化曲线图

2. interpft 函数

当采用的数据点呈现周期分布时,使用 interp1 函数进行一维插值,效果不是很好,此时可以使用 interpft 函数进行插值运算。interpft 函数采用快速傅里叶算法进行一维插值,调用格式:

y = interpft(x,n):表示对 x 进行傅里叶变换,然后采用 n 点傅里叶逆变换回到时域。如果 x 是一个向量,数据 x 的长度为 m,采用间隔为 dx,则数据 y 的采样间隔为 $\frac{m}{n}dx$(其中 $n>m$)。

例9-2 使用 interpft 函数对 $\sin x$ 插值($0 \leqslant x \leqslant 4\pi$)

解:命令窗口下执行:

```
>> x = 0:4*pi;
>> y = sin(x);
>> yi = interpft(y,40);
```

```
>> xi = linspace(0,4*pi,40);
>> plot(x,y,'-o',xi,yi,':.')
>> axis([0,4*pi,-1.1,1.1])
```
得到的效果图形见图 9-2。

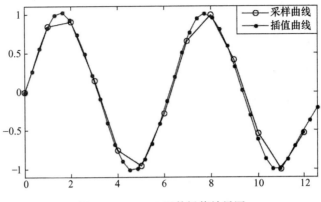

图 9-2　interpft 函数插值效果图

二、二维插值

1. interp2 函数

interp2 函数用以处理插值基点为网格节点的插值问题,使用格式:

zi = interp2(x,y,z,xi,yi,'method'):x、y 分别表示给定数据点的横坐标与纵坐标向量(x、y 分量数值单调),z 表示给定数据点的数值矩阵,xi 为待插值点横坐标向量,yi 为待插值点纵坐标向量,zi 为根据插值方法得到的插值结果,method 为字符串变量,用来设置插值方法;

Zi = interp2(X,Y,Z,Xi,Yi,'method'):X、Y、Z 为大小相同矩阵,X、Y 表示网格点,Z 表示给定数据点的数值矩阵,Xi、Yi 为插值网格点,Zi 为根据插值方法得到的插值结果,method 为字符串变量,用来设置插值方法。

对于插值方法,interp2 函数与 interp1 函数的标识类似:nearest 表示最近邻点插值;linear 表示双线性插值(method 选项缺省时,系统默认方式);spline 表示三次样条函数插值;cubic 表示双立方插值。

例 9-3　测得平板表面 5×3 网格点处的温度分别为

82	81	80	82	84
79	63	61	65	81
84	84	82	85	86

作出平板表面温度分布曲面。

解:方法 1:
```
>> x = 1:5;
>> y = 1:3;
>> z = [82 81 80 82 84;79 63 61 65 81;84 84 82 85 86];
>> xi = 1:0.2:5;
```

```
>>mesh(x,y,z);% 图9-3(a)
>>xi=1:0.2:5;
>>yi=1:0.2:3;
>>zi=interp2(x,y,z,xi',yi,'cubic');
>>mesh(xi,yi,zi) % 图9-3(b)
```

方法2：
```
>>Z=[82 81 80 82 84;79 63 61 65 81;84 84 82 85 86];
>>[X,Y]=meshgrid(1:5,1:3);
>>mesh(X,Y,Z);% 图9-3(a)
>>[Xi,Yi]=meshgrid(1:0.2:5,1:0.2:3);
>>Zi=interp2(X,Y,Z,Xi,Yi,'cubic');
>>mesh(Xi,Yi,Zi);% 图9-3(b)
```

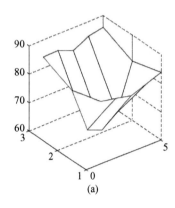 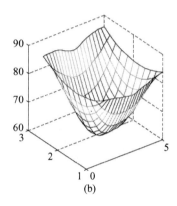

图9-3 平板表面温度分布曲面图
(a) 插值前；(b) 插值后。

2. griddata 函数

griddata 函数用以处理插值基点为散乱节点的插值问题，使用格式：

zi = griddata(x,y,z,xi,yi,'method')：指令中的变量含义与 interp2 相同，但不要求 x、y 分量数值单调，所用插值方法也有所不同，主要有：nearest(最近邻点插值)；linear(双线性插值)；v4(MATLAB 中所提供的插值方法)；cubic(双立方插值)。

例9-4 某海域测得一些点(x,y)处的水深$z(m)$由表9-1给出，在矩形区域$(75, 200) \times (-90, 150)$内画出海底曲面图形，并标识出吃水线分别为4m、5m的船只禁入区。

表9-1

x	129	140	103.5	88	185.5	195	105
y	7.5	141.5	23	147	22.5	137.5	85.5
z	4	8	6	8	6	8	8
x	157.5	107.5	77	81	162	162	117.5
y	-6.5	-81	3	56.5	-66.5	84	-33.5
z	9	9	8	8	9	4	9

解：命令窗口下执行：

```
>> x = [129,140,103.5,88,185.5,195,105,157.5,107.5,77,81,162,162,117.5];
>> y = [7.5,141.5,23,147,22.5,137.5,85.5, -6.5, -81,3,56.5, -66.5,84, -33.5];
>> z = -[4  8 6 8 6 8 8  9 9 8 8 9 4 9];
>> [Xi,Yi] = meshgrid(75:0.5:200, -90:0.5:150);
>> Zi = griddata(x,y,z,Xi,Yi,'cubic');
>> mesh(Xi,Yi,Zi);
>> figure
>> v = contour(Xi,Yi,Zi,[ -4, -4, -5, -5],'k');
>> clabel(v);
```

图 9-4 给出了海底曲面图与船只禁入区域图，其中图 9-4(b) 中标识数字的实线圈内区域为相应吃水线船只的禁入区。

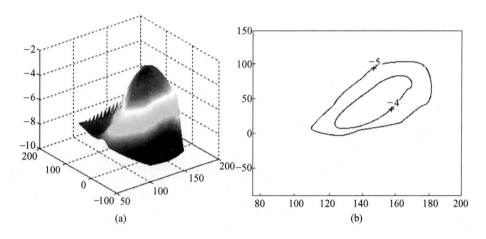

图 9-4　例 9-4 图形
(a) 海底曲面图；(b) 船只禁入区域图。

三、应用性问题

例 9-5　表 9-2 是气象学家测量得到的气象资料，它们分别表示南半球地区按不同维度、不同月份的平均气旋数字。根据这些数字绘制出气旋分布曲面的图形。

表 9-2

	0~10	10~20	20~30	30~40	40~50	50~60	60~70	70~80	80~90
1 月	2.4	18.7	20.8	22.1	37.3	48.2	25.6	5.3	0.3
2 月	1.6	21.4	18.5	20.1	28.8	36.6	24.2	5.3	0
3 月	2.4	16.2	18.2	20.5	27.8	35.5	25.5	5.4	0
4 月	3.2	9.2	16.6	25.1	37.2	40	24.6	4.9	0.3
5 月	1.0	2.8	12.9	29.2	40.3	37.6	21.1	4.9	0
6 月	0.5	1.7	10.1	32.6	41.7	35.4	22.2	7.1	0
7 月	0.4	1.4	8.3	33.0	46.2	35	20.2	5.3	0.1

(续)

	0~10	10~20	20~30	30~40	40~50	50~60	60~70	70~80	80~90
8月	0.2	2.4	11.2	31.0	39.9	34.7	21.2	7.3	0.2
9月	0.5	5.8	12.5	28.6	35.9	35.7	22.6	7	0.3
10月	0.8	9.2	21.1	32.0	40.3	39.5	28.5	8.6	0
11月	2.4	10.3	23.9	28.1	38.2	40	25.3	6.3	0.1
12月	3.6	16	25.5	25.6	43.4	41.9	24.3	6.6	0.3

解:命令窗口下执行:

```
>> x = 1:12;
>> y = 5:10:85;
>> z = [2.4  18.7  20.8  22.1  37.3  48.2  25.6  5.3  0.3
1.6  21.4  18.5  20.1  28.8  36.6  24.2  5.3  0
2.4  16.2  18.2  20.5  27.8  35.5  25.5  5.4  0
3.2  9.2  16.6  25.1  37.2  40  24.6  4.9  0.3
1.0  2.8  12.9  29.2  40.3  37.6  21.1  4.9  0
0.5  1.7  10.1  32.6  41.7  35.4  22.2  7.1  0
0.4  1.4  8.3  33.0  46.2  35  20.2  5.3  0.1
0.2  2.4  11.2  31.0  39.9  34.7  21.2  7.3  0.2
0.5  5.8  12.5  28.6  35.9  35.7  22.6  7  0.3
0.8  9.2  21.1  32.0  40.3  39.5  28.5  8.6  0
2.4  10.3  23.9  28.1  38.2  40  25.3  6.3  0.1
3.6  16  25.5  25.6  43.4  41.9  24.3  6.6  0.3
];
>> z = z';
>> [Xi,Yi] = meshgrid(1:12,5:1:85);
>> Zi = interp2(x,y,z,Xi,Yi,'cubic');
>> mesh(Xi,Yi,Zi);
>> axis tight
>> xlabel('月份');ylabel('维度');zlabel('气旋');
```

执行后可得图9-5。

9.3 数据拟合

一、最小二乘拟合原理

给定平面上的点$(x_i,y_i)(i=1,2,\cdots,n)$,$x_i$互不相同。曲线拟合的实际含义指寻求一个函数$y=P(x)$,使$P(x)$在某种准则下与所有的数据点最为接近,即曲线拟合的最好。最常用的曲线拟合方法是最小二乘法,该方法原理是寻求曲线$y=P(x)$,使得所有给定点到曲线的距离平方和最小,即使得

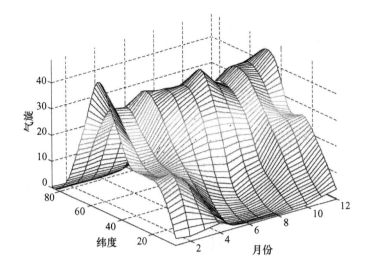

图9-5 南半球气旋分布曲面图

$$J = \sum_{i=1}^{n} \left[P(x_i) - y_i \right]^2 \tag{9.3}$$

最小。

在进行曲线拟合时,需要选用一些特殊的基函数(幂函数、三角函数等)$r_1(x), r_2(x),\cdots, r_m(x)$,令

$$P(x) = a_1 r_1(x) + a_2 r_2(x) + \cdots + a_m r_m(x) \tag{9.4}$$

式中:$a_k(k=1,2,\cdots,m, m<n)$为待定系数。由式(9.3)、式(9.4),得

$$J(a_1, a_2, \cdots, a_m) = \sum_{i=1}^{n} \left[\sum_{k=1}^{m} a_k r_k(x_i) - y_i \right]^2 \tag{9.5}$$

最小二乘问题,即寻求系数$a_k(k=1,2,\cdots,m)$的值,使得式(9.5)达到最小。

对式(9.5),利用极值条件$\dfrac{\partial J}{\partial a_k}=0(k=1,2,\cdots,m)$,可得方程组:

$$\begin{cases} \sum_{i=1}^{n} r_1(x_i) \left[\sum_{k=1}^{m} a_k r_k(x_i) - y_i \right] = 0 \\ \sum_{i=1}^{n} r_2(x_i) \left[\sum_{k=1}^{m} a_k r_k(x_i) - y_i \right] = 0 \\ \vdots \\ \sum_{i=1}^{n} r_m(x_i) \left[\sum_{k=1}^{m} a_k r_k(x_i) - y_i \right] = 0 \end{cases} \tag{9.6}$$

由式(9.6)化简,得

$$R^{\mathrm{T}} R A = R^{\mathrm{T}} Y \tag{9.7}$$

式中

$$\boldsymbol{R} = \begin{bmatrix} r_1(x_1) & r_2(x_1) & \cdots & r_m(x_1) \\ r_1(x_2) & r_2(x_2) & \cdots & r_m(x_2) \\ \vdots & \vdots & \ddots & \vdots \\ r_1(x_n) & r_2(x_n) & \cdots & r_m(x_n) \end{bmatrix}, \boldsymbol{A} = \begin{bmatrix} a_1 \\ a_2 \\ \vdots \\ a_m \end{bmatrix}, \boldsymbol{Y} = \begin{bmatrix} y_1 \\ y_2 \\ \vdots \\ y_n \end{bmatrix} \tag{9.8}$$

当 $r_1(x), r_2(x), \cdots, r_m(x)$ 线性无关时，$\boldsymbol{R}^\mathrm{T}\boldsymbol{R}$ 可逆，式(9.7)有唯一解。特别地，取 $r_1(x) = 1, r_2(x) = x, \cdots, r_m(x) = x^{m-1}$，即

$$P(x) = a_1 + a_2 x + \cdots + a_m x^{m-1} \tag{9.9}$$

则最小二乘拟合称为多项式拟合。

二、多项式拟合

在 MATLAB 中，polyfit 函数实现多项式拟合，调用方式：

p = polyfit(x,y,n)：表示求已知数据 x、y 的 n 阶拟合多项式 $f(x)$ 系数 p，x 的分量必须是单调的，其中 $p = [p_n, p_{n-1}, \cdots, p_0]$，$P(x) = p_n x^n + p_{n-1} x^{n-1} + \cdots + p_1 x + p_0$。

若计算拟合多项式在 x 点数值，可使用：

y = polyval(p,x)：p 为拟合多项式系数，即 $P(x) = p_n x^n + p_{n-1} x^{n-1} + \cdots + p_1 x + p_0$。

例 9 - 6 求如表 9 - 3 所列数据的二次拟合曲线并绘图。

表 9 - 3

x	0.5	1.0	1.5	2.0	2.5	3.0
y	1.75	2.45	3.81	4.80	7.0	8.60

解：命令窗口下执行：

```
>> x = [0.5  1.0  1.5  2.0  2.5  3.0];
>> y = [1.75 2.45 3.81  4.80 7.0 8.60];
>> a = polyfit(x,y,2)
a =
      0.5614    0.8287    1.1560
>> xi = 0.5:0.05:3.0;
>> yi = a(1)*xi.^2+a(2)*xi+a(3);
>> plot(x,y,'*',xi,yi,'k');
```

计算结果表明所得的二次拟合曲线为 $y = 0.5614 x^2 + 0.8287 x + 1.1560$，图形表示见图 9 - 6。

三、非线性拟合

1. lsqcurvefit 函数

在 MATLAB 中，lsqcurvefit 函数用于进行非线性曲线拟合，对应标准形式：

$$\min \frac{1}{2} \sum_i \left[F(x, x\mathrm{data}_i) - y\mathrm{data}_i \right]^2 \tag{9.10}$$

式中：$x\mathrm{data} = (x\mathrm{data}_1, x\mathrm{data}_2, \cdots, x\mathrm{data}_n)$，$y\mathrm{data} = (y\mathrm{data}_1, y\mathrm{data}_2, \cdots, y\mathrm{data}_n)$ 为给定数据。

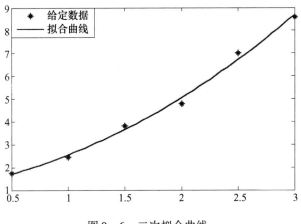

图 9-6 二次拟合曲线

lsqcurvefit 函数调用格式：

x = lsqcurvefit('fun',x0,xdata,ydata,options)：其中 fun 为拟合函数（含待求参数，调用前建立），x0 为迭代初值，xdata、ydata 为已知数据（格式同上），options 为优化选项（可默认），输出向量 x 各分量为 fun 中待求参数的拟合数值。

例 9-7 使用表 9-4 中数据拟合函数 $c(t) = a + be^{-0.02kt}$ 中的参数 a、b、k。

表 9-4

t_i	100	200	300	400	500	600	700	800	900	1000
$c_i \times 10^3$	4.54	4.99	5.35	5.65	5.90	6.10	6.26	6.39	6.50	6.59

解：编制函数文件：

```
function f = fun9_7(x,t)
f = x(1) + x(2) * exp(-0.02 * x(3) * t);% x = [a,b,k]
```

命令窗口下执行：

```
>> t = 100:100:1000;
>> c = 1e-3 * [4.54 4.99 5.35 5.65 5.90 6.10 6.26 6.39 6.50 6.59];
>> x0 = [0.2,0.05,0.05];
>> x = lsqcurvefit(@fun9_7,x0,t,c)
x =
     0.0063    -0.0034    0.2542
>> f = fun9_7(x,t)
f =
  0.0043  0.0051  0.0056  0.0059  0.0061  0.0062  0.0062  0.0063  0.0063  0.0063
```

拟合结果：$a = 0.0063$，$b = -0.0034$，$k = 0.2542$。

2. lsqnonlin 函数

在 MATLAB 中，lsqnonlin 函数用于进行非线性最小二乘拟合，对应标准形式：

$$\min_x f_1^2(x) + f_2^2(x) + \cdots f_m^2(x) + L \tag{9.11}$$

式中:$f_i(x) = f(x, x\text{data}_i, y\text{data}_i) = F(x, x\text{data}_i) - y\text{data}_i$,$x\text{data}$、$y\text{data}$ 为给定数据,$x\text{data} = (x\text{data}_1, x\text{data}_2, \cdots, x\text{data}_n)$,$y\text{data} = (y\text{data}_1, y\text{data}_2, \cdots, y\text{data}_n)$;$L$ 为常数。

lsqnonlin 函数调用格式:

x = lsqnonlin('fun', x0, options):fun 为拟合函数(含待求参数,调用前建立),x0 为迭代初值,options 为优化选项(可缺省),输出向量 x 各分量为 fun 中待求参数的拟合数值。

例 9 – 8 使用 lsqnonlin 函数求解例 9 – 7。

解:编制函数文件:

```
function f = fun9_8(x,t)
t = 100:100:1000;
c = 1e-3*[4.54 4.99 5.35 5.65 5.90 6.10 6.26 6.39 6.50 6.59];
f = x(1) + x(2)*exp(-0.02*x(3)*t) - c;
```

命令窗口下执行:

```
>> x0 = [0.2, 0.05, 0.05];
>> x = lsqnonlin(@fun9_8, x0)
x =
    0.0063   -0.0034    0.2542
```

即表示:$a = 0.0063$,$b = -0.0034$,$k = 0.2542$。

四、应用性问题

例 9 – 9 (给药方案问题)一种新药用于临床之前,必须设计给药方案。在快速静脉注射的给药方式下,所谓的给药方案是指:每次注射量多大,间隔时间多长。

药物进入机体后随血液输送到全身,在这个过程中不断地被吸收、分布、代谢,最终排出体外。药物在血液中的浓度,即单位体积血液中的药物含量,称为血药浓度。在最简单的一室模型中,将整个机体看作一个房室,称为中心室,室内的血药浓度是均匀的。快速静脉注射后,浓度立即上升,然后逐渐下降。当浓度太低时,达不到预期的治疗效果;当浓度太高时,又可能导致药物中毒或副作用太强。临床上,每种药物有一个最小有效浓度 c_1 和一个最大治疗浓度 c_2。设计给药方案时,要使血药浓度保持在 $c_1 \sim c_2$ 之间。在本题中,$c_1 = 10$,$c_2 = 25(\mu g/mL)$。

通过实验,对某人用快速静脉注射方式一次性注入该药物 300mg 后,在一定时刻 $t(h)$ 采集血药,测得血药浓度 $c(\mu g/mL)$ 见表 9 – 5。

表 9 – 5

t	0.25	0.5	1	1.5	2	3	4	6	8
c	19.21	18.15	15.36	14.10	12.89	9.32	7.45	5.24	3.01

解:1)问题分析

要设计给药方案,需要知道给药后血药浓度随时间的变化规律。通过画图分析 t 与 $\ln c$ 的关系(图 9 – 7),可以看出两变量之间近似直线关系,说明血药浓度 $c(t)$ 符合负指数变化规律。图形绘制命令如下:

```
>> t = [0.25 0.5 1 1.5 2 3 4 6 8];
```

```
>> c = [19.21  18.15  15.36  14.10  12.89  9.32  7.45  5.24  3.01];
>> plot(t,log(c),'k*')
>> xlabel('t');ylabel('ln(c)');
```

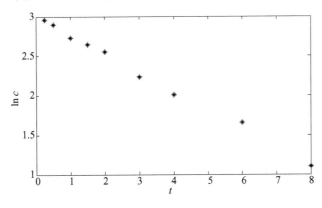

图 9-7　血药浓度变化图

2）数学建模

模型假设：

(1) 药物排出速率与血药浓度成正比，比例系数为 $k(k>0)$；

(2) 血液容积为 V，$t=0$ 时注射剂量为 d，此时血药浓度为 $\dfrac{d}{V}$。

由以上假设条件，得

$$\begin{cases} \dfrac{\mathrm{d}c}{\mathrm{d}t} = -kc \\ c(0) = \dfrac{d}{V} \end{cases} \tag{9.12}$$

求解上述微分方程，得

$$c(t) = \dfrac{d}{V}\mathrm{e}^{-kt} \tag{9.13}$$

式中：$d=300$；k、V 待求。

3）模型求解

对式(9.13)两边取对数，得

$$\ln c = \ln \dfrac{d}{V} - kt \tag{9.14}$$

令 $y = \ln c$，$a_1 = -k$，$a_2 = \ln \dfrac{d}{V}$，式(9.12)可变为

$$y = a_1 t + a_2 \tag{9.15}$$

使用 MATLAB 进行数据拟合，程序如下：

```
function exam9_9
d = 300;
t = [0.25  0.5  1  1.5  2  3  4  6  8];
```

```
c = [19.21 18.15   15.36   14.10   12.89   9.32   7.45 5.24   3.01];
y = log(c);
a = polyfit(t,y,1)
k = -a(1)
V = d/exp(a(2))
```
命令窗口执行：
```
>> exam9_9
a =
     -0.2347    2.9943
k =
     0.2347
V =
    15.0219
```

计算结果表明：$k = 0.2347, V = 15.02(L), c(t) = \frac{300}{15.0219} e^{-0.2347t} = 19.97 e^{-0.2347t}$。根据上述结果，绘制拟合曲线图 9-8。

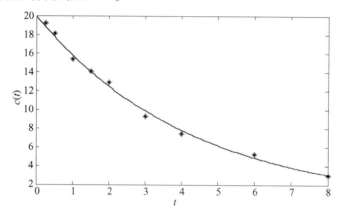

图 9-8 拟合曲线效果图

4) 给药方案的制定

设初始剂量为 D_0，每次注射剂量为 D_t，间隔时间为 τ，则

$$D_0 = Vc_2 \tag{9.16}$$

$$D_t = V(c_2 - c_1) \tag{9.17}$$

$$c_1 = c_2 e^{-k\tau} \tag{9.18}$$

由式(9.18)，得

$$\tau = \frac{1}{k} \ln \frac{c_2}{c_1} \tag{9.19}$$

将 $c_1 = 10, c_2 = 25, k = 0.2347, V = 15.02$ 代入式(9.16)、式(9.17)、式(9.19)，得

$$D_0 = 375.5, D_t = 225.3, \tau = 3.9$$

根据上述结果，可制定给药方案：首次注射 375mg，其余每次注射 225mg，注射间隔为 4h。

9.4 实验练习

一、插值练习

1. 日照时间分布(表9-6)的气象资料是某一地区15年间不同月份的平均日照时间的观测数据(h/月),试分析日照时间的变化规律。

表 9-6

月份	1	2	3	4	5	6	7	8	9	10	11	12
日照	80.9	67.2	67.1	50.5	32.0	33.6	36.6	46.8	52.3	62.0	64.1	71.2

2. 有一组数据(表9-7),试用不同的插值方法计算 $x=1.56, x=6.23$ 处的近似值。

表 9-7

x	1	2	3	4	5	6
y	1.0000	1.2599	1.4422	1.5874	1.7100	1.8171

3. 轮船的甲板成近似半椭圆面形,为了得到甲板的面积,首先测量得到横向最大相间8.534米;然后等间距地测得纵向高度,自左向右分别为:0.914, 5.060, 7.772, 8.717, 9.083, 9.144, 9.083, 8.992, 8.687, 7.376, 2.073。根据以上数据,近似计算甲板的面积。

4. 在某山区测得一些地点的高度见表9-8,平面区域为:$1200 \leqslant x \leqslant 4000, 1200 \leqslant y \leqslant 3600$。试作出该山区的地貌图和等高线图,并对几种插值方法进行比较。

表 9-8

Y \ X	1200	1600	2000	2400	2800	3200	3600	4000
1200	1130	1250	1280	1230	1040	900	500	700
1600	1320	1450	1420	1400	1300	700	900	850
2000	1390	1500	1500	1400	900	1100	1060	950
2400	1500	1200	1100	1350	1450	1200	1150	1010
2800	1500	1200	1100	1550	1600	1550	1380	1070
3200	1500	1550	1600	1550	1600	1600	1600	1550
3600	1480	1500	1550	1510	1430	1300	1200	980

二、拟合练习

1. 已知某地全年各月份气温见表9-9,使用拟合方法分析该地气温变化规律。

表 9-9

月份	1	2	3	4	5	6	7	8	9	10	11	12
气温	3.1	3.8	6.9	12.7	16.8	20.5	24.5	25.9	22.0	16.1	10.7	5.4

2. 合金强度与碳含量有密切关系。为了根据强度要求,控制碳含量,需要描述合金强度与碳含量的定量函数关系。现收集了一组数据见表 9-10,x 为碳含量,y 为合金强度。

表 9-10

$x/\%$	0.10	0.11	0.12	0.13	0.14	0.15
$y/(\text{kg/mm}^2)$	42.0	41.50	45.00	45.50	45.80	47.50
$x/\%$	0.16	0.17	0.18	0.20	0.21	0.23
$y/(\text{kg/mm}^2)$	49.00	55.00	50.00	55.00	55.50	60.50

(1) 画出给定数据的散点图;

(2) 使用一次函数进行数据拟合,并计算碳含量为 0.168(%)时的合金强度值。

3. 对表 9-11 中数据,分布使用三、四、五阶多项式进行拟合,求出拟合系数,并画出相应图形。

表 9-11

x	1.2	1.8	2.1	2.4	2.6	3.0	3.3
y	4.85	5.2	5.6	6.2	6.5	7.0	7.5

4. 已知变量 x、y 间的函数关系为 $y = ae^{bx}$,根据表 9-12 中数据求 a、b 的值。

表 9-12

x	-0.2	0	0.1	0.15	0.2	0.3
y	1.50	1.06	0.95	0.86	0.84	0.72

第10章 加密方法实验

10.1 实验目的

一、问题背景

随着计算机与电子通信技术的迅速发展,数据加密技术已经发展成为一门结合数学、计算机科学、电子与通讯、微电子技术等学科的交叉学科,被广泛应用于军事、政治、经济等领域。使用数据加密技术不仅可以保证信息的机密性,而且可以保证信息的完整性和确定性,防止信息被篡改、伪造与假冒。

数据加密又称密码学,指通过加密算法和加密密钥将明文转变为密文,而解密则是通过解密算法和解密密钥将密文恢复为明文。明文,即原始的或未加密的数据,通过加密算法对其进行加密,加密算法的输入信息为明文和密钥。密文,明文加密后的数据,是加密算法的输出结果。密文,不应为无密钥的用户理解,用于数据的存储以及传输。

从密码学的发展来看,密码可分为古典密码(通信的保密方式主要基于算法的保密)与现代密码(数据的保密方式主要是基于密钥的保密)。

对于现代密码,从密钥管理上可分为对称密钥体制和非对称密钥体制两种。对称密钥体制以数据加密标准(Data Encryption Standard,DES)算法为典型代表,非对称密钥体制通常以 RSA(Rivest - Shamir - Adleman)算法为代表。对称加密的加密密钥和解密密钥相同或可从加密密钥计算推导出解密密钥,而非对称加密的特征与此相反,即由已知的加密密钥推导出解密密钥在计算上是不可行的。

本实验主要介绍三种密码算法,即 Hill 密码(古典密码)、混沌密码(现代密码的对称密钥体制)、RSA 密码(现代密码的非对称密钥体制)。对三种密码算法进行 MATLAB 编程,并对英文语句或汉文语句进行加密与解密实验。

二、实验目的

(1) 理解 Hill 密码原理,并能使用 MATLAB 进行信息加密。
(2) 理解混沌密码原理,并能使用 MATLAB 进行信息加密。
(3) 理解 RSA 密码原理,并能使用 MATLAB 进行信息加密。

10.2 Hill 密码

一、算法原理

1. 模 n 运算

设 $Z_n = \{0,1,2,\cdots,n-1\}$,称 Z_n 为模 n 集。在模 n 运算中,参与运算元素只能是 Z_n

中元素,例如 $Z_9 = \{0,1,2,\cdots,8\}$。

模 n 加法:若 $a + b = k(\mathrm{mod}\,n)$,则称 k 为 a、b 的模 n 和。特别地,$k = 0$,b 称为 a 的负元,记为 $b = -a(\mathrm{mod}\,n)$。例如 $6 = 8 + 7(\mathrm{mod}\,9)$,$0 = 4 + 5(\mathrm{mod}\,9)$,$4 = -5(\mathrm{mod}\,9)$。

模 n 乘法:若 $ab = k(\mathrm{mod}\,n)$,则称 k 为 a、b 的模 n 积,记为 $k = a \times b(\mathrm{mod}\,n)$。特别地,$k = 1$,$b$ 称为 a 的逆元,记为 $b = a^{-1}(\mathrm{mod}\,n)$。例如 $3 = 5 \times 6(\mathrm{mod}\,9)$,$1 = 4 \times 7(\mathrm{mod}\,9)$,$4 = 7^{-1}(\mathrm{mod}\,9)$。

可以证明:若 a 与 n 的最大公因子等于 1,即 $\gcd(a,n) = 1$,则在模 n 运算下元素 a 存在唯一逆元。特别地,n 为素数,元素 $1,2,\cdots,n-1$ 都存在唯一逆元。

若 m 阶方阵 A、B 中各个元素属于 Z_n,且满足 $AB = BA = E(\mathrm{mod}\,n)$,则称矩阵 A 模 n 可逆,B 称作矩阵 A 的模 n 逆矩阵,记作 $B = A^{-1}(\mathrm{mod}\,n)$。

可以证明:方阵 A 模 n 可逆的充要条件是 n 与 $\det(A)(\mathrm{mod}\,n)$ 没有公共素数因子,即 n 与 $\det(A)(\mathrm{mod}\,n)$ 互素。

矩阵 A 的模 n 逆矩阵可以按照 $A = [\det(A)]^{-1}A^*(\mathrm{mod}\,n)$ 方式求得,其中 A^* 为矩阵 A 的伴随矩阵。

例 10-1 $n = 26$,求矩阵 $A = \begin{bmatrix} 1 & 2 \\ 0 & 3 \end{bmatrix}$ 的逆矩阵 $A^{-1}(\mathrm{mod}\,26)$。

解:$\det(A) = 3$,3 与 26 无公共素数因子,故 A 可逆。又 $3^{-1} = 9(\mathrm{mod}\,26)$,故

$$A^{-1}(\mathrm{mod}\,26) = 3^{-1}A^*(\mathrm{mod}\,26) = 9\begin{bmatrix} 3 & -2 \\ 0 & 1 \end{bmatrix}(\mathrm{mod}\,26) = \begin{bmatrix} 1 & 8 \\ 0 & 9 \end{bmatrix}$$

2. 算法原理

设 $M = [m_1, m_2, \cdots, m_l]^\mathrm{T}$ 为明文,$C = [c_1, c_2, \cdots, c_l]^\mathrm{T}$ 为密文,K 为 l 阶模 n 可逆阵(Hill 密码变换阵),则关于矩阵 K 的 Hill 密码加密算法:

$$C = KM(\mathrm{mod}\,n) \tag{10.1}$$

式中

$$K = \begin{bmatrix} k_{11} & k_{12} & \cdots & k_{1l} \\ k_{21} & k_{22} & \cdots & k_{2l} \\ \vdots & \vdots & \ddots & \vdots \\ k_{l1} & k_{l2} & \cdots & k_{ll} \end{bmatrix} \tag{10.2}$$

将式(10.1)写成分量形式为

$$\begin{cases} c_1 = k_{11}m_1 + k_{12}m_2 + \cdots k_{1l}m_l \\ c_2 = k_{21}m_1 + k_{22}m_2 + \cdots k_{2l}m_l \\ \quad\vdots \\ c_l = k_{l1}m_1 + k_{l2}m_2 + \cdots k_{ll}m_l \end{cases} \tag{10.3}$$

关于矩阵 K 的 Hill 密码解密算法:

$$M = K^{-1}C \tag{10.4}$$

例 10-2 使用 Hill 密码加密明文 SHUXUESUANFA(数学算法的拼音),然后解密,

其中 $n=26, l=2, \mathbf{K}=\begin{bmatrix} 8 & 7 \\ 3 & 10 \end{bmatrix}$。

解：先将 26 个英文字母与数值 0~25 建立对应关系如表 10-1 所示。

表 10-1

A	B	C	D	E	F	G	H	I	J	K	L	M
1	2	3	4	5	6	7	8	9	10	11	12	13
N	O	P	Q	R	S	T	U	V	W	X	Y	Z
14	15	16	17	18	19	20	21	22	23	24	25	0

1）加密

将明文字符串 SHUXUESUANFA 进行分组（$l=2$，即 2 个一组），并根据表 10-1 找出对应数值如下：

$$\begin{bmatrix} S \\ H \end{bmatrix} = \begin{bmatrix} 19 \\ 8 \end{bmatrix}, \begin{bmatrix} U \\ X \end{bmatrix} = \begin{bmatrix} 21 \\ 24 \end{bmatrix}, \begin{bmatrix} U \\ E \end{bmatrix} = \begin{bmatrix} 21 \\ 5 \end{bmatrix}, \begin{bmatrix} S \\ U \end{bmatrix} = \begin{bmatrix} 19 \\ 21 \end{bmatrix}, \begin{bmatrix} A \\ N \end{bmatrix} = \begin{bmatrix} 1 \\ 14 \end{bmatrix}, \begin{bmatrix} F \\ A \end{bmatrix} = \begin{bmatrix} 6 \\ 1 \end{bmatrix}$$

对以上向量分别进行加密变换（为叙述方便，将各向量排成了矩阵形式）：

$$\begin{bmatrix} 8 & 7 \\ 3 & 10 \end{bmatrix} \begin{bmatrix} 19 & 21 & 21 & 19 & 1 & 6 \\ 8 & 24 & 5 & 21 & 14 & 1 \end{bmatrix} (\bmod 26)$$

$$= \begin{bmatrix} 208 & 336 & 203 & 299 & 106 & 55 \\ 137 & 303 & 113 & 267 & 143 & 28 \end{bmatrix} (\bmod 26)$$

$$= \begin{bmatrix} 0 & 24 & 21 & 13 & 2 & 3 \\ 7 & 17 & 9 & 7 & 13 & 2 \end{bmatrix}$$

根据表 10-1，对上述结果找出相对应字母值如下：

$$\begin{bmatrix} Z \\ G \end{bmatrix} = \begin{bmatrix} 0 \\ 7 \end{bmatrix}, \begin{bmatrix} X \\ Q \end{bmatrix} = \begin{bmatrix} 24 \\ 17 \end{bmatrix}, \begin{bmatrix} U \\ I \end{bmatrix} = \begin{bmatrix} 21 \\ 9 \end{bmatrix}, \begin{bmatrix} M \\ G \end{bmatrix} = \begin{bmatrix} 13 \\ 7 \end{bmatrix}, \begin{bmatrix} B \\ M \end{bmatrix} = \begin{bmatrix} 2 \\ 13 \end{bmatrix}, \begin{bmatrix} C \\ B \end{bmatrix} = \begin{bmatrix} 3 \\ 2 \end{bmatrix}$$

对上述结果进行重新排列可得密文：ZGXQUIMGBMCB。

2）解密

由 $\mathbf{K}=\begin{bmatrix} 8 & 7 \\ 3 & 10 \end{bmatrix}, \mathbf{K}^{-1}=\begin{bmatrix} 20 & 25 \\ 7 & 16 \end{bmatrix}$。

将密文字符串 ZGXQUIMGBMCB 进行分组，并根据表 10-1 找出对应数值如下：

$$\begin{bmatrix} Z \\ G \end{bmatrix} = \begin{bmatrix} 0 \\ 7 \end{bmatrix}, \begin{bmatrix} X \\ Q \end{bmatrix} = \begin{bmatrix} 24 \\ 17 \end{bmatrix}, \begin{bmatrix} U \\ I \end{bmatrix} = \begin{bmatrix} 21 \\ 9 \end{bmatrix}, \begin{bmatrix} M \\ G \end{bmatrix} = \begin{bmatrix} 13 \\ 7 \end{bmatrix}, \begin{bmatrix} B \\ M \end{bmatrix} = \begin{bmatrix} 2 \\ 13 \end{bmatrix}, \begin{bmatrix} C \\ B \end{bmatrix} = \begin{bmatrix} 3 \\ 2 \end{bmatrix}$$

对以上向量分别进行解密变换（为叙述方便，将各向量排成了矩阵形式）：

$$\begin{bmatrix} 20 & 25 \\ 7 & 16 \end{bmatrix} \begin{bmatrix} 0 & 24 & 21 & 13 & 2 & 3 \\ 7 & 17 & 9 & 7 & 13 & 2 \end{bmatrix} (\bmod 26)$$

$$= \begin{bmatrix} 175 & 905 & 645 & 435 & 365 & 110 \\ 112 & 440 & 291 & 203 & 222 & 53 \end{bmatrix} (\bmod 26)$$

$$= \begin{bmatrix} 19 & 21 & 21 & 19 & 1 & 6 \\ 8 & 24 & 5 & 21 & 14 & 1 \end{bmatrix}$$

根据表 10-1,对上述结果找出相对应字母值如下:

$$\begin{bmatrix} S \\ H \end{bmatrix} = \begin{bmatrix} 19 \\ 8 \end{bmatrix}, \begin{bmatrix} U \\ X \end{bmatrix} = \begin{bmatrix} 21 \\ 24 \end{bmatrix}, \begin{bmatrix} U \\ E \end{bmatrix} = \begin{bmatrix} 21 \\ 5 \end{bmatrix}, \begin{bmatrix} S \\ U \end{bmatrix} = \begin{bmatrix} 19 \\ 21 \end{bmatrix}, \begin{bmatrix} A \\ N \end{bmatrix} = \begin{bmatrix} 1 \\ 14 \end{bmatrix}, \begin{bmatrix} F \\ A \end{bmatrix} = \begin{bmatrix} 6 \\ 1 \end{bmatrix}$$

对上述结果进行重新排列可得明文:SHUXUESUANFA。

对例 10-2,若 $l=4$,$K = \begin{bmatrix} 7 & 2 & 3 & 4 \\ 0 & 8 & 7 & 15 \\ 3 & 7 & 9 & 6 \\ 2 & 8 & 7 & 22 \end{bmatrix}$,则明文字符分组与数值索引为

$$\begin{bmatrix} S \\ H \\ U \\ X \end{bmatrix} = \begin{bmatrix} 19 \\ 8 \\ 21 \\ 24 \end{bmatrix}, \begin{bmatrix} U \\ E \\ S \\ U \end{bmatrix} = \begin{bmatrix} 21 \\ 5 \\ 19 \\ 21 \end{bmatrix}, \begin{bmatrix} A \\ N \\ F \\ A \end{bmatrix} = \begin{bmatrix} 1 \\ 14 \\ 6 \\ 1 \end{bmatrix}$$

加密与解密过程与前述类似,不再重复。

二、MATLAB 加密与解密

例 10-3 采用 Hill 密码算法编写 MATLAB 程序,可以实现不同字符串在不同密钥下加密或解密,并使用编写的程序在下述情形下对字符串 MATHEMATICS,EQUATION AND RATIO 进行加密与解密:

(1) $K = \begin{bmatrix} 8 & 7 \\ 3 & 10 \end{bmatrix}$;

(2) $K = \begin{bmatrix} 8 & 6 & 9 & 5 \\ 6 & 9 & 5 & 10 \\ 5 & 8 & 4 & 9 \\ 10 & 6 & 11 & 4 \end{bmatrix}$。

1) 程序说明

(1) 程序的字符集包含 26 个英文大写字母与三个特殊字符(',',','.'与空格符),各字符的数值索引见表 10-2(空格符的索引值为 0)。

表 10-2

A	B	C	D	E	F	G	H	I	J	K	L	M	N
1	2	3	4	5	6	7	8	9	10	11	12	13	14
O	P	Q	R	S	T	U	V	W	X	Y	Z	,	.
15	16	17	18	19	20	21	22	23	24	25	26	27	28

(2) 程序加密与加密过程需要对字符串进行重新分组,若最后一组不足 l(K 的阶数为 l)个时,以特殊字符(例如空格符)或字符串(约定字符串)补足 l 个,本程序中采用空格符补足。

(3) 程序名称(exam10_3 程序包中程序)说明。

exam_hill% 主程序

fun_hill_is% 判断 Hill 密码变换阵是否可行
fun_hill_inv% 求 Hill 密码变换阵的逆矩阵
fun_hill_sub% 对字符串进行分组并确定索引值
fun_hill_rank% 按照索引值排列字符串
fun_hill_seek% 查找单个字符在字符集中的索引值

2) MATLAB 程序

```
function Y = exam_hill(X,K,t)
% X 为加密或解密字符串,K 为 Hill 密码变换阵,t 为加密解密控制参数(t = 1 为加密)
load SS% 导入字符集
[m,n] = size(SS);
[p,s] = size(X);
[l,c] = size(K);
h = fun_hill_is(K,n);
if h = = 0
    Y = '请选择正确的 Hill 密码变换阵';
else
    if t = = 1
        Z = fun_hill_sub(X,K,SS);
        Z = K * Z;
    else
        Z = fun_hill_sub(X,K,SS);
        KK = fun_hill_inv(K,n);
        Z = KK * Z;
    end
    Z = mod(Z,n);
    Y = fun_hill_rank(Z,SS);
end
function Y = fun_hill_sub(X,K,S)
% X 为加密或解密字符串,K 为 Hill 密码变换阵,S 为字符集
[m,n] = size(S);
[p,s] = size(X);
[l,c] = size(K);
r = mod(s,c);
if r ~ = 0;
    for i = s + 1:s + (c - r)
        X(i) = ' ';
    end
end
[p,s] = size(X);
w = s/c;
Y = zeros(c,w);
k = 1;
for j = 1:w
```

```
        for i = 1:c
            Y(i,j) = fun_hill_seek(X(k),S);
            k = k + 1;
        end
    end
end
function y = fun_hill_seek(x,S)
% x 为查询字符,S 为字符集
[m,n] = size(S);
k = 1;
while k < = n&x ~ = S(k)
    k = k + 1;
end
y = mod(k,n);
function Y = fun_hill_rank(X,S)
% 矩阵 X 分量字符索引值,S 为字符集
[m,n] = size(S);
[p,s] = size(X);
k = 1;
for j = 1:s
    for i = 1:p
        w = round(X(i,j));
        if w = = 0
            w = n;
        end
        Y(k) = S(w);
        k = k + 1;
    end
end
function y = fun_hill_is(K,n)
% K 为 Hill 密码变换阵,n 表示进行的模 n 运算
v = det(K);
v = mod(v,n);
if gcd(v,n) = = 1
    y = 1;
else
    y = 0;
end
function Y = fun_hill_inv(K,n)
% K 为 Hill 密码变换阵,n 表示进行的模 n 运算
u = det(K);
v = mod(u,n);
k = 1;
con = 1;
```

```
while k < n&con = =1
    w = mod(v * k,n);
    if w = =1
        x = k;
        con = 0;
    end
    k = k + 1;
end
y = x * u * inv(K);
Y = mod(y,n);
```

3) 加密与解密

命令窗口下执行：

```
>> XX = 'MATHEMATICS,EQUATION AND RATIO';
>> K1 = [8 7;3 10];
>> Y1 = exam_hill(XX,K1,1)
Y1 =
XTMXO C F.VHNKAOTEOKGJXXJFC CC
>> Z1 = exam_hill(Y1,K1,0)
Z1 =
MATHEMATICS,EQUATION AND RATIO
>> K2 = [8 6 9 5;6 9 5 10;5 8 4 9;10,6,11,4];
>> Y2 = exam_hill(XX,K2,1)
Y2 =
KFVKXDWPSKKSQHVJMJJKGCMBNSIYQOTF
>> Z2 = exam_hill(Y2,K2,0)
Z2 =
MATHEMATICS,EQUATION AND RATIO
```

10.3　混沌密码

一、混沌理论

1. 简介

在数学与物理上，通常用一些方程来描述确定性系统，从而对系统的进行长期的、精准的预测。然而，确定性系统可能产生复杂、不规则的行为，这就是混沌现象。最早发现混沌现象的是美国气象学家洛伦兹(Lorenz)，他在1963年研究研究大气流动时注意到了非线性系统对初值的敏感性与系统结果不可测性。后来，洛伦兹在一次演讲时提出：一只蝴蝶在巴西扇动翅膀，可能在美国的得克萨斯引起一场飓风。从此"蝴蝶效应"轰动世界，混沌系统与混沌理论研究受到人们的重视。

混沌系统的一个重要特征：系统的长期行为敏感地依赖于初始条件。在混沌系统中，确定性与随机性共存，随机性是严格的、确定的，甚至是由一些简单规则所生成。

混沌理论是指研究非线性系统在一定条件下表现出混沌现象的理论。探索复杂现象中的有序中的无序和有序中的无序,就是新兴混沌学的任务。

由于混沌现象是非线性系统中普遍存在的现象,混沌理论的研究跨越了学科的限制,也导致了复杂性科学研究的兴起。随着人们对混沌现象研究的深入,混沌理论已经渗透到数学、物理、化学、生物学、经济学、工程学、金融学、政治学、人口学、心理学、计算机科学等诸多领域。

2. 倍周期与混沌

考察非线性迭代(Logistic 方程):
$$x_{n+1} = f(x_0) = rx_n(1-x_n) \qquad (10.5)$$

对式(10.5),给定初值 x_0,可以得到迭代序列 $\{x_n\}$,$n=0,1,2,\cdots$。若
$$\lim_{n\to\infty} x_n = x^* \qquad (10.6)$$

称迭代收敛,x^* 为 $f(x)$ 的不动点。即
$$x^* = f(x^*) = rx^*(1-x^*) \qquad (10.7)$$

若 $a_1 \in \{x_n\}$,$n=0,1,2,\cdots$,满足
$$a_2 = f(a_1), a_1 = f(a_2) \qquad (10.8)$$

称 a_1 为 $f(x)$ 一个 2 周期点。类似地,若满足
$$a_2 = f(a_1), a_3 = f(a_2), \cdots, a_1 = f(a_k) \qquad (10.9)$$

称 a_1 为 $f(x)$ 一个 k 周期点。

例 10-4 使用 $x_{n+1} = rx_n(1-x_n)$,先迭代 N 次,再迭代 n 次,然后将后面的 $n+1$ 个点画在图形中,其中 $r=0:0.3:3.9$,$N=1000$,$n=100$,$0<x_0<1$。

解:编写 MATLAB 程序如下:

```
function exam10_4(N,n,x0)
% 表示先迭代 N 次,然后再迭代 n 次,x0 为迭代初值
figure
hold on
s = [];
xx = [];
for r = 0:0.3:4
    x(1) = x0;
    for j = 2:N + n
        x(j) = r * x(j-1) * (1 - x(j-1));
    end
    s = [r * ones(1,n+1);s];
    xx = [x(N:N+n);xx];
    xmax = max(x(N:N+n));
    text(r-0.15,xmax+0.05,['\it{r} = ',num2str(r)]);
end
plot(s,xx,'k.','markersize',10);
```

xlabel('参数 r'),ylabel('迭代序列 x');

命令窗口下执行 exam10_4(1000,100,0.216),可以得到图 10-1。

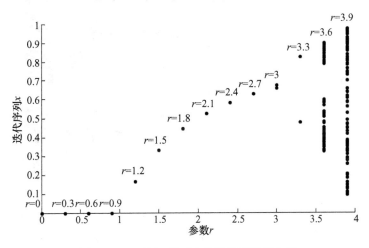

图 10-1 不同 r 值对应的迭代序列部分值

从图形中可以看出

(1) 当 r 值分别取 0,0.3,0.6,0.9,1.2,1.5,1.8,2.1,2.4,2.7 时,每个 r 对应的 100 个值均重合为一点,说明迭代收敛;

(2) 当 r 值分别取 3.0,3.3 时,迭代值对应两个点,说明 2 周期点存在;

(3) 当 r 值分别取 3.6,3.9 时,迭代值对应更多个点,这种情况较为复杂,显然有别于前两种情况。

1975 年,费根包姆(Feigenbaum)详细考察了 r 不同取值时,迭代序列值(式(10.5))的变化。费根包姆使用当时先进的巨型计算机进行计算,发现迭代结果在一些关键值上发生变化,并且周期点随 r 取值变化满足倍周期现象(r 值从 0 变大时,2 周期点、4 周期点、8 周期点、…,依次出现),图 10-2 给出了这种变化的图形表示(例 10-4 中,取 r = 2.8:0.001:4.0)。表 10-3 给出了倍周期现象发生时 r 临界点(r_k 表示 2^k 周期点临界值)。

表 10-3

k	r_k	k	r_k
1	3.0	7	3.5698912594
2	3.4494897428	8	3.569934018374
3	3.5440903506	9	3.569943176048
4	3.5644075061	10	3.569945137342
5	3.5687594196	…	…
6	3.5696916098	∞	3.569945557391

费根包姆发现,这些临界值满足

$$\delta = \lim_{n \to \infty} \frac{r_k - r_{k-1}}{r_{k+1} - r_k} = 4.669201660910399\cdots \tag{10.10}$$

δ称为费根包姆数。学术界已倾向于将δ与π、e一样,作为自然界的一个普适常数。

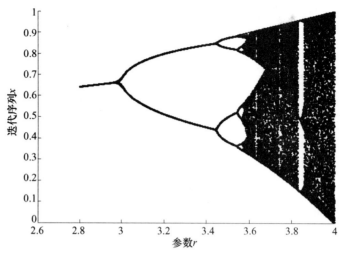

图 10-2 费根包姆图

例 10-5 使用 $x_{n+1} = rx_n(1-x_n)$,分别取初值 0.863、0.864,先迭代 1000 次,再迭代 10 次,每次取出最后 10 个数据生成向量,对比两向量数据的差异(其中 $r = 3.99$)。

解:编写 MATLAB 程序如下:

```
function y = exam10_5(x0,r,N,n)
x(1) = x0;
for i = 1:N + n
    x(i +1) = r * x(i) * (1 - x(i));
end
y = x(N +1:N + n);
```

命令窗口下执行:

```
>> Y1 = exam10_5(0.863,3.99,1000,10)
Y1 =
0.0771  0.2838  0.8111  0.6115  0.9479  0.1969  0.6310  0.9291  0.2630
0.7733
>> Y2 = exam10_5 (0.864,3.99,1000,10)
Y2 =
0.3128  0.8577  0.4869  0.9968  0.0127  0.0498  0.1889  0.6114  0.9479
0.1969
>> Z1 = floor(Y1 * 1024)
Z1 =
    78   290   830   626   970   201   646   951   269   791
>> Z2 = floor(Y2 * 1024)
Z2 =
   320   878   498  1020    12    51   193   626   970
```

从以上 Y1、Y2 的数值结果上,可以看出混沌序列对初值的敏感依赖性。Z1、Z2 为 Y1、Y2 生成的整数序列(转换 0~1024 内),两列数据也完全迥异。基于混沌序列的这种特性,可以用来进行信息加密算法设计。

二、MATLAB 加密与解密

例 10 – 6 使用混沌迭代方法,设计一个密码算法,并在计算机上对汉文语句(如大地回春、秋水共长天一色等)进行加密与解密实验。

解:1) 算法设计原理

(1) 加密。设明文字符或字符串对应的索引值为 u,对应二进制码为 $u_n u_{n-1} \cdots u_1$,选定混沌序列分量为 v,对应二进制码为 $v_n v_{n-1} \cdots v_1$,则

$$w = u \oplus v \quad (10.11)$$

式中:$w = w_n w_{n-1} \cdots w_1$,满足 $w_i = u_i + v_i (\mathrm{mod} 2)$,$i = 1, 2, \cdots, n$。

(2) 解密。设密文字符或字符串对应的二进制码为 $w = w_n w_{n-1} \cdots w_1$,选定混沌序列分量为 v,对应二进制码为 $v_n v_{n-1} \cdots v_1$,则

$$u = w \oplus v \quad (10.12)$$

式中:$u = u_n u_{n-1} \cdots u_1$,满足 $u_i = w_i + v_i (\mathrm{mod} 2)$,$i = 1, 2, \cdots, n$。

2) 程序说明

(1) 程序的字符集包含 2048 个常用汉字(程序中 data 文件,具体形式见附录2),汉字字符集可进行更换。

(2) 由算法设计原理知,加密与解密可共用同一程序。

(3) 选用迭代初值作为密钥。

(4) 该算法可用于单字符或字符串加密方式,本程序中采用单字符加密方式。

(5) 程序名称(exam10_6 程序包中程序)注释。

exam_chaos% 主程序

fun_chaos_seek% 查找单个字符在字符集中的索引值

fun_chaos_code% 将十进制数字转换成二进制码

fun_chaos_num% 将二进制码转换成十进制数值

fun_chaos_add% 码位模 2 求和运算

3) MATLAB 程序

```
function C = exam_chaos(M,x0)
% M 为明文或密文,x0 为迭代初值(密钥)
load data% 调入汉字字符集
n = length(data);
N = 1000;
r = 3.99;
k = length(M);
x = x0;
for i = 1:N
    x = r*x*(1-x);
end
for i = 1:k
```

```
    a = M(i);
    y = fun_chaos_seek(a,data);
    u = fun_chaos_code(y,11);
    b = floor(x*n);
    v = fun_chaos_code(b,11);
    w = fun_chaos_add(u,v);
    t = fun_chaos_num(w);
    xx(i) = data(t);
    x = r*x*(1-x);
end
C = xx;
function y = fun_chaos_seek(x,S)
% x 为查询字符,S 为字符集
n = length(S);
k = 1;
while k< = n&x~ = S(k)
    k = k+1;
end
y = mod(k,n);
function y = fun_chaos_code(x,n)
% x 为数值,n 为二进制码的总位数
y = zeros(1,n);
for i = 1:n
    v = mod(x,2);
    y(n-i+1) = v;
    x = (x-v)/2;
end
function y = fun_chaos_num(x)
k = length(x);
y = 0;
for i = 1:k
    y = y+x(i)*2^(k-i);
end
if y = =0
    y = 2^k;
end
function c = fun_chaos_add(a,b)
k = length(a);
c = zeros(1,k);
for i = 1:k
    v = a(i)+b(i);
    c(i) = mod(v,2);
end
```

4) 加密与解密

命令窗口下执行：

>> YY = exam_chaos('秋水共长天一色',0.4677783)

YY =

宿厦冰吧烦柴趋

>> ZZ = exam_chaos(YY,0.4677783)

ZZ =

秋水共长天一色

10.4 RSA 密码

一、RSA 公钥密码体制

1. 非对称密码体制

前面介绍了混沌密码,加密与解密是使用相同的密钥,属于对称密码体制。使用对称密码体制,能够实现以约定密钥的方式进行信息加密与解密,但也存在着以下一些缺陷:①若两人无约定密钥(例如两人不熟识或以前无信息联系情形),需要使用安全通道约定密钥,这种通道的建立通常比较困难;②若进行多人间加密通信,密钥各不相同时,密钥管理存在较大困难(例如,n 个人进行通信,需要 $C_n^2 = n(n-1)/2$ 个密钥,密钥的安全保存与更新是一项复杂的工作);③若进行第三方信息认证(B 将 A 的信息传送给 C,由 C 判断该信息是否来源于 A),密码体制不支持。基于上述原因,对称密码体制不适合现代计算机网络通信。

1976 年,两位美国计算机学家 Diffie 和 Hellman 在一篇题为"密码学的新方向"的文章中提出了一种崭新构思,不仅加密算法可以公开,而且加密密钥也可以公开,通信双方可以在不直接传递密钥的情况下,完成解密。这篇论文使人们认识到:加密和解密可以使用不同的规则,只要这两种规则之间存在某种对应关系即可,这样就避免了直接传递密钥。这种新的加密体制被称为非对称加密体制,也称公钥密码体制。

A、B 双方通过公钥密码体制实现通信方式如下:

(1) B 方生成两把密钥(公钥和私钥),其中公钥是公开的,任何人都可以获得,私钥则是保密的,有 B 方单方保存。

(2) A 方获取 B 方的公钥,用它对明文信息进行加密,得到密文信息,然后将密文信息传送给 B 方。

(3) B 方获得密文信息后,使用私钥进行解密,得到明文信息。

以上是 A→B 的保密信息传送,类似地可以进行 B→A。

2. RSA 密码

1977 年,美国麻省理工学院三位数学家 Rivest、Shamir 和 Adleman 设计了一种密码算法,可以实现信息的非对称加密,这种算法用他们三个人的名字命名,称为 RSA 密码算法。RSA 算法的公钥与密钥的计算方法如下:

(1) 取两个素数 p 和 q,计算 $n = pq$(p、q 保密,n 公开)。

(2) 计算欧拉函数 $\varphi(n) = (p-1)(q-1)$,其中 $\varphi(n)$ 表示小于 n 且与 n 互素的整数个数。

（3）选取整数 e 作为加密密钥（e 为公钥，公开），满足 $1<e<\varphi(n)$，$\gcd(e,\varphi(n))=1$。

（4）求解 d，使得 $de=1(\mathrm{mod}\,\varphi(n))$（$d=e^{-1}(\varphi(n))$），将 d 作为解密密钥（d 为私钥，保密）。

若进行信息加密，则

$$c = m^e(\mathrm{mod}\,n) \tag{10.13}$$

式中：m 为明文；c 为密文。若进行信息解密，则

$$m = c^d(\mathrm{mod}\,n) \tag{10.14}$$

RSA 算法的安全性依赖于大数分解，因此，模数 n 必须选大一些，因具体适用情况而定。RSA 算法从提出到现今的几十年中，经历了各种攻击的考验，一直是使用最为广泛的非对称密码算法。

例 10 - 7 $p=43$，$q=59$，$e=17$，使用 RSA 密码算法（$p=43$，$q=59$，$e=17$）对 1519 进行加密，得到密文数值后进行解密。

解： $n=pq=43\times59=2537$，$\varphi(n)=(p-1)(q-1)=2436$

由于 $17\times1433=2436\times10+1$，故

$$d = e^{-1} = 1433(\mathrm{mod}\,2436)$$

加密：

$$1027 = 1519^{17}(\mathrm{mod}\,2537)$$

解密：

$$1519 = 1027^{1433}(\mathrm{mod}\,2537)$$

二、MATLAB 加密与解密

例 10 - 8 使用以下 RSA 密码算法参数，加密明文：THE FEELING OF MATHEMATICAL BEAUTY（字符集索引见表 10 - 2）。

（1）两字符一组加密，$p=43$，$q=59$，$e=17$；

（2）四字符一组加密，$p=4513$，$q=9887$，$e=2539$。

解：1）程序说明（exam10_8 程序包中程序）

exam_RSA_mc% 加密程序

exam_RSA_cm% 解密程序

fun_RSA_seek% 查找单个字符在字符集中的索引值

fun_RSA_inv% 模 n 求逆

fun_RSA_mul% 模 n 乘幂

fun_RSA_sub% 对字符串进行分组并确定索引值

2）MATLAB 程序

```
function Z = exam_RSA_mc(X,e,n,t)
% X 为明文字符串,e、n 为密钥,t 为每组中字符个数
load SS
Y = fun_RSA_sub(X,SS,t);
a = length(Y);
```

```matlab
Z = zeros(1,a);
for i = 1:a
    Z(i) = fun_RSA_mul(Y(i),e,n);
end
function C = exam_RSA_cm(X,p,q,e,t)
% X 为明文字符串,e、n 为密钥,t 为每组中字符个数
load SS
u = length(SS);
n = p*q;
fn = (p-1)*(q-1);
d = fun_RSA_inv(e,fn);
a = length(X);
Y = zeros(1,a);
for i = 1:a
    Y(i) = fun_RSA_mul(X(i),d,n);
end
Z = zeros(t,a);
for j = 1:a
    w = Y(j);
    for i = t:-1:1
        v = mod(w,100);
        Z(i,j) = v;
        if v = = 0
            Z(i,j) = u;
        end
        w = (w-v)/100;
    end
end
k = 1;
for j = 1:a
    for i = 1:t
        C(k) = SS(Z(i,j));
        k = k+1;
    end
end
function Z = fun_RSA_sub(X,S,c)
% X 为加密或解密字符串,S 为字符集,c 为每组字符数
n = length(S);
s = length(X);
r = mod(s,c);
if r ~ = 0;
    for i = s+1:s+(c-r)
        X(i) = ' ';
```

```
            end
        end
[p,s] = size(X);
w = s/c;
Y = zeros(c,w);
k = 1;
for j = 1:w
    for i = 1:c
        Y(i,j) = fun_RSA_seek(X(k),S);
        k = k + 1;
    end
end
for j = 1:w
    Z(j) = 0;
    t = 1;
    for i = c: -1:1
        Z(j) = Z(j) + Y(i,j) * t;
        t = t * 100;
    end
end
function y = fun_RSA_seek(x,S)
% x 为查询字符,S 为字符集
n = length(S);
k = 1;
while k < =n&x ~ = S(k)
    k = k + 1;
end
y = mod(k,n);
function d = fun_RSA_inv(x,n)
% d * e = 1(mod(n))
con = 1;
k = 1;
con = 1;
while k < n&con = =1
    w = mod(x * k,n);
    if w = =1
        d = k;
        con = 0;
    end
    k = k + 1;
end
function y = fun_RSA_mul(x,k,n)
% y = x^k(mod(n))
```

```
y = x;
for i = 1:k - 1
    z = y * x;
    y = mod(z,n);
end
```

3) 加密与解密

```
>> Y = exam_RSA_mc('THE FEELING OF MATHEMATICAL BEAUTY',17,2537,2)
Y =
      1567    1537    1746    452     84      761     646     927     2334    1604
2320  314     2279    323     593     2025    2085
>> Z = exam_RSA_cm(Y,43,59,17,2)
Z =
THE FEELING OF MATHEMATICAL BEAUTY
>> Y = exam_RSA_mc('THE FEELING OF MATHEMATICAL BEAUTY',2539,44620031,4)
Y =
      38262959   9325936    9840978    10872816   4917631    27002309
24507295   10464114   31463446
>> Z = exam_RSA_cm(Y,4513,9887,2539,4)
Z =
THE FEELING OF MATHEMATICAL BEAUTY
```

10.5 实验练习

1. 使用 Hill 密码算法编写程序，对英文字符串或汉文字符串进行加密。
2. 使用混沌密码算法编写程序，对英文字符串或汉文字符串进行加密。
3. 使用 RSA 密码算法编写程序，对英文字符串或汉文字符串进行加密。

第 11 章 分形模拟实验

11.1 实验目的

一、问题背景

分形(fractal)由曼德布罗特(Mandelbrot)在 1973 年首次提出,原意是不规则的、分数的、破碎的,它是一种具有自相似特征的图形、现象或物理过程。形象地说,分形就是组成部分以某种方式与整体具有相似结构的图形,也称为分形几何。实际上,对于什么是分形,到目前为止还不能给出一个确切定义。Falconer 通过列出分形的具体特征来给分形下定义,若一个集合 F 为分形集,应具备以下特征:

(1) F 具有精细结构,即具有任意小尺度下的细节。
(2) F 是不规则的,不能用微积分或传统的几何语言来描述。
(3) F 具有某种自相似性,可能是近似的自相似或者统计的自相似。
(4) F 的分形维数大于它的拓扑维数。
(5) F 的定义通常是非常简单的,可由迭代方法产生。

不规则现象在自然界是普遍存在的,如闪电、树冠、玉石裂口、毛细血管、小肠绒毛等。分形几何产生以后,很快就引起了许多学者的关注。当前,分形学理论与应用研究是现代科学研究的热门方向之一,研究成果已经应用到物理、化学、生命科学、材料科学、计算机科学、经济学、社会学等领域。

本实验主要介绍几种经典分形的生成,包括复迭代分形模拟(Julia 集、Mandelbrot 集)、几何图形的分形模拟(科赫曲线、分形树枝)与 DLA 模型的分形生长模拟。

二、实验目的

(1) 理解分形图形的性质。
(2) 理解 Julia 集与 Mandelbrot 集生成原理,会使用 MATLAB 软件进行计算机模拟。
(3) 理解科赫曲线与分形树枝生成原理,会使用 MATLAB 软件进行计算机模拟。
(4) 理解 DLA 模型原理,会使用 MATLAB 软件进行计算机模拟。

11.2 复迭代的分形模拟

设迭代关系式为

$$z_{k+1} = z_k^2 + c \tag{11.1}$$

式中:z_k ($k = 0, 1, 2, \cdots$)、c 为复数。给定初值 z_0、c,由式(11.1),可得复数迭代列

$\{z_k\}, (k=0,1,2,\cdots)$。

对式(11.1),固定 c,可得 Julia 集:
$$J_c = \{Z_0 | 迭代序列\{Z_k\} 有界\} \tag{11.2}$$

对式(11.1),固定 Z_0,可得 Mandelbrot 集:
$$M_z = \{c | 迭代序列\{Z_k\} 有界\} \tag{11.3}$$

对于式(11.2)与式(11.3)的图像绘制,每个像素点的值可取迭代不稳定时的数值,例如某点迭代初值为 Z_0,满足 $|Z_{t-1}| \leq M$ 和 $|Z_t| > M$,则图像在该点的像素值可取 t 或 t mod K,其中 M 为预先设定的阈值,K 为设定的颜色数。

一、Julia 集

1. 算法设计

(1) 设定初值 c,图像大小 $b \times a$,迭代次数 n,阈值 M,颜色数 K。

(2) $k=0$,初始化迭代矩阵 Z、$C(C = c \times ones(b,a))$ 与图像显示矩阵 P。

(3) $Z = Z.*Z + C, k = k+1$,若 $|Z(i,j)| > M$,取 $P(i,j) = k \bmod K$,并置 $C(i,j) = 0$ 与 $Z(i,j) = 0$(即 $P(i,j)$ 已经取得具体数值,不再改变)。

(4) 若 $k < n$,转入(3),否则进入(5)。

(5) 显示图像。

2. MATLAB 程序

```
function exam11_1(c,a,b,M,K,n,cx,cy,zm)
% 分形绘制程序—Julia 集
% c 为初始值,b*a 为图像网格,M 为阈值,K 为颜色数,n 是迭代次数,(cx,cy)是图像中心,zm
是放缩倍数
delta = M/zm;
xl = cx - delta;
xr = cx + delta;
yd = cy - delta;
yu = cy + delta;
x = linspace(xl,xr,a);
y = linspace(yd,yu,b);
[X,Y] = meshgrid(x,y);
Z = X + Y*i;
P = zeros(b,a);
C = c*ones(b,a);
for k = 1:n
    Z = Z.^2 + C;
    P(abs(Z) >M) = mod(k,K);
    C(abs(Z) >M) = 0;
    Z(abs(Z) >M) = 0;
end
imshow(255 - P,[])
```

3. 实验结果

取 $c=i, a=b=501, M=2, K=256, n=300, cx=0, cy=0, zm=1$，即执行：

> > exam11_1(i,501,501,2,256,300,0,0,1)

可得图 11-1。

图 11-1 Julia 集 $c=i, zm=1$

图 11-1 中 Julia 集是一条无圈曲线，婉似一块玉石上的裂纹。若将该图放大 100 倍，即执行：

> > exam11_1(i,501,501,2,256,300,0,0,100)

执行结果见图 11-2。通过对比两幅图像，曲线具有高度自相似特征。

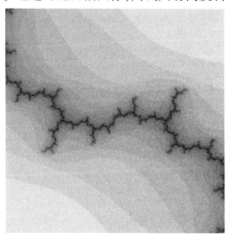

图 11-2 Julia 集 $c=i, zm=100$

取 $c=-0.765+0.12i, a=b=401, M=2, K=50, n=300, cx=0, cy=0, zm=1$，即执行：

> > exam11_1(-0.765+0.12i,401,401,2,256,300,0,0,1)

执行结果见图 11-3。图中 Julia 集是一个完全不连通集合，即其中任意两点都不能用一条落在该集合内的曲线连接，Fatou 比较早的注意到这个现象，因此人们称其为"Fatou 尘埃"。

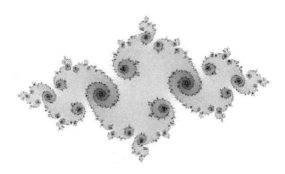

图 11-3　Julia 集 $c = -0.765 + 0.12i, zm = 1$

二、Mandelbrot 集

1. 算法设计

(1) 设定初值 c，图像大小 $b \times a$，迭代次数 n，阈值 M。

(2) $k = 0$，初始化迭代矩阵 $\boldsymbol{Z}$、$\boldsymbol{C}(\boldsymbol{C} = \boldsymbol{Z})$ 与图像显示矩阵 $\boldsymbol{P}$。

(3) $\boldsymbol{Z} = \boldsymbol{Z}.*\boldsymbol{Z} + \boldsymbol{C}, k = k + 1$，若 $|\boldsymbol{Z}(i,j)| > M$，取 $\boldsymbol{P}(i,j) = k$，并置 $\boldsymbol{Z}(i,j) = 0$ 与 $\boldsymbol{C}(i,j) = 0$。

(4) 若 $k < n$，转入(3)，否则进入(5)。

(5) 显示图像。

2. MATLAB 程序

```
function exam11_2(a,b,M,n,cx,cy,zm)
% 分形绘制程序—Mandelbrot 集
% b*a 为图像网格,M 为阈值,n 是迭代次数,(cx,cy)是图像中心,zm 是放缩倍数
delta = 2/zm;
xl = cx - delta;
xr = cx + delta;
yd = cy - delta;
yu = cy + delta;
x = linspace(xl,xr,a);
y = linspace(yd,yu,b);
[X,Y] = meshgrid(x,y);
Z = X + Y*i;
P = zeros(b,a);
C = Z;
for k = 1:n
    Z = Z.^2 + C;
    P(abs(Z) > M) = k;
    Z(abs(Z) > M) = 0;
    C(abs(Z) > M) = 0;
end
imshow(P,[])
```

3. 实验结果

取 $a=b=500, M=4, n=200, cx=0, cy=0, zm=1$，即执行：

> > exam11_2(500,500,4,200,0,0,1)

可得图 11-4。

图 11-4　Mandelbrot 集 $cx=0, cy=0, zm=1$

Mandelbrot 集的边界比较复杂，既包含许多小的 Mandelbrot 集(图 11-5)，又具备独特的特征(图 11-6)。

取 $a=b=500, M=4, n=200, cx=-1.479, cy=0, zm=320$，即执行：

> > exam11_2(500,500,4,200,-1.479,0,320)

可得图 11-5。

图 11-5　Mandelbrot 集 $cx=-1.479, cy=0, zm=320$

取 $a=b=500, M=4, n=200, cx=-0.4, cy=0.59, zm=200$，即执行：

> > exam11_2(500,500,4,200,-0.4,0.59,200)

可得图 11-6。

图 11-6 $cx = -0.4, cy = 0.59, zm = 200$

11.3 科赫曲线与树枝的分形模拟

一、科赫曲线

1. 问题表述

1904年瑞典科学家科赫(Koch)描述了下述曲线:第一步,在给定直线段 L_0 上对其三等分,将中间的一段用以该线段为边的等边三角形的另外两边替换,得到图形 L_1;第二步,对 L_1 上每一小段都按第一步方式操作,得到 L_2;如此进行下去,直到无穷,便可得到科赫曲线 K(图 11-7)。

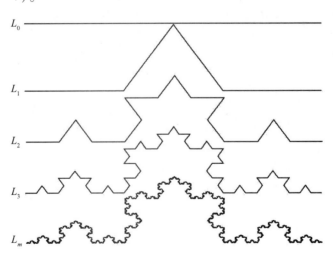

图 11-7 科赫曲线

2. 算法设计

每次等分时,在每一小段上,由起始点坐标 p_1、p_2,生成曲线三等分坐标 w_1、w_2、w_3、w_4

(图 11-8),其中:

$$w_1 = p_1$$

$$w_2 = p_1 + \frac{p_2 - p_1}{3}$$

$$w_3 = w_2 + \frac{p_2 - p_1}{3}\begin{bmatrix} \cos\frac{\pi}{3} & \sin\frac{\pi}{3} \\ -\sin\frac{\pi}{3} & \cos\frac{\pi}{3} \end{bmatrix}$$

$$w_4 = p_1 + 2\frac{p_2 - p_1}{3}$$

将生成点的坐标排列新的矩阵,矩阵中相邻的上下行表示新生成的直线段,然后进行下一次等分,直到满足要求为止。

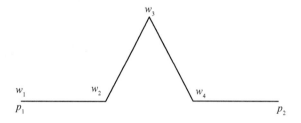

图 11-8 科赫曲线三等分点关系对照图

3. MATLAB 程序

```
function exam11_3(p,n)
% 分形绘制程序—koch 曲线、koch 雪花
% p 表示初始点,n 表示三分次数,由于线段增长类型为指数型,实际使用时 n 不宜超过 8
A = [cos(pi/3) sin(pi/3); -sin(pi/3) cos(pi/3)];
[s,t] = size(p);
m = s - 1;
for k = 1:n
    j = 0;
    for i = 1:m
        q1 = p(i,:);
        q2 = p(i + 1,:);
        d = (q2 - q1)/3;
        j = j + 1;
        w(j,:) = q1;
        j = j + 1;
        w(j,:) = q1 + d;
        j = j + 1;
        w(j,:) = q1 + d + d * A;
        j = j + 1;
```

```
            w(j,:) = q1 + 2 * d;
        end
        m = 4 * m;
        p = [w;q2];
end
plot(p(:,1),p(:,2),'k')
axis off
```

4. 实验结果

命令窗口下执行：

```
>> p = [0,0;10,0];
>> exam11_3(p,6)  % 图 11 - 9(a)
>> p = [0,0;5,5 * sqrt(3);10,0;0,0];
>> exam11_3(p,1)  % 图 11 - 9(b)
>> exam11_3(p,6)  % 图 11 - 9(c)
```

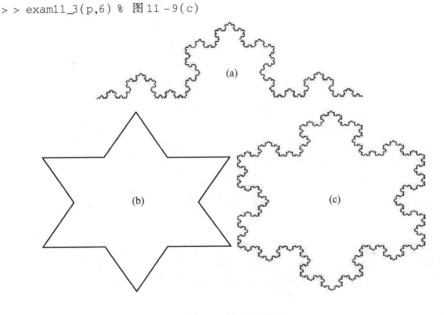

图 11 - 9 科赫雪花

二、分形树枝

1. 问题表述

第一步，在给定直线段 L_0 上对其三等分，得到内部两个分点，然后在两个分点处（以分点为起点）分别以左右转角 θ 生长出新线段（新线段长度可以为等分后线段的长度），得到图形 L_1；第二步，对 L_1 上每一小段都按第一步方式操作，得到 L_2；如此进行下去，直到无穷，便可得到分形树枝（图 11 - 10）。

2. 算法设计

每次等分时，在每一小段上，由起始点坐标 p_1、p_2，生成曲线三等分坐标 w_1、w_2、$\cdots$、w_{10}（图 11 - 11），其中：

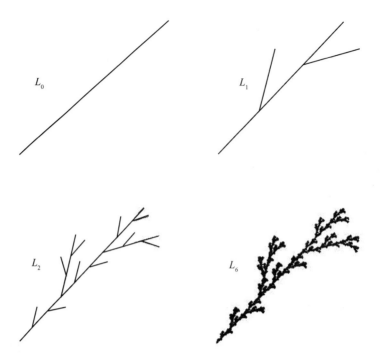

图 11-10 分形树枝

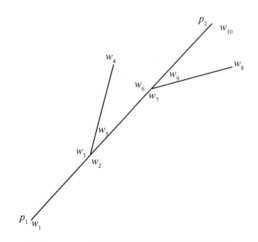

图 11-11 分形树枝等分点关系对照图

$$w_1 = p_1, w_2 = p_1 + \frac{p_2 - p_1}{3}$$

$$w_3 = w_2, w_4 = w_3 + \frac{p_2 - p_1}{3}\begin{bmatrix} \cos\theta & \sin\theta \\ -\sin\theta & \cos\theta \end{bmatrix}$$

$$w_5 = w_2, w_6 = w_5 + 2\frac{p_2 - p_1}{3}$$

$$w_7 = w_6, w_8 = w_7 + \frac{p_2 - p_1}{3}\begin{bmatrix} \cos\theta & -\sin\theta \\ \sin\theta & \cos\theta \end{bmatrix}$$

$$w_9 = w_6, w_{10} = p_2$$

将生成点的坐标排列新的矩阵，矩阵中奇数行表示新生成的直线段的起点，与之相邻的下一行为终点，然后将生成的直线段进行下一次等分，直到满足要求为止。

3. MATLAB 程序

```
function exam11_4(p,theta,n)
% 分形绘制程序—分形树枝
% theta 表示生长角度,n 表示生长次数,由于线段增长类型为指数型,实际使用时 n 不宜超过 7
m = 2;
plot(p(:,1),p(:,2),'k')
hold on
A = [cos(theta) sin(theta); -sin(theta) cos(theta)];
for k = 1:n
    i = 1;
    for j = 1:2:m
        p1 = p(j,:);
        p2 = p(j+1,:);
        d = (p2 - p1)/3;
        w(i,:) = p1;
        i = i + 1; q1 = p1 + d; w(i,:) = q1;
        i = i + 1; w(i,:) = q1;
        i = i + 1; q2 = q1 + d * A; w(i,:) = q2;
        i = i + 1; w(i,:) = q1;
        i = i + 1; q3 = p1 + 2 * d; w(i,:) = q3;
        i = i + 1; w(i,:) = q3;
        i = i + 1; q4 = q3 + d * A'; w(i,:) = q4;
        i = i + 1; w(i,:) = q3;
        i = i + 1; w(i,:) = p2; i = i + 1;
        point = [q1;q2]; % 新生成点,添加绘图线
        plot(point(:,1),point(:,2),'k');
        point = [q3;q4]; % 新生成点,添加绘图线
        plot(point(:,1),point(:,2),'k');
    end
    p = w;
    m = 5 * m;
end
axis off
```

4. 实验结果

实验结果如图 11 – 12 所示。

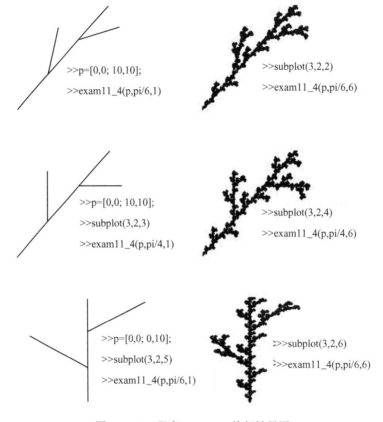

图 11 – 12　程序 exam11_4 执行结果图

11.4　DLA 模型的分形生长模拟

DLA(Diffusion limited Aggregation,扩散限制凝聚)模型由美国科学家韦廷(Witten)与桑得(Sander)在 1981 年首次提出,针对悬浮溶液或大气中的金属粉末、煤尘与烟尘的扩散凝聚问题进行了研究。DLA 模型提出后,立即引起了人们的重视。人们使用 DLA 模型模拟自然界的一些不规则图形生长过程,例如晶体生长、凝聚生长、雪花生成等,取得了一系列成果。至今,DLA 模型的研究成果已经在物理、化学、生物、医学、材料科学等领域得到应用。

一、算法原理

(1)选取一个 $a \times b$ 的矩阵表示生长区域,在区域的中央设置一个固定的粒子(可设置矩阵中心点的值为 1,其他点的值为 0,图 11 – 13(a)中黑色方块表示该点值 1,白色方块表示该点值 0),设置变量 k 表示释放粒子个数,置 $k=1$。

(2)置 $k=k+1$,表示在区域边界处释放一粒子(图 11 – 13(b)),让其随机游动(上、下、左、右的游动概率为 1/4,图 11 – 13(b)中折线表示游动路径,E 表示游动终点),若粒子与种子接触(上下或左右相邻),该粒子就附着于种子上,形成粒子簇(图 11 – 13(c)),

若粒子游动到区域之外,则清除该粒子。

(3) 若 $k<n$,则转入(2)(图 11-13(d)),否则进入(4)。

(4) 绘制粒子簇图形。

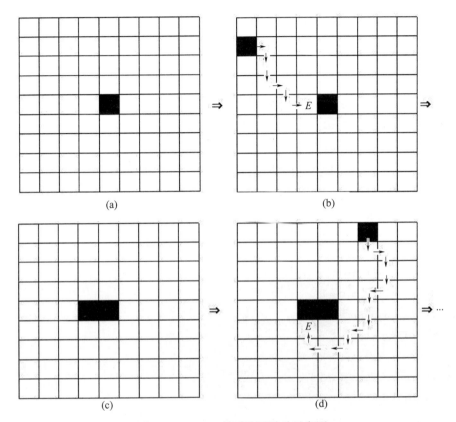

图 11-13 DLA 模型粒子游动示意图

二、MATLAB 程序

```
function P = exam11_5(a,b,n)
% 分形绘制程序——DLA 分形生长模拟
% a(b 表示生成网格,n 表示迭代步数
P = zeros(a,b);
cx = round((a-1)/2);
cy = round((b-1)/2);
P(cx,cy) = 1;
for i = 1:n
    [P,ss,tt] = fun11_5_input(P);% 投放粒子
    con = 1;
    while con = = 1
        [P,ss,tt,con] = fun11_5_seek(P,ss,tt);% 周边查询
```

```
            if con = =1
                [P,ss,tt,con] = fun11_5_move(P,ss,tt);% 粒子移动
            end
        end
        P(:,b) = zeros(a,1);P(:,1) = zeros(a,1);P(1,:) = zeros(1,b);P(a,:) = zeros(1,b);
    end
    save P P
    imshow(1 - P,[]);
    function [A,r,c] = fun11_5_input(A)
    % 粒子投入控制函数(exam11_5 子函数)
    % A 表示图像矩阵,r 表示投入点所在的行,c 表示投入点所在的列
    [s,t] = size(A);
    p = rand;
    q = rand;
    if p < 0.25
        m = ceil(q * s);
        A(m,1) = 1;r = m;c = 1;
    elseif p > = 0.25&p < 0.5
        m = ceil(q * s);
        A(m,t) = 1;r = m;c = 1;
    elseif p > = 0.5&p < 0.75
        m = ceil(q * t);
        A(1,m) = 1;r = 1;c = m;
    else
        m = ceil(q * t);
        A(s,m) = 1;r = s;c = m;
    end
    function [A,r,c,con] = fun11_5_move(A,x,y)
    % 粒子随机游动函数(exam11_5 子函数)
    % A 表示图像矩阵,x 表示游动粒子所在的行,y 表示游动粒子所在的列
    [s,t] = size(A);
    xy = [ -1,0;1,0;0, -1;0,1];
    rr = ceil(rand * 4);
    r = x + xy(rr,1);
    c = y + xy(rr,2);
    A(x,y) = 0;
    con = 0;
    if (r > = 1&r < = s)&(c > = 1&c < = t)
```

```
        con = 1;
        A(r,c) = 1;
end
function [A,xx,yy,con] = fun11_5_seek(A,x,y)
% 查询游动粒子周围点是否存在粒子簇(exam11_5 子函数)
% A 表示图像矩阵,x 表示游动粒子所在的行,y 表示游动粒子所在的列
[s,t] = size(A);
xy = [ -1,0;1,0;0, -1;0,1];
k = 1;
con = 1;
while con = =1&k < =4
    r = x + xy(k,1);
    c = y + xy(k,2);
    if (r > =1&r < =s)&(c > =1&c < =t)
        if A(r,c) = =1
            con = 0;
        end
    end
    k = k +1;
end
xx = x;yy = y;
```

三、实验结果

实验结果如图 11 - 14 所示。

图 11 - 14　DLA 分形生长粒子簇图形($a = b = 501, n = 3 \times 10^6$)

11.5　实验练习

1. 编写 MATLAB 程序绘制关于 Julia 集的分形图,至少给出 3 种类型的图形。
2. 编写 MATLAB 程序绘制关于 Mandelbrot 集的分形图,至少给出 3 种类型的图形。
3. 根据图 11 – 15 中的等分方式,编写 MATLAB 程序并绘图。

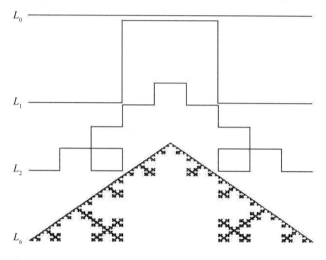

图 11 – 15

4. 使用 DLA 模型,编写 MATLAB 程序,实现分形生长模拟。

第 12 章 遗传算法实验

12.1 实验目的

一、问题背景

遗传算法(Genetic Algorithm)起源于对生物进化过程的计算机模拟研究,是由美国 Michigan 大学的 Holland 教授于 1975 年在他的专著《自然界和人工系统的适应性》(Adaptation in Nature and Artificial Systems)中提出的。遗传算法是一种以自然选择和遗传理论为基础的随机搜索算法,它将问题空间的一个个可行解看作群体(Population)中的一个个体(Individual)或染色体(Chromosome),并将每个个体编码成符号串的形式,模拟达尔文的遗传选择和自然淘汰的生物进化过程,对群体进行反复的操作。根据预先确定的适应度函数对每个个体进行评价,依据适者生存、不适者被淘汰的进化规则,更新群体,同时以全局并行的方式寻找最优个体。相比较其他优化算法,遗传算法具有算法简单、自适应、易并行、可扩展、鲁棒性强等特点,而且对原问题本身要求不苛刻(例如不需要有连续、可导等要求),因此在函数优化、组合优化、生产调度、自动控制、图像与信号处理、人工生命等领域得到广泛应用。

二、实验目的

(1) 理解遗传算法原理。
(2) 会使用遗传算法进行优化计算。

12.2 基本遗传算法原理

基本遗传算法(Simple Genetic Algorithm,SGA)是以生物界遗传学的遗传进化过程为基础,首先把问题的可行解空间映射成编码空间,然后在编码空间对染色体的编码串(Chromosome Coding)进行遗传操作,得到最优的编码串,最后再返回到问题空间的一种进化计算方法。遗传算法发展至今有各种各样的版本,有很多的提高和改进。无论那种版本,也无论如何提高和改进,其基本结构还是不变的,关键问题还是编码的设计、适应度函数(Fitness Function)的设计、选择算子(Selection Operator)、交叉算子(Crossover Operator)和变异算子(Mutation Operator)的设计。本节以 1975 年 Holland 最初的版本为基础介绍遗传算法的基本结构和要素。

一、编码问题

如何将问题的一个个可行编码为一条一条的染色体是遗传算法求解过程中的一个

关键问题。编码对于算法的性能影响很大,与遗传算子(如选择、交叉和变异)的设计问题密切相关。同一个问题用不同的编码求解,得到的结果可能相差很大。最常用的编码有二进制编码、Gray 编码、实数向量编码、排列编码、结构式编码等。下面以二进编码为例介绍遗传算法的编码与解码问题。

1. 编码

遗传算法使用特定长度的符号串来表示染色体,染色体也称为个体,染色体中每个符号称为基因(Gene)。在二进制编码中用由 0 和 1 组成的字符串表示染色体,二进制符号 0 或 1 表示基因,二进制符号串的位数称为染色体的长度,即基因的个数。例如:$X = 1011000111000101$,该染色体的长度 $n = 16$。对于初始群体,各个个体的基因 0 或 1 可由随机数发生器来生成。

若实际问题中某参数的取值范围为 $[U_1, U_2]$,要求的精度为小数点后为 k 位,则 $[U_1, U_2]$ 至少分成 $(U_2 - U_1) \times 10^k$ 份,即至少要有 $(U_2 - U_1) \times 10^k + 1$ 条不同的染色体,故染色体的长度

$$n \geq \min_m [2^m \geq (U_2 - U_1) \times 10^k + 1] \tag{12.1}$$

例如,某参数取值范围为 $[-1,2]$,要求的精度为小数点后 5 位,则 $[2-(-1)] \times 10^5 = 300000$,由于 $2^{18} = 262144 < 300001 < 524288 = 2^{19}$,即染色体的长度至少需要 19 位,可取 $n = 19$。

2. 解码

假设某个染色体编码为 $(b_k b_{k-1} b_{k-1} \cdots b_2 b_1)$,参数取值范围为 $[U_1, U_2]$,则对应的解码公式为

$$X = U_1 + \left(\sum_{i=1}^{k} b_i \times 2^{i-1}\right) \times \frac{U_2 - U_1}{2^k - 1} \tag{12.2}$$

例如,染色体编码为 (10011),参数取值范围为 $[5,8]$,则对应解码为

$$X = 5 + (1 \times 2^0 + 1 \times 2^1 + 0 \times 2^2 + 0 \times 2^3 + 1 \times 2^4) \times \frac{8-5}{2^5 - 1} = 6.8387$$

二、个体适应度

为评价种群中的各个染色体的优劣,需引入适应度函数,计算各染色体的个体适应度。根据不同类型的问题,需要确定适应度函数与目标函数的映射关系。一般适应度函数取非负数,最优问题是求目标函数的最大值问题,对于适应度函数为负值情形与求目标函数最小值问题,需要做预先的处理。

预先处理目标函数为负值时的情况,方法很多,下面举例说明一种处理方法。例如,对求最大值问题,且目标函数为 $f(x)$,可用如下方法定义适应度函数 $g(x)$,即

$$g(x) = \begin{cases} f(x) - f_{\min}, & f(x) - f_{\min} > 0 \\ 0, & \text{其他} \end{cases} \tag{12.3}$$

式中:$f_{\min}$ 可以为特定的输入值,也可以为遗传进化过程中某代染色体目标函数 $f(x)$ 的最小值。特别的取 $f_{\min} = -3$,若 $f(x) = 2$,则 $g(x) = 5$;若 $f(x) = -4.8$,则 $g(x) = 0$。

如果所求的问题为最小值问题,则取原问题的相反数的最大值问题

$$\min f(x) \Leftrightarrow \max(-f(x)) \tag{12.4}$$

例如下面的问题求解

$$\min f(x_1,x_2) = \sum_{i=1}^{4} i\cos[(i+1)x_1+i] \cdot \sum_{i=1}^{4} i\cos[(i+1)x_2+i]$$
$$-10 \leqslant x_1,x_2 \leqslant 10 \tag{12.5}$$

转化为

$$\max g(x_1,x_2) = 1000 - f(x_1,x_2)$$
$$= 1000 - \sum_{i=1}^{4} i\cos[(i+1)x_1+i] \cdot \sum_{i=1}^{4} i\cos[(i+1)x_2+i]$$
$$-10 \leqslant x_1,x_2 \leqslant 10 \tag{12.6}$$

式(12.6)中加1000是保证适应度函数是正数。

三、遗传算子

1. 选择算子

在基本遗传算法中,适应度越高的个体或染色体越有可能被选择出来进行交叉和变异操作,即染色体被选择的概率是染色体适应度的单调递增函数。一般的做法是取线性函数,即按与个体适应度成正比的概率来决定当前群体中各个个体遗传到下一代群体中的机会多少。若种群中染色体的总数为M,个体i的适用度为f_i,则个体i的选择概率为

$$P_i = \frac{f_i}{\sum_{k=1}^{M} f_k} \tag{12.7}$$

计算每条染色体的累积概率:

$$q_i = \sum_{j=1}^{i} P_j \tag{12.8}$$

当个体的选择概率和累计概率确定后,可通过产生[0,1]之间的均匀分布的随机数来决定哪个个体进行被选择。对产生的随机数为r,令

$$k = \min_{i}(q_i - r) > 0 \tag{12.9}$$

表示第k个个体被选择复制。

个体的选择概率大,则可能被多次选中,被多次选中的个体的遗传基因就会在种群中扩大;若个体的选择概率小,则被选中的可能性较小,未被选中个体在遗传进化过程中被淘汰。

2. 交叉算子

交叉算子(也称杂交算子)是指把两个父代个体的部分结构加以替换重组而生成新个体的操作。对父代个体集合进行随机配对,通过交叉算子,可形成子代集合。遗传算法可以选择单点交叉或多点交叉,基本遗传算法采用单点交叉算子,即从某个基因开始后面

的所有基因置换。例如对父代染色体 $X_1 = 1011011011001001$、$X_2 = 1001001111110100$ 的第 10 位进行交叉操作：

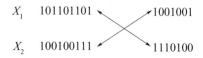

可得子代染色体 $Y_1 = 1011011011110100$；$Y_2 = 1001001111001001$。

3. 变异算子

变异算子是指通过变异概率改变染色体编码串的某个基因的数值，在二进制编码中就是 0 变成 1 或者 1 变成 0。在遗传算法中，对需进行变异的个体可随机的选择变异位进行操作，变异还是不变异由变异概率随机决定。例如，对染色体 $X = 1001110010010011$ 的第 6 位基因进行变异操作，可得新染色体 $Y = 1001100010010011$。

对于变异概率，可因解决问题不同进行灵活处理。当遗传算法通过交叉算子已接近最优解邻域时，变异概率取较小值，可以加速向最优解收敛；当遗传算法收敛到局部最优解时（出现早熟现象时），适当增大变异概率数值，可保持群体的多样性。变异概率的数值一般取 0.001 ~ 0.1。

四、算法步骤

1. 算法步骤

（1）根据问题参数要求，确定编码方案。
（2）生成初始群体，设置进化的最大代数为 K，并置进化代数计数器 $k = 0$。
（3）计算群体中各个体适用度。
（4）使用选择算子生成后代。
（5）使用交叉算子生成后代。
（6）使用变异算子生成后代。
（7）若 $k < K$，置 $k = k + 1$，转入（3），否则，进入（8）。
（8）输出最优结果。

2. 流程图（图 12 – 1）

五、部分 MATLAB 程序

```
function d = fun_decode(A,n,a,b)
% 解码操作,将二进制编码串转换为在[a,b]内对应的十进制数值
[p,q] = size(A);
for k = 1:p
    x = A(k,:);
    ss = 0;
    for i = 1:n
        ss = ss + x(i) * 2^(n - i);
    end
    d(k,1) = a + ss * (b - a)/(2^n - 1);
```

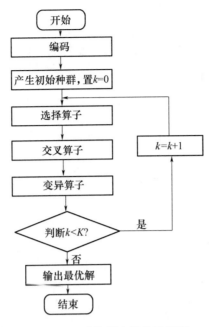

图 12-1 遗传算法操作流程图

```
end
function B = fun_selection(A,F,m,n)
% 选择算子。按个体适应度 F 从种群中 A 中选取 m 个形成种群 B,n 为编码串长度
[p,q] = size(A);
B = zeros(m,n);
s = sum(F);
F = cumsum(F)/s;
rr = rand(1,m);
for k = 1:m
    if rr(k) < F(1)
        w = 1;
    else
        con = 1;
        t = 2;
        while t < = p&con = = 1
            if rr(k) < F(t)&rr(k) > = F(t-1)
                w = t;
                con = 0;
            end
            t = t + 1;
        end
    end
    B(k,:) = A(w,:);
    D(k) = w;
```

```
end
function B = fun_crossover(A,k,n,r)
% 交叉算子,单点交叉操作。k 表示选择位,n 表示总位数,r 表示交叉概率
[p,q] = size(A);
B = zeros(p,q);
R = rand(p,1);
for i =1:2:p
    if R(i) < r
        a = A(i,:);
        b = A(i +1,:);
        a1 = a(1:k -1);
        a2 = a(k:n);
        b1 = b(1:k -1);
        b2 = b(k:n);
        B(i,:) = [a1,b2];
        B(i +1,:) = [b1,a2];
    else
        B(i,:) = A(i,:);
        B(i +1,:) = A(i +1,:);
    end
end
function A = fun_mutation(A,r)
% 变异算子,以变异概率 r 对种群 A 中基因进行变异操作
[p,q] = size(A);
B = rand(p,q);
for i =1:p
    for j =1:q
        if B(i,j) < r
            if A(i,j) == 1
                A(i,j) = 0;
            else
                A(i,j) = 1;
            end
        end
    end
end
end
```

12.3 遗传算法求解优化问题

一、一元函数优化问题

例 12 - 1 已知函数 $f(x) = 8\sin(5x) + 5\cos(4x)$,求 $f(x)$ 在 $[0,10]$ 内的最大值(理论精度小数点后 4 位)。

1. 编码

由于 $2^{16} < 10^5 + 1 < 2^{17}$，采用 17 位二进制数字串表示染色体。

2. 初始群体

设初始群体 A 含有 M 个染色体，取 $M = 10$，A 可以通过以下方式生成：

```
>> A = round(rand(10,17))% 表12-1
```

表 12-1

染色体编号	基因数值																
	1	2	3	4	5	6	7	8	9	10	11	12	13	14	15	16	17
1	0	1	1	1	1	1	1	1	1	1	1	1	1	1	1	0	1
2	0	1	1	1	1	0	0	0	0	0	1	1	1	1	0	1	1
3	0	1	1	0	1	1	1	0	1	1	0	1	0	1	0	0	0
4	1	0	0	0	0	1	1	1	1	1	0	1	0	0	1	1	0
5	0	1	1	1	0	1	0	1	0	1	0	1	1	1	0	1	0
6	1	1	1	1	1	0	0	0	0	1	0	0	0	0	1	1	0
7	1	1	1	0	0	0	1	0	1	0	0	1	1	1	1	0	0
8	1	0	0	0	0	0	1	1	0	1	0	0	1	1	1	0	0
9	1	0	0	0	0	0	1	0	1	1	0	0	0	0	1	1	1
10	0	0	1	1	0	0	0	0	0	0	0	0	0	0	1	1	0

3. 个体适应度

目标函数：$f(x) = 8\sin(5x) + 5\cos(4x)$

适应度函数：$g(x) = f(x) - f_{\min} + 1$

式中：$f_{\min} = \min\{f(x_i)\}$，$x_i$ 为 C_i 的解码，$i = 1, 2, \cdots, 10$。可执行：

```
>> [g,f] = fun_fitness(A,17,0,10);
>> fit = g'
fit =
8.4250   5.5769   10.3433   11.7301   4.7999   0   6.3587   10.8931   10.5579
9.5510
```

其中：

```
function [g,f] = fun_fitness(A,n,a,b)
% 适应度函数,用于计算 A 中各染色体的个体适应度
% n 为染色体长度,[a,b]为变量取值范围,g 为适应值,f 为目标函数值
[p,q] = size(A);
vx = fun_decode(A,n,a,b);% 见 12.2-五
for i = 1:p
    x = vx(i);
    f(i,1) = 8*sin(5*x) + 5*cos(4*x);
end
fmin = min(f);
for i = 1:p
```

```
        g(i,1) = f(i) - fmin +1;
    end
```

4. 选择算子

命令窗口下执行：

```
B = fun_selection(A,g,10,17) ;  % 见12.2-五
```

可得群体 A 中各个基因的选择概率(表12-2),通过产生的随机数列,可以得到关于群体 A 的选择标号(表12-3),从而生成群体 B(表12-4)。

表12-2

染色体编号	1	2	3	4	5
个体适应度	9.4250	6.5769	11.3433	12.7301	5.7999
选择概率	0.1068	0.0745	0.1286	0.1443	0.0657
累计概率	0.1068	0.1814	0.3099	0.4542	0.5199
染色体编号	6	7	8	9	10
个体适应度	1.0000	7.3587	11.8931	11.5579	10.5510
选择概率	0.0113	0.0834	0.1348	0.1310	0.1196
累计概率	0.5312	0.6146	0.7494	0.8804	1.0000

表12-3

随机序列	0.7060	0.0318	0.2769	0.0462	0.0971
选择标号	8	1	3	1	1
随机序列	0.8235	0.6948	0.3171	0.9502	0.0344
选择标号	9	8	4	10	1

表12-4

染色体编号	基因数值																
	1	2	3	4	5	6	7	8	9	10	11	12	13	14	15	16	17
1	1	0	0	0	0	0	1	1	0	1	0	0	1	1	1	0	0
2	0	1	1	1	1	1	1	1	1	1	1	1	1	1	1	0	1
3	0	1	1	0	1	1	0	1	0	1	0	1	0	1	0	0	0
4	0	1	1	1	1	1	1	1	1	1	1	1	1	1	1	0	1
5	0	1	1	1	1	1	1	1	1	1	1	1	1	1	1	0	1
6	1	0	0	0	0	0	1	1	0	0	0	0	0	0	1	1	1
7	1	0	0	0	0	1	1	0	1	0	0	1	1	1	1	0	0
8	1	0	0	0	1	1	1	1	0	1	0	1	1	1	1	1	0
9	0	0	1	1	0	0	0	0	0	0	0	0	0	1	1	1	0
10	0	1	1	1	1	1	1	1	1	1	1	1	1	1	1	0	1

5. 交叉算子

取交叉概率 $P_c=0.8$，交叉位 $k=9$，进行交叉运算：

C = fun_crossover(B,9,17,0.8);% 程序代码见 12.2 节（五）

表 12-5 给出了染色体配对及交叉判断结果，表 12-6 给出了交叉后新群体 C 的各基因数值。

表 12-5

染色体配对	1 与 2	3 与 4	5 与 6	7 与 8	9 与 10
随机序列	0.3517	0.5853	0.9172	0.7572	0.3804
交叉判断	是	是	否	是	是

表 12-6

染色体编号	基因数值																
	1	2	3	4	5	6	7	8	9	10	11	12	13	14	15	16	17
1	1	0	0	0	0	0	1	1	1	1	1	1	1	1	1	0	1
2	0	1	1	1	1	1	1	1	0	1	0	0	1	1	1	0	0
3	0	1	1	0	1	1	1	0	1	1	1	1	1	1	1	0	1
4	0	1	1	1	1	1	1	1	1	0	1	0	1	0	0	0	0
5	0	1	1	1	1	1	1	1	1	1	1	1	1	1	1	0	1
6	1	0	0	0	0	0	1	0	1	0	0	0	0	0	1	1	1
7	1	0	0	0	0	0	1	1	1	0	1	0	0	1	1	0	0
8	1	0	0	0	1	1	1	1	0	1	1	1	1	1	1	0	0
9	0	0	1	1	0	0	0	0	1	1	1	1	1	1	1	0	1
10	0	1	1	1	1	1	1	1	0	0	0	0	0	0	1	1	0

6. 变异算子

取变异概率 $P_m=0.01$，进行变异运算：

>> D = fun_mutation(C,0.01);% 程序代码见 12.2 节（五）

表 12-7 给出了变异后新群体 D 的各基因值，相比较群体 C，编号为 2 号染色体的第 12 位基因与编号为 8 的染色体的第 11 位基因发生了变异。

表 12-7

染色体编号	基因数值																
	1	2	3	4	5	6	7	8	9	10	11	12	13	14	15	16	17
1	1	0	0	0	0	0	1	1	1	1	1	1	1	1	1	0	1
2	0	1	1	1	1	1	1	1	0	1	0	1	1	1	1	0	0
3	0	1	1	0	1	1	1	0	1	1	1	1	1	1	1	0	1
4	0	1	1	1	1	1	1	1	1	0	1	0	1	0	0	0	0
5	0	1	1	1	1	1	1	1	1	1	1	1	1	1	1	0	1
6	1	0	0	0	0	0	1	0	1	0	0	0	0	0	1	1	1
7	1	0	0	0	0	0	1	1	1	0	1	0	0	1	1	1	0
8	1	0	0	0	1	1	1	1	0	1	0	1	1	1	1	0	0
9	0	0	1	1	0	0	0	0	1	1	1	1	1	1	1	0	1
10	0	1	1	1	1	1	1	1	0	0	0	0	0	0	1	1	0

D 即为所得到的下一代种群,通过解码操作,可以得到自变量 x 的数值,并相应得到目标函数值(数值计算可由 fun_value 函数完成,计算结果见表 12-8)。

```
function [xx,yy] = fun_value(A,n,a,b)
% 函数值计算
% n 为染色体长度,[a,b]为变量取值范围,xx 为染色体解码,yy 为目标函数值
[p,q] = size(A);
xx = fun_decode(A,n,a,b);% 程序代码见 12.2 节(五)
for i = 1:p
    x = xx(i);
    yy(i,1) = 8 * sin(5 * x) + 5 * cos(4 * x);
end
```

表 12-8

x	5.1561	4.9753	4.3357	4.9933	4.9998
$f(x)$	3.8135	0.4536	2.7799	0.8387	0.9775
x	5.1080	5.1494	5.2903	1.9138	4.9614
$f(x)$	3.1104	3.7295	4.3729	-0.1653	0.1587

7. 主程序

```
function [A,xx,yy] = exam12_1(K1,K2,m,n,t,pc,pm,a,b)
% K1 为遗传进化总代数,K2 为计算机显示控制数
% m 为群体规模,n 为染色体长度,t 为交叉算子选择位
% pc 为交叉概率,pm 为变异概率,[a,b]为解码取值范围
% A 为进化结束后群体,xx 为对应解码,yy 为目标函数值
A = round(rand(m,n));
for k = 1:K1
    [g,f] = fun_fitness(A,n,a,b);
    A = fun_selection(A,g,m,n);
    A = fun_crossover(A,t,n,pc);
    A = fun_mutation(A,pm);
    if mod(k,K2) = = 0
        [xx,yy] = fun_value(A,n,a,b);
        k
        dispx = xx'
        dispy = yy'
    end
end
[xx,yy] = fun_value(A,n,a,b);
```

命令窗口下执行:

```
>> [A,xx,yy] = exam12_1(500,100,10,17,9,0.8,0.01,0,10);
```

表 12-9 给出了此次实验结束后染色体的解码与目标函数值。

表 12-9

x	1.5494	1.5482	1.5494	1.5494	1.5495
$f(x)$	12.9359	12.9284	12.9359	12.9359	12.9368
x	1.5495	1.5495	1.3931	1.8620	1.5591
$f(x)$	12.9364	12.9364	8.8357	2.8882	12.9808

即表示 $x=1.5591$ 时，$f(x)=12.9808$ 为该实验计算最优结果。若种群规模扩大，执行：

```
>>[A,xx,yy] = exam12_1(2000,500,50,17,9,0.8,0.01,0,10);
```

则该实验结果中 $x=7.8557$ 时，$f(x)=12.9996$ 为最优值。

二、多元函数优化问题

例 12-2 求解下述优化问题：

$$\max f(x_1,x_2) = 21.5 + x_1\sin(4\pi x_1) + x_2\sin(20\pi x_2)$$
$$-3.0 \leq x_1 \leq 12.1, 4.1 \leq x_2 \leq 5.8$$

下述对例 10-2 的求解，只介绍与例 10-1 中不同的部分。

1. 编码

若选择理论精度与例 10-1 相同，由于

$$2^{17} = 131072 < 151001 < 262144 = 2^{18}, 2^{15} = 16384 < 17001 < 32768 = 2^{16}$$

从而可采用 34 位二进制数字串表示染色体，其中前 18 位用以表示 x_1，后 16 位用以表示 x_2。

2. 个体适应度

目标函数：$f(x_1,x_2) = 21.5 + x_1\sin(4\pi x_1) + x_2\sin(20\pi x_2)$

适应函数：$g(x) = f(x) - f_{\min} + 1$

式中 $f_{\min} = \min\{f(x_i)\}$，$x_i$ 为 C_i 的解码，$i=1,2,\cdots M$，M 为群体规模。编写 MATLAB 程序如下：

```
function [g,f] = fun_fitness(A,n1,n2,a,b,c,d)
% 适应函数,用于计算 A 中各染色体的个体适应度
% n1,n2 为染色体中两个变量对应编码长度,[a,b],[c,d]为变量取值范围,g 为适应值,f 为目标函数值
n = n1 + n2;
[p,q] = size(A);
A1 = A(:,1:n1);
A2 = A(:,n1+1:n);
v1 = fun_decode(A1,n1,a,b);
v2 = fun_decode(A2,n2,c,d);
for i = 1:p
    x = v1(i);
```

```
        y = v2(i);
        f(i,1) = x*sin(4*pi*x) +y*cos(20*pi*y) +21.5;
end
fmin = min(f);
for i =1:p
    g(i,1) = f(i) - fmin +1;
end
```

3. 函数值的显示

```
function [xx,f] = fun_value(A,n1,n2,a,b,c,d)
% 目标函数值计算,用于染色体相对应的自变量值与目标函数值
% n 为染色体长度,[a,b]、[c,d]为变量取值范围,xx 为染色体解码,f 为目标函数值
n = n1 +n2;
[p,q] = size(A);
A1 = A(:,1:n1);
A2 = A(:,n1 +1:n);
v1 = fun_decode(A1,n1,a,b);
v2 = fun_decode(A2,n2,c,d);
xx = [v1,v2];
for i =1:p
    x = v1(i);
    y = v2(i);
    f(i,1) = x*sin(4*pi*x) +y*cos(20*pi*y) +21.5;
end
```

4. 最优值的计算

在计算过程中,存在解的震荡现象,需要保存已计算出的最优解,可通过 fun_optimum 函数实现。

```
function [bc,bx,bf] = fun_optimum(A,n1,n2,a,b,c,d)
% 最优解的显示
% A 为种群编码,n1、n2 为两变量对应编码长度,[a,b],[c,d]为变量取值范围
% bc 为 A 中最优染色体,bx 为相对应变量值,bf 为相对应目标函数值
n = n1 +n2;
[p,q] = size(A);
[g,f] = fun_fitness(A,n1,n2,a,b,c,d);
m = length(f);
value = f(1);
w = 1;
for i =2:p
    if value < f(i)
        value = f(i);
        w = i;
    end
end
```

```
bc = A(w,:);
x1 = fun_decode(bc(1:n1),n1,a,b);
x2 = fun_decode(bc(n1+1:n),n2,c,d);
bx = [x1,x2];
bf = value;
```

5. 主程序

```
function [A,xx,f,num,vx,vf] = exam12_2(K1,K2,m,n1,n2,t,pc,pm,a,b,c,d)
% K1 为遗传进化总代数,K2 为计算机显示控制数
% m 为群体规模,n = n1 + n2 为染色体长度,t 为交叉算子选择位
% pc 为交叉概率,pm 为变异概率,[a,b],[c,d]为解码取值范围
% A 为进化结束后群体,xx 为对应解码,f 为目标函数值
% num、vx、vf 为演化过程中保存的最优值时对应进化代数、自变量值、目标函数值
n = n1 + n2;
A = round(rand(m,n));
vf = 0;
num = 0;
for k = 1:K1
    [g,f] = fun_fitness(A,n1,n2,a,b,c,d);
    A = fun_selection(A,g,m,n);
    A = fun_crossover(A,t,n,pc);
    A = fun_mutation(A,pm);
    [bc,bx,bf] = fun_optimum(A,n1,n2,a,b,c,d);
    if bf > vf
        vf = bf;
        vx = bx;
        num = k;
    end
    if mod(k,K2) == 0
        [xx,f] = fun_value(A,n1,n2,a,b,c,d);
        k
        dispx = xx'
        dispy = f'
    end
end
[xx,f] = fun_value(A,n1,n2,a,b,c,d);
```

6. 数值结果

取群体规模 $M = 50$,交叉位选择第 17 位,可执行:

```
>> [A,xx,f,num,vx,vf] = exam12_2(1000,200,50,18,16,17,0.8,0.01,-3,12.1,4.1,5.8);
>> num
num =
    356
```

```
>> vx
vx =
    11.6255    5.7000
>> vf
vf =
    38.8252
```

从该次实验结果中可以看出：在演化进行 356 代后，得到最优点 $x_1 = 11.6255$、$x_2 = 5.7000$，相应的最优值为 $f(x_1,x_2) = 38.8252$。

12.4 实验练习

1. 求优化问题

$$\min f(x_1,x_2) = \sum_{i=1}^{4} i\cos[(i+1)x_1 + i] \cdot \sum_{i=1}^{4} i\cos[(i+1)x_2 + i]$$

$$-10 \leq x_1, x_2 \leq 10$$

2. 求优化问题

$$\min f(x_1, x_2, \cdots, x_{10}) = -20\exp\left(-0.2\sqrt{\frac{1}{10}\sum_{i=1}^{10} x_i^2}\right) - \exp\left(\frac{1}{10}\sum_{i=1}^{10} \cos(2\pi x_i)\right)$$

$$-30 \leq x_i \leq 30, i = 1,2,\cdots,10$$

附录 A 数学计算常用 MATLAB 函数注释

A.1 基本数学函数

1. 三角函数

名称	说明	名称	说明
sin	正弦	sinh	双曲正弦
asin	反正弦	asinh	反双曲正弦
cos	余弦	cosh	双曲余弦
acos	反余弦	acosh	反双曲余弦
tan	正切	tanh	双曲正切
atan	反正切	atanh	反双曲正切
cot	余切	coth	双曲余切
acot	反余切	acoth	反双曲余切
sec	正割	sech	双曲正割
asec	反正割	asech	反双曲正割
csc	余割	csch	双曲余割
acsc	反余割	acsch	反双曲余割
atan2	四象限反正切		

2. 指数与对数函数

名称	说明	名称	说明
exp	指数	log	自然对数
log10	以 10 为底对数	log2	以 2 为底的对数
pow2	2 的幂	sqrt	平方根
nestpow2	最近邻的 2 的幂		

3. 复数函数

名称	说明	名称	说明
abs	复数的模	angle	相角
real	复数实部	imag	复数虚部
conj	复数共轭	complex	将实部和虚部构成复数
cplxpair	复数阵成共轭对形式排列	isreal	实数矩阵判断函数
unwrap	相位角 360°线调整		

4. 舍入与剩余函数

名称	说明	名称	说明
round	四舍五入取整	fix	向 0 取整
ceil	向正无穷大方向取整	floor	向负无穷大方向取整
sign	符号函数	rem	求余数(mod(m,n),取 m 符号)
mod	求余数(mod(m,n),取 n 符号)		

A.2 线性代数

1. 矩阵分析

名称	说明	名称	说明
det	行列式的值	norm	矩阵或向量范数
normest	估计 2 范数	null	零空间
orth	正交化	rank	秩
rref	简化为阶梯形	trace	迹
subspace	子空间的角度		

2. 线性方程

名称	说明	名称	说明
\,/	解线性方程(左除、右除)	inv	矩阵的逆
cond	矩阵条件数	condest	估计 1 - 范数条件数
chol	Cholesky 分解	cholinc	不完全 Cholesky 分解
lu	LU 分解	luinc	不完全 LU 分解
qr	QR 分解	rcond	LINPACK 逆条件数
pinv	伪逆	lscov	已知协方差的最小二乘积
linsolve	带特殊控制的线性方程求解		

3. 特征值与奇异值

名称	说明	名称	说明
eig	矩阵特征值和特征向量	eigs	多个特征值
condeig	矩阵各特征值的条件数	qz	广义特征值
svd	奇异值分解	svds	多个奇异值
poly	特征多项式	polyeig	多项式特征值问题
hess	Hessenberg 矩阵	gsvd	归一化奇异值分解
schur	Schur 分解		

4. 矩阵函数

名称	说明	名称	说明
expm	矩阵指数	expm1	矩阵指数的 Pade 逼近
logm	矩阵对数	sqrtm	矩阵平方根
funm	计算一般矩阵函数		

5. 分解功能函数

名称	说明	名称	说明
qrdelete	QR 分解出发消去列	qrinsert	QR 分解出发插入列
rsf2csf	实块对角型转换到复数对角型	cdf2rdf	复数对角型转换到实块对角型
balance	改善特征值精度的平衡刻度	planerot	Given's 平面旋转

A.3 数据分析与傅里叶变换

1. 数据分析

名称	说明	名称	说明
max	最大值	min	最小值
mean	平均值	median	中位数
sort	由小到大排序	sortrows	由小到大按行排序
range	求随机变量的范围	mad	求绝对差分平均值
sum	元素和	cumsum	元素累和
prod	元素积	cumprod	元素累积
hist	统计频数直方图	histc	直方图统计
var	求方差	std	标准差
cov	协方差	corrcoef	相关系数
skewness	偏斜度	kurtosis	偏斜度
dot	内积	cross	外积
trapz	梯形方法数值积分	cumtrapz	梯形法累计积分
quad	辛普生方法数值积分	quadl	Lobatto 法数值积分
quadgk	Gauss–Kronrod 方法数值积分	diff	差分或导数
gradient	梯度	del2	五点离散拉普拉斯算子

2. 滤波与卷积

名称	说明	名称	说明
filter	一维数字滤波器	fliter2	二维数字滤波器
conv	卷积和多项式相乘	conv2	二维卷积
convn	N 维卷积	deconv	解卷积和多项式相除
detrend	去除线性分量		

3. 傅里叶变换

名称	说明	名称	说明
fft	快速离散傅里叶变换	ifft	离散傅里叶反变换
fft2	二维离散傅里叶变换	ifft2	二维离散傅里叶反变换
fftn	N 维离散傅里叶变换	ifftn	N 维离散傅里叶反变换
fftshift	重排 fft 和 fft2 的输出	ifftshift	反 fftshift

A.4　数据插值、数据拟合与多项式

1. 数据插值与数据拟合

名称	说明	名称	说明
interp1	一维插值	interp1q	快速一维插值
interpft	利用 FFT 方法一维插值	interp2	二维插值
interp3	三维插值	intern	N 维插值
pchip	Hermite 插值	spline	三次样条插值
griddata	散乱节点插值	griddata3	三维散乱节点插值
griddatan	N 维散乱节点插值	ppval	计算分段多项式
polyfit	多项式拟合	lsqcurvefit	非线性曲线拟合
lsqnonlin	非线性最小二乘拟合		

2. 多项式函数

名称	说明	名称	说明
roots	求多项式的根	poly	由根创建多项式
polyval	求多项式的值	polyvalm	求矩阵多项式的值
conv	多项式相乘	deconv	多项式相除
polyder	多项式求导	polyfit	多项式拟合
polyint	积分多项式分析	residue	部分分式展开式

A.5　优化问题与方程求解

1. 最小化函数

名称	说明	名称	说明
linprog	线性规划	quadprog	二次规划
fmincon	非线性规划	fminbnd	无约束一元函数
fminunc	求无约束多元函数（函数阶数较高，效果优于 fminsearch）	fminsearch	求无约束多元函数（函数高度不连续时，效果优于 fminunc）
fminimax	最大最小化	fgoalattain	多目标规划
fseminf	半无限问题		

2. 方程求解

名称	说明	名称	说明
solve	符号代数方程	fsolve	非线性代数方程组
fzero	单变量代数方程	roots	多项式方程
ode23	低阶法解微分方程	ode45	高阶法解微分方程
ode113	变阶法解微分方程	ode23t	解适度刚性微分方程
ode15s	变阶法解刚性微分方程	ode23tb	低阶法解刚性微分方程
ode15i	隐式微分方程	dsolve	符号微分方程

A.6 符号数学计算

1. 符号表达式与符号函数

名称	说明	名称	说明
collect	合并	factor	因式分解
simple	多种形式简化	simplify	最优简化
pretty	以书写格式显示	expand	展开
numden	通分	horner	嵌套
subs	替换特定字符	subexpr	替换特定字符串
compose	复合函数	finverse	反函数

2. 符号微积分

名称	说明	名称	说明
limit	极限	diff	微分
int	积分	taylor	幂级数展开
symsum	级数求和	jacobian	Jacobian 阵

3. 符号积分变换

名称	说明	名称	说明
fourier	傅里叶变换	ifourier	傅里叶反变换
laplace	拉普拉斯变换	ilaplace	拉普拉斯反变换
ztrans	Z 变换	iztrans	Z 反变换

A.7 数字理论函数与坐标变换

1. 数字理论函数

名称	说明	名称	说明
gcd	求最大公因子	lcm	求最小公倍数
perms	排列	nchoosek	组合
primes	素数生成	isprime	素数判定
factor	素数分解		

2. 坐标变换

名称	说明	名称	说明
cart2pol	转换直角坐标系为极坐标系	pol2cart	转换极坐标系为直角坐标系
cart2sph	转换直角坐标系为球坐标系	sph2cart	转换球坐标系为直角坐标系
hsv2rgb	转换饱和色值颜色为红—绿—蓝系	rgb2hsv	转换红—绿—蓝系为饱和色值颜色

附录 B 加密算法使用的汉字集

一乙二十丁厂七卜人入八九几儿了力乃刀又三于干亏士工土才寸下大丈与万上小口巾山千乞川亿个勺久凡及夕丸么广亡门义之尸弓己已子卫也女飞刃习叉马乡丰王井开夫天无元专云扎艺木五支厅不太犬区历尤友匹车巨牙屯比互切瓦止少日中冈贝内水见午牛手毛气升长仁什片仆化仇币仍仅斤爪反介父从今凶分乏公仓月氏勿欠风丹匀乌凤勾文六方火为斗忆订计户认心尺引丑巴孔队办以允予劝双书幻玉刊示末未击打巧正扑扒功扔去甘世古节本术可丙左厉右石布龙平灭轧东卡北占业旧帅归且旦目叶甲申叮电号田由史只央兄叽叫另叨叹四生失禾丘付仗代仙们仪白仔他斥瓜乎丛令用甩印乐句匆册犯外处冬鸟务包饥主市立闪兰半汁汇头汉宁穴它讨写让礼训必议讯记永司尼民出辽奶奴加召皮边发孕圣对台矛纠母幼丝式刑动扛寺吉扣考托老执巩圾扩地扬场耳共芒亚芝朽朴机权过臣再协西压厌在有百存而页匠夸夺灰达列死成夹轨邪划迈毕至此贞师尘尖劣光当早吐吓虫曲团同吊吃因吸吗屿帆岁回岂刚则肉网年朱先丢舌竹迁乔伟传乒乓休伍伏优伐延件任伤价份华仰仿伙伪自血向似后行舟全会杀合兆企众爷伞创肌朵杂危旬旨负各名多争色壮冲冰庄庆亦刘齐交次衣产决充妄闭问闯羊并关米灯州汗污江池汤忙兴宇守宅字安讲军许论农讽设访寻那迅尽导异孙阵阳收阶阴防奸如妇好她妈戏羽观欢买红纤级约纪驰巡寿弄麦形进戒吞远违运扶抚坛技坏扰拒找批扯址走抄坝贡攻赤折抓扮抢孝均抛投坟抗坑坊抖护壳志扭块声把报却劫芽花芹芬苍芳严芦劳克苏杆杠杜材村杏极李杨求更束豆两丽医辰励否还歼来连步坚旱盯呈时吴助县里呆园旷围呀吨足邮男困吵串员听盼吹鸣吧吼别岗帐财针钉告我乱利秃秀私每兵估体何但伸作伯伶佣低你住位伴身皂佛近彻役返余希坐谷妥含邻岔肝肚肠龟免狂犹角删条卵岛迎饭饮系言冻状亩况床库疗应冷这序辛弃冶忘闲间闷判灶灿弟汪沙汽沃泛沟没沈沉怀忧快完宋宏牢究穷灾良证启评补初社识诉诊词译君灵即层尿尾迟局改张忌际陆阿陈阻附妙妖妨努忍劲鸡驱纯纱纳纲驳纵纷纸纹纺驴纽奉玩环武青责现表规抹拢拔拣担坦押抽拐拖拍者顶拆拥抵拘势抱垃拉拦拌幸招坡披拨择抬其取苦若茂苹苗英范直茄茎茅林枝杯柜析板松枪构杰述枕丧或画卧事刺枣雨卖矿码厕奔奇奋态欧垄妻轰顷转斩轮软到非叔肯齿些虎肤肾贤尚旺具果味昆国昌畅明易昂典固忠附呼鸣咏呢岸岩帖罗帜岭凯败贩购图钓制知垂牧物乖刮秆和季委佳侍供使例版侄侦侧凭侨佩货依的迫质欣征往爬彼径所舍金命斧爸采受乳贪念贫肤肺肢肿胀朋股肥服胁周昏鱼兔狐忽狗备饰饱饲变京享店夜庙府底剂郊废净盲放刻育闸闹郑券卷单炒炊炕炎炉沫浅法泄河沾泪油泊沿泡注泻泳泥沸波泼泽治怖性怕怜怪学宝宗定宜审宙官空帘实试郎诗肩房诚衬衫视话诞询该详建肃录隶居届刷屈弦承孟孤陕降限妹姑姐姓始驾参艰线练组细驶织终驻驼绍经贯奏春帮珍玻毒型挂封持项垮挎城挠政赴赵挡挺括拴拾挑指垫挣挤拼挖按挥挪某甚革荐巷带草茧茶荒茫荡荣故胡南药标枯柄栋相查柏柳柱柿栏树要咸威歪研砖厘厚砌砍面耐耍牵残殃轻鸦皆背战点临览竖省削尝是盼眨哄显哑冒映星昨畏趴胃贵界虹虾蚁思蚂虽品咽罪哗咱响哈咬咳哪炭峡罚贱贴骨钞钟钢钥钩卸缸拜看矩怎牲选适秒香种秋科重复竿段便

俩贷顺修保促侮俭俗俘信皇泉鬼侵追俊盾待律很须叙剑逃食盆胆胜胞胖脉勉狭狮独狡狱
狠贸怨急饶蚀饺饼弯将奖哀亭亮度迹庭疮疯疫疤姿亲音帝施闻阀阁差养美姜叛送类迷前
首逆总炼炸炮烂剃洁洪洒浇浊洞测洗活派洽染济洋洲浑浓津恒恢恰恼恨举觉宣室宫宪突
穿窃客冠语扁袄祖神祝误诱说诵垦退既屋昼费陡眉孩除险院娃姥姨姻娇怒架贺盈勇怠柔
垒绑绒结绕骄绘给络骆绝绞统耕耗艳泰珠班素蚕顽盏匪捞栽捕振载赶起盐捎捏埋捉捆捐
损都哲逝捡换挽热恐壶挨耻耽恭莲莫荷获晋恶真框桂档桐株桥桃格校核样根索哥速逗栗
配翅辱唇夏础破原套逐烈殊顾轿较顿毙致柴桌虑监紧党晒眠晓鸭晃晌晕蚊哨哭恩唤啊唉
罢峰圆贼贿钱钳钻铁铃铅缺氧特牺造乘敌秤租积秧秩称秘透笔笑笋债借值倚倾倒倘俱倡
候俯倍倦健臭射躬息徒徐舰舱般航途拿爹爱颂翁脆脂胸胳脏胶脑狸狼逢留皱饿恋桨浆衰
高席准座脊症病疾疼疲效离唐资凉站剖竞部旁旅畜阅羞瓶拳粉料益兼烤烘烦烧烛烟递涛
浙涝酒涉消浩海涂浴浮流润浪浸涨烫涌悟悄悔悦害宽家宵宴宾窄容宰案请朗诸读扇袜袖
袍被祥课谁调冤谅谈谊剥恳展剧屑弱陵陶陷陪娱娘通能难预桑绢绣验继球理棒堵描域掩
捷排掉堆推掀授教掏掠培接控探据掘职基著勒黄萌萝菌菜萄菊萍菠营械梦梢梅检梳梯桶
救副票戚爽聋袭盛雪辅辆虚雀堂常匙晨眸眯眼悬野啦晚啄距跃略蛇累唱患唯崖崭崇圈铜
铲银甜梨犁移笨笼笛符第敏做袋悠偿偶偷您售停偏假得衔盘船斜盒鸽悉欲彩领脚脖脸脱
象够猜猪猎猫猛馅馆凑减毫麻痒痕廊康庸鹿盗章竟商族旋望率着盖粘粗粒断剪兽清添淋
淹渠渐混渔淘液淡深婆梁渗情惜惭悼惧惕惊惨惯寇寄宿窑密谋谎祸谜逮敢屠弹随蛋隆隐
婚婶颈绩绪续骑绳维绵绸绿琴斑替款堪搭塔越趁趋超提堤博揭喜插揪搜煮援裁搁搂搅握
揉斯期欺联散惹葬葛董葡敬葱落朝辜葵棒棋植森椅椒棵棍棉棚棕惠惑逼厨厦硬确雁殖裂
雄暂雅辈悲紫辉敞赏掌晴暑最量喷晶喇遇喊景践跌跑遗蛙蛛蜓喝喂喘喉幅帽赌赔黑铸铺
链销锁锄锅锈锋锐短智毯鹅剩稍程稀税筐等筑策筛筒答筋筝傲傅牌堡集焦傍储奥街

参 考 文 献

[1] 李庆杨,王能超,易大义. 数值分析[M]. 3版. 武汉:华中理工大学出版社,1986.
[2] 钱颂迪. 运筹学[M]. 北京:清华大学出版社,1990.
[3] 萧树铁. 数学实验[M]. 北京:高等教育出版社,1999.
[4] 乐经良,向隆万,李世栋. 数学实验[M]. 北京:高等教育出版社,1999.
[5] 李尚志,陈发来,吴耀华,等. 数学实验[M]. 北京:高等教育出版社,1999.
[6] 傅鹂,龚驹,刘琼荪,等. 数学实验[M]. 北京:科学出版社,2000.
[7] 李庆杨,关治,白峰杉. 数值计算原理[M]. 北京:清华大学出版社,2000.
[8] 王沫然. MATLAB6.0与科学计算[M]. 北京:电子工业出版社,2001.
[9] 同济大学应用数学系. 高等数学[M]. 5版. 北京:高等教育出版社,2002.
[10] 周晓阳. 数学实验与Matlab[M]. 武汉:华中科技大学出版社,2002.
[11] 肖筱南. 现代数值计算方法[M]. 北京:北京大学出版社,2003.
[12] 赵静,但琦. 数学建模与数学实验[M]. 2版. 北京:高等教育出版社,2003.
[13] 姜启源,谢金星,叶俊. 数学模型[M]. 3版. 北京:高等教育出版社,2003.
[14] 王兵团,桂文豪. 数学实验基础[M]. 北京:北方交通大学出版社,2003.
[15] 张小红,张建勋. 数学软件与数学实验. 北京:清华大学出版社,2004.
[16] 孙荣恒. 趣味随机问题[M]. 北京:科学出版社,2004.
[17] 奚梅成,刘儒勋. 数值分析方法[M]. 合肥:中国科学技术大学出版社,2004.
[18] 姜启源,刑文训,谢金星,等. 大学数学实验[M]. 2版. 北京:清华大学出版社,2005.
[19] 雷英杰,张善文,李续武,等. MATLAB遗传算法工具箱及应用[M]. 西安:西安电子科技大学出版社,2005.
[20] 万福永,戴浩晖,潘建瑜. 数学实验教程(Matlab版)[M]. 北京:科学出版社,2006.
[21] 李继成. 数学实验[M]. 北京:高等教育出版社,2006.
[22] 傅家良. 运筹学方法与模型[M]. 上海:复旦大学出版社,2006.
[23] 李忠. 迭代混沌分形[M]. 北京:科学出版社,2007.
[24] 张智丰. 数学实验[M]. 北京:科学出版社,2008.
[25] 张圣勤. 数学实验与数学建模[M]. 上海:复旦大学出版社,2008.
[26] 章栋恩,马玉兰,徐美萍,等. MATLAB高等数学实验[M]. 北京:电子工业出版社,2008.
[27] 堵秀凤. 数学实验[M]. 北京:科学出版社,2009.
[28] 郭科. 数学实验——高等数学分册[M]. 北京:高等教育出版社,2009.
[29] 郭科. 数学实验——线性代数分册[M]. 北京:高等教育出版社,2009.
[30] 郭科. 数学实验——概率论与数理统计分册[M]. 北京:高等教育出版社,2009.
[31] 徐安农. Mathematica数学实验[M]. 2版. 北京:电子工业出版社,2009.
[32] 成丽波,蔡志丹,周蕊. 大学数学实验教程[M]. 北京:北京理工大学出版社,2009.
[33] 熊伟. 运筹学[M]. 北京:机械工业出版社,2009.
[34] 刘二根. 线性代数[M]. 南昌:江西高校出版社,2010.
[35] 乐励华,段五朵. 概率论与数理统计[M]. 南昌:江西高校出版社,2010.
[36] 汪晓虹. 高等数学实验[M]. 北京:国防工业出版社,2010.
[37] 王正盛. MATLAB与科学计算[M]. 北京:国防工业出版社,2011.
[38] 朱传熹,范丽君. 高等数学[M]. 南昌:江西高校出版社,2011.
[39] 张济忠. 分形[M]. 北京:清华大学出版社,2011.

[40] 朱华,姬翠翠.分形理论及其应用[M].北京:科学出版社,2011.
[41] 韩明,王家宝,李林.数学实验[M].2版.上海:同济大学出版社,2012.
[42] 上海交通大学数学系.高等数学[M].3版.上海:上海交通大学出版社,2012.
[43] 余东,李明.数学实验[M].北京:科学出版社,2012.
[44] 曾建潮,崔志华.自然计算[M].北京:国防工业出版社,2012.